AGRICULTURE

QUESTIONS DU JOUR

Comptes rendus du Xe Congrès International d'Agriculture

1913 — GAND — 1913

Président du Comité organisateur :
Baron VAN DER BRUGGEN,
Sénateur, ancien Ministre de l'Agriculture.

Président du Comité exécutif :
J. MAENHAUT,
Membre de la Chambre des Représentants.

Secrétaire Général :
P. DE VUYST,
Directeur général au Ministère de l'Agriculture.

BRUXELLES
SECRÉTARIAT GÉNÉRAL DU Xe CONGRÈS INTERNATIONAL D'AGRICULTURE
22, Avenue des Germains, 22

1913

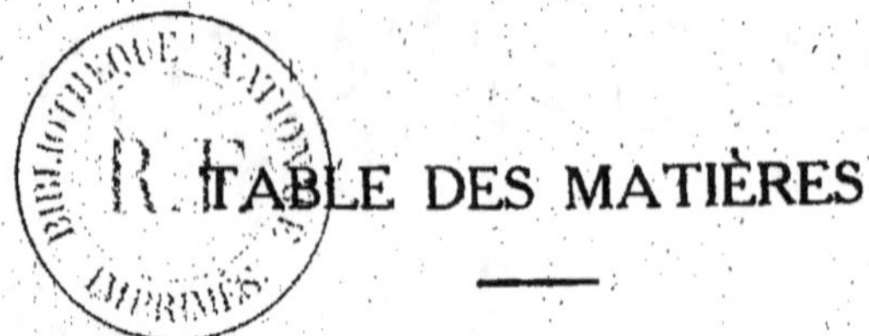

TABLE DES MATIÈRES

AGRICULTURE

Comptes rendus du Xe Congrès International d'Agriculture

1913 — GAND — 1913

Président du Comité organisateur :	*Président du Comité exécutif :*
Baron VAN DER BRUGGEN,	J. MAENHAUT,
Sénateur, ancien Ministre de l'Agriculture.	Membre de la Chambre des Représentants.

Secrétaire Général :

P. DE VUYST,

Directeur général au Ministère de l'Agriculture.

BRUXELLES

SECRÉTARIAT GÉNÉRAL DU Xe CONGRÈS INTERNATIONAL D'AGRICULTURE

22, Avenue des Germains, 22

1913

AGRICULTURE

PREMIÈRE PARTIE

X^e

Le (
Gand,
diques.
Jusq
organi
sans. c
qu'un
l'occas
sion p(
de Con
nouvea
missio
autoris
pays; s
de po
chargé
C'es
grands
xelles

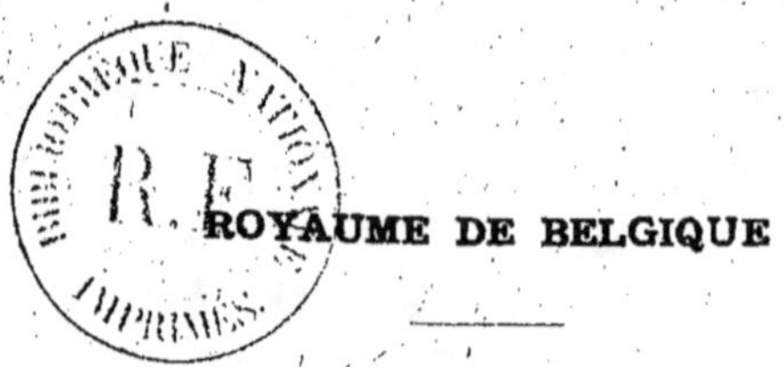

ROYAUME DE BELGIQUE

1913 — EXPOSITION INTERNATIONALE DE GAND — 1913

Xᵉ Congrès International d'Agriculture

INTRODUCTION

Le Congrès international d'Agriculture qui s'est tenu à Gand, en 1913, est le dixième de la série des Congrès périodiques, inaugurée à Paris en 1889.

Jusque-là, des réunions agricoles internationales avaient été organisées dans différents pays, à des dates variables, mais sans connexité entre elles; elles ne laissaient derrière elles qu'un souvenir éphémère. Au Congrès organisé à Paris, à l'occasion de l'Exposition universelle de 1889, une Commission permanente fut constituée, qui fut chargée, sous le nom de Commission internationale d'Agriculture, de provoquer de nouveaux Congrès et d'en préparer l'organisation. Cette Commission compte parmi ses membres les représentants les plus autorisés des grandes associations agricoles dans tous les pays; sous la présidence de M. Jules Méline, elle n'a pas cessé de poursuivre avec activité la mission dont elle avait été chargée.

C'est sur son initiative que se sont tenus successivement les grands Congrès internationaux de La Haye en 1891, de Bruxelles en 1895, de Budapest en 1896, de Lausanne en 1898, de Paris en 1900, de Rome en 1903, de Vienne en 1907 et de Madrid en 1911. Ces Congrès sont préparés dans des réunions périodiques que tient la Commission dans leur intervalle.

La série déjà longue des comptes rendus de ces Congrès peut permettre d'apprécier l'importance des travaux qui y ont été élaborés et leur influence sur la diffusion des progrès agricoles dans les différents pays. Ces réunions ont, d'autre part, l'immense avantage de réunir des savants et des agriculteurs de toutes les nations, qui apprennent à se connaître et à s'estimer réciproquement, et qui y nouent des relations dont les uns et les autres tirent le plus grand profit.

Chaque Congrès fixe le pays dans lequel se tiendra le Congrès suivant. C'est ainsi que le IXe Congrès qui s'est tenu à Madrid a accepté l'invitation qui était adressée par les membres de la Commission internationale d'Agriculture appartenant à la Belgique, de tenir le Xe Congrès à l'occasion de l'Exposition internationale de Gand en 1913.

Vingt-neuf nations étaient officiellement représentées à ce Congrès, qui réunissait plus de sept cents membres.

STATUTS

1. Le Congrès international d'agriculture se tiendra à Gand au cours de l'Exposition universelle de 1913, du 8 au 13 juin.

2. Sont membres du Congrès toutes les personnes qui auront envoyé leur adhésion au secrétaire général du Comité exécutif du Congrès et qui auront acquitté la cotisation dont le montant est fixé à 20 francs.

3. Les administrations publiques, les sociétés agricoles peuvent faire partie du Congrès et y envoyer des délégués. La cotisation est due pour chaque délégué.

4. Les membres du Congrès recevront gratuitement les publications du Congrès.

Ils auront seuls accès dans les salles du Congrès et pourront seuls prendre part aux discussions.

5. Les délégués des Gouvernements et des autorités officielles jouiront des mêmes droits que les congressistes.

6. Le Congrès se partage en 5 sections :

    1re Section. Economie rurale.

    2e Section. Sciences agronomiques. — Cultures spéciales. — Enseignement agricole.

    3e Section. Economie du bétail.

    4e Section. Génie rural.

    5e Section. Economie forestière.

7. Les travaux de chaque section sont préparés par un Comité spécial chargé de réunir les rapports, de les admettre et les publier, s'il y a lieu, en tout ou en partie. Ces Comités donnent aux rapporteurs le programme développé des questions à traiter. Ils désignent des rapporteurs généraux.

Les questions à l'ordre du jour du Congrès peuvent seules faire l'objet de rapports et de discussions.

Les Comités organisateurs des sections peuvent admettre d'autres communications sur ces questions intéressantes, mais qui ne pourront être discutées au Congrès.

8. Le Congrès est dirigé par une Commission organisatrice comprenant les présidents et les secrétaires des sections.

Un Comité exécutif est chargé de l'exécution du règlement et de l'expédition des affaires courantes.

9. A la diligence des membres de la Commission internationale, il est formé dans chaque pays un ou plusieurs Comités de patronage et de propagande. Ces Comités peuvent se subdiviser en sections correspondantes aux sections du Congrès.

10. Les rapports et discussions sont en langue française, allemande ou anglaise.

Les rapports écrits dans une autre langue devront être accompagnés d'un résumé en langue française.

Les orateurs auront à remettre au bureau de la section le résumé de leurs discours.

11. Les rapports doivent se borner à l'exposé de la question, viser les moyens pratiques d'application, donner *les renseignements bibliographiques complets les plus récents* nécessaires pour l'étude complémentaire de la question et, pour les travaux qui le permettent, se terminer par des conclusions.

Ils ne peuvent dépasser, en aucun cas, 8 pages in-8°.

Les communications ne peuvent dépasser 3 pages in-8°.

12. Les rapports doivent être envoyés en belle copie dactylographiée; les auteurs sont priés de conserver les originaux de leurs travaux.

Les rapports et communiqués doivent parvenir aux secrétaires des sections avant le 1er janvier.

La propriété des rapports et discussions appartient au Congrès. Le bureau juge de l'opportunité de les publier.

13. Tout vœu étranger au programme, ou d'ordre philosophique, politique ou religieux, pourra être écarté par le bureau du Congrès ou par le bureau de la Commission internationale.

14. Les questions non prévues par le règlement organique sont réglées en dernier ressort par le bureau du Congrès.

PROGRAMME SOMMAIRE

1re SECTION — Economie rurale.

Questions : 1. Comparaison entre l'importance de l'agriculture, du commerce et de l'industrie dans divers pays et les mesures prises par les pouvoirs publics en faveur de ces trois facteurs.

2. Désertion des campagnes.

3. Organisation de petites propriétés rurales.

4. Crédit agricole.

5. Coopération entre agriculteurs.

6. Assurances mutuelles agricoles.

7. L'organisation du commerce des produits agricoles.

2e SECTION — Sciences agronomiques. Cultures spéciales. Enseignement agricole.

1. Statistique, rôle et importance des établissements de recherches agricoles et agronomiques. Documentation. Manière d'interpréter les résultats. Meilleure méthode de notation et de vulgarisation.

2. Météorologie agricole.

3. Communications au sujet des principales découvertes faites en agriculture depuis cinq ans.

4. Quelle a été, jusqu'à présent, l'influence des nouvelles méthodes de sélection sur la stabilité des variétés de plantes cultivées?

5. Culture et commerce du Houblon.

6. Viticulture. Etablissement des vignobles septentrionaux et des forceries à l'aide des porte-greffes américains.

7. Quelle orientation faut-il donner à l'enseignement des sciences naturelles : *a*) dans l'enseignement agricole supérieur; *b*) dans l'enseignement agricole moyen?

8. Quels sont les principes qui doivent présider à la bonne organisation d'un enseignement professionnel agricole primaire?

3e SECTION — Economie animale.

Questions : 1. Bases de la classification des races animales domestiques.

2. La valeur productive attribuée aux principaux aliments du bétail par Kellner, correspond-elle aux observations de la pratique.

3. Valeur zootechnique de la sélection. Les sections 2 et 3 pourront se réunir pour la discussion de cette question.

4. Valeur des lignées pures au point de vue zootechnique.

5. Hérédité des robes chez nos animaux domestiques.

6. Quelle est la valeur zootechnique des caractères acquis.

4e SECTION — Génie rural.

Questions : 1. Application des forces mécaniques en agriculture.

2. Défrichements.

3. Dry farming.

4. Méthodes mécaniques et méthodes diverses pour la réduction de la main-d'œuvre agricole. Etudes comparées.

5. Les chemins agricoles.

6. Les réunions territoriales.

5e SECTION — Sylviculture.

Questions : 1. Quelles sont les mesures législatives et financières à prendre en vue d'empêcher l'exploitation abusive ou la destruction des forêts utiles à l'intérêt général?

2. Indiquez les meilleures mesures à prendre pour combattre les incendies de forêts et pour en diminuer les dommages?

Y a-t-il lieu d'organiser une société d'assurance mutuelle entre les propriétaires de bois et comment faut-il l'organiser?

3. En présence de la baisse des prix de l'écorce à tan et du bois de chauffage, que faut-il faire des taillis simples?

4. Quels sont, à l'époque actuelle, les résultats acquis à l'aide d'essences forestières d'origine étrangère?

Quel enseignement faut-il en tirer?

REGL

1. L
reaux
et des

2. L
taires
étrang
section
l'interp

3. L
généra
sidents

4. L
cuter a

5. P
bureau
Un d
qui a l

6. L
à dix
long a

7. L
teurs;
tique,
Les
de leu

REGLEMENT D'ORDRE INTERIEUR DES SEANCES DES SECTIONS.

1. Les Comités organisateurs des sections forment les bureaux des séances des sections; ils règlent l'ordre des travaux et des discussions et en affichent le programme.

2. Les Comités étrangers indiquent en temps utile aux secrétaires des bureaux des sections du Congrès les personnes étrangères qui comptent assister au Congrès. Les bureaux des sections s'assurent des collaborations nécessaires en vue de l'interprétation des débats en langues étrangères.

3. Les Comités des sections, d'accord avec les secrétaires généraux, font les propositions pour la nomination des présidents, vice-présidents et membres d'honneur de leur section.

4. L'ordre du jour des sections est réglé de manière à discuter autant que possible deux ou trois questions par séance.

5. Pour obtenir la parole, les membres doivent s'inscrire au bureau en indiquant leur *nom* et le pays de leur *résidence*.

Un des secrétaires inscrit au tableau noir le nom de *l'orateur qui a la parole.*

6. Le temps de parole accordé à chaque orateur est limité à dix minutes. Le bureau pourra accorder un temps plus long au rapporteur général.

7. La discussion doit porter sur les *conclusions* des rapporteurs; elle ne peut pas porter sur le fond d'une question politique, philosophique ou religieuse.

Les orateurs sont invités à transmettre au bureau le *résumé de leurs discours* et à soumettre, par écrit, au bureau, les *amendements* qu'ils proposent aux conclusions des *rapporteurs.*

Ces conclusions doivent avoir un caractère général et international; elles peuvent être adoptées, suivant les circonstances, soit comme « vœux », soit comme simples « recommandations ».

8. A la fin de la dernière séance, les sections signaleront les questions qu'il serait utile de mettre à l'ordre du jour du prochain Congrès.

9. Les bureaux des sections règleront tous les cas non prévus par les présentes dispositions.

10. Ils s'assurent de la collaboration de commissaires en nombre suffisant pour faciliter tous les services.

Ils veillent à la publication des rapports et du compte rendu analytique des séances.

BUREAU DE LA COMMISSION INTERNATIONALE
D'AGRICULTURE

———

Présidents d'honneur :

MM.

Méline, Jules, président du Congrès à Paris en 1889, à La Haye en 1891, à Lausanne en 1898 et à Paris en 1900 ;

Cartuyvels van der Linden, vice-président du Comité exécutif et président du Congrès de Bruxelles en 1895;

Daranyi, Ignace, ancien Ministre de l'Agriculture de Hongrie, président du Congrès de Budapest en 1896 ;

Baccelli, Guido, ancien Ministre de l'Agriculture d'Italie, président d'honneur du Congrès de Rome en 1903 ;

Cappelli, marquis Raffaele, président du Congrès de Rome en 1903 ;

Auersperg, prince Karl, président du Congrès de Vienne en 1907 ;

Montornès, comte de, président du Comité d'organisation du Congrès de Madrid en 1911.

Président :

M.

Méline, Jules, sénateur, ancien président du Conseil des Ministres et ancien Ministre de l'Agriculture de France.

Vice-Présidents :

MM.

Cartuyvels-Van der Linden, inspecteur-général honoraire de l'agriculture de Belgique;

Le marquis Raffaele Capelli, ancien Ministre des Affaires étrangères d'Italie, président de l'Institut international d'agriculture;

Le prince Karl Auersperg, député, ancien président de la Société impériale et royale d'agriculture de Vienne.

Questeur :

M.

Sagnier, Henry, membre de la Société nationale d'agriculture de France et rédacteur en chef du *Journal d'Agriculture pratique.*

COMITE ORGANISATEUR

Président :

M.

Le baron M. van der Bruggen, ancien Ministre de l'Agriculture, à Wielsbeke (par Waereghem).

Vice-Présidents :

MM.

Braeckers, juge de paix honoraire, membre de la Commission internationale d'agriculture, à Peer;

Cartuyvels-Van der Linden, inspecteur général honoraire de l'agriculture, vice-président de la Commission internationale d'agriculture, rue de la Loi, 231, à Bruxelles;

Peten, C., ancien membre de la Chambre des Représentants, à Velm;

Proost, A., directeur général de l'agriculture, membre de la Commission internationale d'agriculture, à Céroux-Mousty;

Tibbaut, E., membre de la Chambre des Représentants, président du Conseil supérieur de l'agriculture, avenue de l'Astronomie, 4, à Bruxelles.

Membres :

MM.

Bauwens, inspecteur général de l'agriculture, avenue Casalta, 10, à Uccle;

Blampain, directeur de l'Ecole d'agriculture, à La Louvière;

Crahay, directeur général des Eaux et Forêts, à Bruxelles;

De Roo, inspecteur vétérinaire principal, 28, rue Léopold, à Laeken;

Ernotte, Justin, ingénieur agricole, 18, rue Wiertz, à Namur;

MM.

Everard, G., député permanent, secrétaire du Conseil supérieur de l'agriculture, à Rochefort;

Graftiau, directeur du Laboratoire d'analyses de l'Etat, à Louvain;

Gesché, chef de division au Ministère de l'agriculture;

Laruelle, directeur du Syndicat agricole, à Landen;

Legrand, R., commissaire du groupe VII (agriculture), à l'Exposition de Gand.

Frère Major, directeur de l'Ecole d'agriculture, à Carlsbourg;

Marousé, président de l'Association des ingénieurs agricoles sortis de l'Institut de Gembloux, 18, rue Bois l'Evêque, à Liége;

Miserez, H., inspecteur adjoint de l'agriculture, à Alost;

Le chanoine J. Moulart, directeur de l'Ecole d'agriculture, à Leuze;

Schlim, directeur au Ministère de l'agriculture et des travaux publics, à Bruxelles;

Vanderkam, directeur de l'Ecole d'horticulture de l'Etat, à Vilvorde;

Walerand van Male de Ghorain, ingénieur agricole, Château de et à Grootenberge (Flandre-Orientale);

Vernieuwe, directeur général de l'Office horticole, à Bruxelles;

Vicomte G. Vilain XIIII, président de l'Association des ingénieurs sortis de l'Institut agronomique de Louvain, rue de Froissard, 143, Bruxelles;

Les membres du Comité exécutif;

Les présidents et secrétaires des sections.

pé-

, à

Ex-

irg;
oles
e, à

ure,

aux

Etat,

teau

lles;
ngé-
rue

COMITE EXECUTIF

Président :

M.

Maenhaut, J., membre de la Chambre des Représentants, pré-
sident de la Société centrale d'Agriculture, membre de la
Commission internationale d'agriculture, à Lemberge-lez-
Gand.

Vice-Présidents :

M.

Cartuyvels-Van der Linden, inspecteur général honoraire de
l'agriculture, vice-président de la Commission internationale d'agriculture, à Bruxelles.
Mélotte, J., industriel, à Remicourt.

Commissaire général :

M.

Le baron Albert van Loo, place d'Armes, 31, à Gand.

Secrétaire général :

M.

De Vuyst, P., directeur général de l'Office rural, membre de
la Commission internationale d'agriculture, 22, avenue
des Germains, à Bruxelles.

Secrétaires généraux adjoints :

MM.

Marousé, ingénieur agricole, 18, rue Bois l'Evêque, à Liége;
Vander Vaeren, J., inspecteur de l'agriculture, professeur à
l'Institut agronomique de l'Université de Louvain, chaussée d'Alsemberg, 228, à Bruxelles.

Membres :

MM.

Le baron d'Otreppe de Bouvette, docteur en sciences naturelles, membre du Conseil Supérieur de l'Agriculture, rue des Carmes, à Liége;

Frateur, professeur à l'Institut agronomique de l'Université, directeur de l'Institut de zootechnie, Voer des Capucins, à Louvain;

Lippens, Maurice, conseiller provincial, membre de la Commission provinciale d'agriculture, rue Neuve St-Pierre, 68, à Gand;

Wauters, P., inspecteur adjoint à l'Office rural, rue de Louvain, 3, à Bruxelles.

DELEGUES DES GOUVERNEMENTS

Les Gouvernements ont droit à autant de délégués et à autant de rapports qu'ils prennent de souscriptions au Congrès.

Les délégués qui désirent recevoir les documents du Congrès sont donc instamment priés de s'entendre à ce sujet avec leurs administrations.

Le Congrès, étant international dans le sens le plus large, il est désirable que les gouvernements souscrivent aux volumes des rapports et des comptes rendus pour les placer dans les grandes bibliothèques publiques, les bibliothèques des administrations, des sociétés agricoles, des écoles d'agriculture, etc.

Autriche

MM.

Le Chevalier Maurice de Ertl, docteur en droit, directeur général au Minist. Imp¹ R¹ autrichien de l'Agriculture;

Le Chevalier Dr Schüllern de Schrallenhofen, Directeur et professeur à l'Institut supérieur d'Agriculture de Vienne;

Le Chevalier Stanislas de Ramult et de Baldwin, Directeur au Minist. I' R¹ de l'Agriculture, Dr en droit, délégué permanent agricole en Belgique, en Hollande et en Danemark;

Le Baron de Hennet, conseiller spécial au Ministère.

Hongrie

MM.

Ivan de Osslik, délégué du Ministère de l'Agriculture, Budapest;

Barthélemi de Ferdinandy, délégué du Ministère de l'Agriculture, Budapest.

MM.

Andor de Reusz, délégué du Ministère de l'Agriculture, Budapest;

von Kritztinkovich, délégué du Ministère de l'Agriculture, Budapest.

Belgique

Dom, directeur général au Ministère de la Justice ;
Gerards, vétérinaire principal au 1er régiment d'artillerie ;
Migeotte, vétérinaire du 4e régiment de lanciers;
Leplae, directeur général de l'Agriculture au Ministère des Colonies;
Smeyers, directeur au Ministère des Colonies ;
Claessens, chef de division au Ministère des Colonies;
Tibbaut, président du Conseil supérieur de l'Agriculture;
Schreiber, directeur général de l'Agriculture;
Crahay, directeur général des Eaux et Forêts;
De Vuyst, directeur général de l'Office rural;
Bauwens, inspecteur général de l'Agriculture;
Frateur, professeur à l'Université de Louvain;
Poskin, recteur de l'Institut agricole de l'Etat à Gembloux.

Brésil

MM.

Alfonso Bandeira de Mello, délégué du Ministère de l'Agriculture, à Bruxelles ;

Dr Theodureto Leite de Almeida Camargo, inspecteur agricole au Ministère de l'Agriculture, à Rio de Janeiro.

Chili

MM.

Son Exc. M. Jorge Huneeus, Ministre du Chili, à Bruxelles;
Guillermo Pereira, député;
Guillermo Medina, délégué de la propagande nitratière.

Colombie

MM.

Anibal González y Tórres, consul général de Colombie, en Belgique, à Anvers;

Le Docteur Julio Torres, 75, chaussée de Charleroi, à Bruxelles.

Danemark

M.

Le baron Haus de Rosenkrantz.

Egypte

M.

Gerald Cecil Dudgeon, Directeur Général du Département de l'Agriculture.

Espagne

MM.

Don Vicente Alonso Martinez, ingénieur agronome, directeur de l'Ecole spéciale d'agriculture, sénateur;

Don Enrique Trenor Montesino, comte de Montornès, président du Comité exécutif du IXe Congrès d'agriculture et président d'honneur de la Commission internationale d'agriculture.

Etats-Unis d'Amérique

M.

Le Dr A. C. True, secrétaire d'Etat, représentant le Ministère de l'Agriculture des Etats-Unis.

France

MM.

Develle, Jules, sénateur, ancien Ministre de l'Agriculture et des Affaires étrangères, membre de la Société nationale d'Agriculture de France;

Berthault, François, directeur de l'enseignement et des services agricoles au Ministère de l'Agriculture, membre de la Société nationale d'Agriculture de France;

Dabat, Léon, directeur général des Eaux et Forêts, membre de la Société nationale d'Agriculture de France;

de Pardieu, directeur des haras au Ministère de l'Agriculture;

Roux, directeur du service de la répression des fraudes au Ministère de l'Agriculture;

Decharme, chef du service de la mutualité au Ministère de l'Agriculture;

Péllissier, inspecteur des améliorations agricoles au Ministère de l'Agriculture;

MM.

Leddet, conservateur des Eaux et Forêts au Ministère de l'Agriculture;

Chancrin, inspecteur de l'Agriculture au Ministère de l'Agriculture.

Grande-Bretagne

MM.

Ministère de l'Agriculture et des Pêcheries :

Sir Sydney Olivier, K. C. M. G., secrétaire permanent de ce Département;

Sir James Wilson, K. C. S. I., superintending inspector dans la « Land Division »;

Sir A. B. Bruce, superintending, inspector de l'enseignement agricole;

Ministère de l'Agriculture pour l'Ecosse :

R. B. Greig, fonctionnaire de ce département.

Ministère de l'Agriculture et de l'Instruction technique pour l'Irlande :

J. R. Campbell, secrétaire adjoint pour l'Agriculture;

M. G. Fletcher, secrétaire adjoint pour l'Instruction technique.

Grèce

M.

Nicolaïdès, consul à Anvers.

Haïti

M.

Riboul de Pescay, chargé d'affaires à Bruxelles.

Honduras

M.

Jalhay, consul général de la République de Honduras, à Bruxelles.

Italie

M.

Dr Bartolomeo Moreschi, Directeur général de l'Agriculture.

MM
Saxlun(
Isaachs
siden
tiona
Melbye

M.
Le Jon
neur

M.
Carlos
de r(
péru

M.
Van de

M.
Rastei(
Lisb(

MI
Miguel
Thoma
de l'
taire
senta
des]

M.
Emile

M.
Nicole(
mem

Norvège

MM.

Saxlund, M., directeur du service forestier ;
Isaachsen, professeur à l'Académie agricole de Norvège, président de la Section norvégienne de la Commission internationale d'agriculture;
Melbye, J.-E., ancien Ministre de l'Agriculture.

Pays-Bas

M.

Le Jonkheer Ruys de Beerenbrouck, G.-L.-M.-H., gouverneur de la province de Limbourg, à Maestricht.

Pérou

M.

Carlos Larraburey Correa, chef du bureau de propagande et de renseignements, établi à Paris, par le Gouvernement péruvien.

Perse

M.

Van der Avoort, Emile, notaire, à Anvers.

Portugal

M.

Rasteiro, Joaquim, directeur général de l'Agriculture, à Lisbonne.

République Argentine

MM.

Miguel Casarès, sous-secrétaire de l'Agriculture;
Thomas Amadeo, professeur-ingénieur, commissaire général de l'Exposition Argentine à l'Exposition de Gand et secrétaire général perpétuel du Museo Social Argentino en représentation du Museo Social Argentino et du Centre National des Ingénieurs agronomes de la République Argentine.

République Dominicaine

M.

Emile Guarini.

Roumanie

M.

Nicoleanu, G., directeur de l'Agriculture et de la Viticulture et membre de la Commission internationale d'agriculture.

Russie

MM.

Délégués de l'Administration Générale de l'organisation Agricole :

Le Prince Constantin Argoutinsky, attaché à l'Administration précitée et conseiller d'Etat actuel;

Michel Pridoroguine, Conseiller d'Etat, professeur à l'Institut d'Agriculture de Moscou;

Vladimir Rotmistroff, directeur du champ d'expérimentation à Odessa, secrétaire de Collège;

Victor Brunst, secrétaire de Collège, premier expert en matières agricoles;

Dmitri Arzibacheff, Conseiller honoraire, premier expert en construction de machines agricoles;

Basile Taïroff, expert en matière de viticulture et de vinification, conseiller d'Etat actuel.

Suède

MM.

Dʳ Juhlin-Dannfelt, délégué, secrétaire de l'Académie royale de l'agriculture, à Stockholm;

Bendix (Carl-Ludovig), délégué suppléant, premier intendant de la Cour du Roi.

Suisse

M.

Dr Laur, Ernest, professeur d'économie rurale, président du Secrétariat suisse des Paysans, à Brugg (Argovie).

Tunis

M.

Ordinaire, commissaire général du Gouvernement de la Tunisie à l'Exposition universelle et internationale de Gand.

Vénézuela

M.

Le Consul général du Vénézuela, à Anvers.

COMITES DE PATRONAGE ET DE PROPAGANDE

—

BELGIQUE

Présidents :

MM.

Baron de Broqueville, président du Conseil des ministres ;

Baron de Favereau, ancien ministre des Affaires étrangères, président du Sénat;

Helleputte, G., ministre d'Etat, ministre de l'Agriculture et des Travaux Publics ;

Renkin, ministre des Colonies;

Schollaert, ministre d'Etat, ancien président du Conseil des ministres, président de la Chambre des Représentants ;

Van de Vyvere, ministre des Chemins de fer, ancien ministre de l'Agriculture et des Travaux Publics.

Vice-Présidents :

MM.

Braun, bourgmestre de la Ville de Gand;

Le baron de Kerchove, gouverneur de la Flandre Orientale;

Solvay, M.-E., ancien sénateur, Bruxelles;

Comte t'Kint de Roodenbeke, vice-président du Sénat.

Membres :

MM.

Bauduin, Lucien, ingénieur agricole, à Tirlemont;

Bolle, inspecteur général, délégué à l'Institut international de Rome ;

Braeckers, président de la Commission provinciale d'agriculture, à Hasselt;

MM.

Braffort, président de la Commission provinciale d'agriculture, à Villers-sur-Semois;

Bruneel, vice-président du Conseil supérieur de l'agriculture, Neffe-Saint-Gérard, Namur;

Callier, Alexis, président de la Société royale de Botanique, à Gand;

Chevalier, C., président de la Commission provinciale d'agriculture, à Wihéries;

Damseaux, professeur émérite de l'Institut agricole, bourgmestre, à Gembloux;

le comte de Briey, gouverneur de la province de Luxembourg;

le baron de Kerchove d'Exaerde, sénateur, à Bruxelles;

le baron de Kerchove d'Ousselghem, président de la Commission provinciale d'agriculture, à Gand;

le baron H. della Faille, sénateur, président du Comité national des Fédérations agricoles libres, à Deurle (Flandre);

H. Delvaux de Fenffe, gouverneur de la province de Liége;

De Laey, président de la Commission provinciale d'agriculture, à Hooghlede;

le baron de Montpellier, gouverneur de la province de Namur;

le baron de Pitteurs-Hiégaerts, gouverneur du Luxembourg;

De Smet, A., président du Conseil supérieur de l'horticulture, 92, chaussée de Bruxelles, Gand;

Dumont de Chassart, sénateur, 100, rue de Trèves, Bruxelles;

Dr Dupuis, directeur de l'Ecole de Médecine vétérinaire, Cureghem;

De Wildeman, directeur du Jardin Botanique, Bruxelles.

Gillain, P., président de la société de Mécanique agricole, 22, rue Ommeganck, Anvers;

le baron Gillès de Pélichy, président de la Commission provinciale d'agriculture d'Anvers, à 's Gravenwezel;

Goossens, F., président de la Commission provinciale d'agriculture du Brabant, à Assche;

Chevalier Hynderickx de Theulegeot, Bruxelles;

Heurion, F., président de la Commission provinciale d'agriculture, à Gourdinne;

Janssens de Bisthoven, gouverneur de la Flandre Occidentale;

MM.

Chanoine Laminne, président de l'Institut agronomique de l'Université de Louvain ;

Leplae, directeur général au Ministère des Colonies, à Bruxelles;

Leyniers, membre de la Chambre des Représentants, Bruxelles.

Manneback, secrétaire général du Ministère de l'Agriculture et des Travaux publics;

Marousé, E., président de l'Association des ingénieurs agricoles de Gembloux;

Meeus, Hipp., bourgmestre à Wyneghem;

Naveau, Th., président de la Commission provinciale d'agriculture, à Limont (Remicourt);

Pastur, Max, membre de la Chambre des Représentants, président de la Fédération agricole de Nivelles;

le baron L. Peers, président de la Société nationale de Laiterie, à Oostcamp;

Baron René Pycke de Peteghem, bourgmestre de Poucques, rue du Commerce, 31, Bruxelles ;

Polet, membre de la Chambre des Représentants, vice-président du groupe parlementaire agricole, à Fexhe-Slins;

Mme la baronne Rotsart de Hertaing, présidente du Comité national des fédérations des Cercles de fermières, à Grand-Metz;

Schreiber, directeur général au Ministère de l'agriculture ;

Theunis, A., professeur à l'Institut agronomique de Louvain;

Chevalier L. Schellekens, président de la Fédération nationale d'aviculture, Bruxelles ;

Thienpont, membre de la Chambre des Représentants, président du groupe parlementaire agricole, à Audenarde;

Van Cleemputte, membre de la Chambre des Représentants, à Gand;

Van den Bussche, Cyrille, sénateur, Ardoye;

le baron Vanderstraeten-Solvay, à La Hulpe;

Vernieuwe, directeur général de l'Office horticole, Bruxelles;

Vicomte G. Vilain XIIII, président de l'Association des ingénieurs agricoles de Louvain;

le baron von Ohlendorff, Anvers;

ESPAGNE

MM.

le vicomte de Eza, président de l'Association des agriculteurs d'Espagne ;

le duc de Bailen, président de l'Association des Eleveurs du royaume ;

Ping et de Rich (D. Eusebio), président de l'Institut agricole catalan de San Isidro, de Barcelone ;

le comte de Montornés, président du Conseil provincial d'agriculture de Valencia.

FRANCE

MM.

Méline, Jules, sénateur, ancien président du Conseil des Ministres, ancien Ministre de l'Agriculture, président du Congrès à Paris en 1889, à La Haye en 1891, à Lausanne en 1898 et à Paris en 1900, membre de la Société nationale d'Agriculture ;

Loubet, Emile, ancien Président de la République, président de la Société nationale d'encouragement à l'Agriculture ;

Gomot, sénateur, ancien Ministre de l'Agriculture ;

Ribot, sénateur, ancien président du Conseil des Ministres, membre de l'Académie française et de la Société nationale d'Agriculture ;

Develle, Jules, sénateur, ancien Ministre de l'Agriculture et des Affaires Etrangères, membre de la Société nationale d'Agriculture ;

Passy, Louis, député, membre de l'Institut, secrétaire perpétuel de la Société nationale d'Agriculture ;

Dupuy, Jean, sénateur, ancien Ministre de l'Agriculture et du Commerce, membre de la Société nationale d'Agriculture ;

Viger, Albert, sénateur, ancien Ministre de l'Agriculture, membre de la Société nationale d'Agriculture ;

Comte de Saint-Quentin, sénateur, membre de la Société nationale d'Agriculture ;

Tisserand, directeur honoraire de l'Agriculture, membre de l'Institut, membre de la Société nationale d'Agriculture ;

MM.

Bénard, Jules, régent de la banque de France, membre de la Société nationale d'Agriculture ;

le marquis de Vogüé, membre de l'Académie française et de la Société nationale d'Agriculture, président d'honneur de la Société des Agriculteurs de France;

Sagnier, Henry, membre de la Société nationale d'Agriculture, rédacteur en chef du *Journal d'Agriculture pratique*, secrétaire général du Congrès de Paris en 1900;

Pluchet, Emile, président de la Société des Agriculteurs de France, membre de la Société nationale d'Agriculture;

Gervais, Prosper, vice-président de la Société des Agriculteurs de France et de la Société des Viticulteurs de France, membre de la Société nationale d'Agriculture;

de Lagorsse, J.-M., secrétaire général de la Société nationale d'encouragement à l'Agriculture;

Tardit, Conseiller d'Etat, secrétaire des Congrès de 1889, de 1891, de 1895 et de 1900;

Daubrée, Conseiller d'Etat, directeur général honoraire des Eaux et Forêts au Ministère de l'Agriculture, membre de la Société nationale d'Agriculture;

Paisant, Alfred, président honoraire du tribunal civil de Versailles, membre de la Société nationale d'Agriculture, 35, rue Neuve, à Versailles;

Berthault, François, directeur de l'enseignement et des services agricoles au Ministère de l'Agriculture, membre de la Société nationale d'Agriculture;

Berge, René, membre de la Société nationale d'Agriculture, président de la Société centrale d'Agriculture de la Seine-Inférieure;

de Vilmorin, Philippe, membre de la Société nationale d'Agriculture, vice-président de la Société nationale d'Horticulture de France;

Lafosse, inspecteur général des Eaux et Forêts ;

Lesage, Maurice, inspecteur de l'Agriculture, chef du service des études techniques au Ministère de l'Agriculture, à Paris;

Paisant, Rieul, président du Syndicat agricole de la Ferté-Gaucher (S. P. M.), 8, rue de Monceau, Paris.

GRANDE-BRETAGNE

a) COMITÉ DE PATRONAGE

MM.

Le très honorable Lord Avebury, Membre de la Chambre des Pairs ;

Bathurst, Charles, Membre de la Chambre des Communes;

Le très honorable Lord Belper, Membre de la Chambre des Pairs, président de l'Association des Conseils des Comtés ;

Le Lord Henry Bentinck, Membre de la Chambre des Communes ;

Colin Campbell, président du *National Farmers' Union ;*

Sir Jeremiah Colman, baronet ;

Courthope, G. L., Membre de la Chambre des Communes;

Le révérend S. A. Donaldson, vice-chancelier de l'Université de Cambridge ;

Dunstan, M. J. R., directeur du *South Eastern Agricultural College ;*

Sir Thomas H. Elliott, K. C. B., directeur de La Monnaie Royale, ancien secrétaire permanent au Ministère de l'Agriculture et des Pêcheries ;

William Goodwin, directeur du *Midland Agricultural and Dairy College ;*

Sir Henry F. Hibbert, Membre de la Chambre des Communes ;

Le très honorable Henry Hobhouse, président du *Rural Education Conference ;*

Sidney Humphries, président de l'*Incorporated National Association of British and Irish Millers;*

Sir J. J. Trevor Lawrence, K. C. V. O., président du *Royal Horticultural Society ;*

Le très honorable marquis de Lincolnshire, Membre de la Chambre des Pairs ;

Le très honorable Lord Lucas et Dingwall, Membre de la Chambre des Pairs, secrétaire parlementaire au Ministère de l'Agriculture et des Pêcheries;

Le très honorable Comte de Northbrook, Membre de la Chambre des Pairs, président du *Royal Agricultural Society of England ;*

MM.

Le très honorable Comte d'Onslow, Membre de la Chambre des Pairs;

Le très honorable Sir Horace C. Plunkett, président de l'*Irish Agricultural Organisation Society* ;

Pretyman, E. G., Membre de la Chambre des Communes;

Roberts, T. F., directeur de l'*University College of Wales* ;

Le très honorable Walter Runciman, Membre de la Chambre des Communes, Ministre de l'Agriculture et des Pêcheries ;

Le professeur E. A., Schäfer, président de l'Association britannique pour l'avancement des sciences ;

Sir William Schlich, K. C. I. E., président du *Royal English Arboricultural Society ;*

Stanier, Beville, Membre de la Chambre des Communes:

Le professeur T. B., Wood, professeur d'agriculture à l'Université de Cambridge;

Sir Robert P. Wright, président de la Commission de l'Agriculture pour l'Ecosse.

b) COMITÉ DE PROPAGANDE

MM.

Sir George Fordham, président du Comité ;

Baker, Granville E. Lloyd;

Mlle

Courtauld, K. M.;

MM.

Le Dr Charles M. Douglas ;

Le lieutenant colonel A. F. Godman;

Greig, R. B. ;

Harris, G., Montagu;

Le professeur James Hendrick;

Sir Archibald B. Hepburn, baronet ;

Mansell, Alfred ;

Paterson, W. G. R. ;

Mme

Pease, E. R. ;

MM.

Le très honorable Lord Plunket;
Pratt, E. R. ;
Ramsay, J. M. ;
Le colonel R. G., Wardlaw Ramsay;
Reid, W. F. ;
Le Dr W., Somerville;
Sutton, Martin J.;
Trepplin, E. C.;
Turnor, Christopher.

Secrétaire du Comité :

M.

Chambers, H., Cravenhouse, Northumberland avenue, London W. C.

GRECE

Président :

M.

Benachis, Emmanouel, ancien Ministre de l'Economie nationale.

Vice-Présidents :

MM.

Mylonas, Alexandre, secrétaire général du Ministère de l'Economie nationale;
Calligas, Pierre, vice-président de la Société royale d'Agriculture;
Kyriacos, Georges, président de l'Union agronomique.
Chassiotis, Spiridion, chef de division au Ministère de l'Economie nationale, directeur de l'agriculture;
Spiliopoulos, Nicolas, chef de division au Ministère de l'Economie nationale, directeur des forêts;
Varvaressos, Kyriakos, chef de division au Ministère de l'Economie nationale, directeur du Service des statistiques;
Decazos, Panayotis, directeur de la Station agricole d'Athènes;
Sanitas, Antoin, surveillant du Service arboricole.

Secrétaire :

M.

Jassemides, Socrate, inspecteur général de l'agriculture.

PAYS-BAS

Bureau du Comité : Buitenhof, 42, La Haye.

Président :
M.

Le Jonkheer G. L. M. H. Ruys de Beerenbrouck, Président de la Société des Bruyères des Pays-Bas et second Président de la Société Royale d'Agriculture des Pays-Bas.

Membres :
MM.

van Hoek, P., Directeur général de l'Agriculture, Tournooiveld, 6, La Haye;

Löhnis, F. B., Inspecteur de l'agriculture, Tournooiveld, 6, La Haye;

de Bruïne, P. J. A., Président du Comité central d'Agriculture Néerlandais, Zwyndrecht;

Baron Collot d'Escury, K. J. A. G., Président de l'Association générale Néerlandaise des Laiteries coopératives, Kloosterzande;

Korteweg, Commissaire de la Société des Bruyères des Pays-Bas, La Haye;

Secrétaire :
M.

Croesen, V. R. Y., Secrétaire de la Société Royale d'Agriculture des Pays-Bas, La Haye.

NORVEGE

Président :
M.

Isaachsen, H., professeur à l'Institut national agronomique.
MM.

Mellbye, J., ancien Ministre de l'Agriculture, président de l'Association agrarienne de Norwège;

Larsen, B.-R., professeur à l'Institut national agronomique, Aas.

PORTUGAL

MM.

de Castro, D. Luiz, ancien Ministre des Travaux Publics, ancien député au Parlement, professeur à l'Institut supérieur d'agronomie de Lisbonne, membre du Conseil supérieur d'agriculture;

Da Costa, Cincinnato, professeur à l'Institut supérieur d'agronomie de Lisbonne, ancien député au Parlement;

Rasteiro, Joaquim, professeur à l'Institut supérieur d'agronomie de Lisbonne, directeur général de l'agriculture;

d'Oliveira Feijão, Francisco-A., docteur en médecine, président de l'Association centrale de l'Agriculture portugaise, membre du Conseil supérieur d'agriculture;

Ulrich, João, docteur en droit, ex-vice-président de l'Association centrale de l'Agriculture portugaise;

Cunha Coutinho, Carlos de Mélo e Faroda, docteur en sciences agronomiques, ingénieur agricole, directeur de l'Association centrale de l'Agriculture portugaise, secrétaire du Comité national de propagande.

SUISSE

Secrétariat suisse des Paysans, Brougg (Argovie).

MM.

Chuard, Ernest, Conseiller d'Etat et Conseiller national, Lausanne;

Le colonel Fehr, à Karthaus-Ittingen (Thurgovie);

Dr Laur, Ernest, professeur d'économie rurale, président du Secrétariat suisse des Paysans, Brougg (Argovie);

Nater, Henry, adjoint du Secrétariat suisse des Paysans, Brougg (Argovie).

cs, an-
périeur
périeur

d'agro-

d'agro-
ure;
e, pré-
ugaise,

ssocia-

ciences
l'Asso-
aire du

ie).

l, Lau-

dent du

aysans,

EXCURSIONS. — RECEPTIONS.

———

Commissaire général du Congrès :

M.

Le baron van Loo, 31, place d'Armes, à Gand.

———

Comité des excursions. — Réceptions.

Président :

M.

Le baron van Loo, commissaire général du Congrès, 31, place
d'Armes, à Gand.

Vice-Président :

M.

Lippens, Maurice, conseiller provincial, rue Neuve St-Pierre,
68, à Gand.

Membres :

MM.

Balot, Marcel, avocat, rue du Pont-Neuf, 13, à Bruxelles;
Vrebos, Etienne, avocat, chaussée de Bruges, 154, Gand;
Begerem, Tony, avocat, rue Savaen, 42, Gand;
Cooreman, Guillaume, avocat, place du Marais, 1, Gand;
Van Thorenburg, Ivan, avocat, rue Porte-aux-Vaches, 25.
Gand;
Gildemyn, Paul, ingénieur boulevard Lousbergs, 35, Gand;

MM.

Lambrechts, 3, rue de Louvain, Bruxelles;

Lippens, Raymond, rue de Flandre, 23, Gand;

Steinkuller, Robert, ingénieur agricole, place du Comte de Flandre, Gand;

Baron Max de Crombrugghe de Looringhe, château de Quatrecht;

Baron Jules del Marmol, château de Zwynaerde;

Speeckaert, Armand, ingénieur agricole et forestier, 179, rue Joseph II, Bruxelles;

Chevalier Stas de Richelle, bourgmestre, Bottelaere;

Van Biervliet, 3, rue de Louvain, Bruxelles.

Secrétaires :

MM.

Morel de Westgaver, avocat, à Gand:

Giele, agronome de l'Etat, à Louvain.

———

LISTE GENERALE DES MEMBRES (1)

ALLEMAGNE

Altrock (Dr W. V.), General Sekretär des Konigliches Landes OEkonomie Kollegium, Koniggrätzerstrasse, 19, Berlin W. 9.

Bassermann Jordan, Frédéric, Docteur en droit, Commissaire du district viticole du Palatinat, Deidesheim.

Bassermann Jordan, Louis, Docteur en droit, Maire de la ville de Deidesheim.

Gärtner, Directeur des ateliers Büttner (séchoir), Uerdingen s/Rhin.

Hofrat Dern, Kgl Landesinspektor für Weinbau, Neustadt a/Haardt (Bavière).

Dr Felber, Directeur du Kalisyndicat, Dessauerstrasse, 28/29, Berlin.

Grossmann, Hermann, Privatdocent an der Universität, Pragerstrasse, 33, Berlin (W. S. O.).

Pastor, G. O., Königl. Belgischer Konsul, Dusseldorf.

Dr Klara Plohn, Berlin.

Szembek (Comte A.), à Siémianice, Gd Duché de Posen (Allemagne)

Freiherr Clemens von Furckel, Stovern bei Salzbergen (Allemagne).

Joachim von Levetzow Sielbeck, membre du Bund der Landwirte, post Holsteinische Schweiz (Allemagne).

---

(1) Les noms des membres délégués par des pouvoirs publics, associations agricoles, etc., sont mis en italiques.

ANGLETERRE

Anderson, Robert, Esq. The Barton, Cirencester
Archer, F., Hillside, Crowcombe, Somerset.
Avebury (The Rᵗ Hon. Lord), 48, Grosvenor Street, Londres W.
Bathurst, Ch., Esq., Lydney Park Gloucesterhive.
Belper (The Rᵗ Hon. Lord), Kingston Hall, Kegworth Derby.
Bentinck (Lord Henry), 53, Grosvenor Street, Londres W.
Bruce, A. B. Superintending Inspector, Board of Agriculture & Fisheries, London.
Mac Callum, Alex. Director of Scotland College of Agriculture, 13, George Square, Edimbourg (Scotland).
Campbell, E. Colin, Stapleford, Newark.
Carter James, Jos., Raynes Park, Londres S. W.
Chambers, Secretary of the British Committee Graven House Northumberland avenue, London W. C.
Coghlan, T. A., agent général for New South Wales, 123, Cannon Street E. C., Londres.
Colman (Sir Jeremiah), Gatton Park, Sudbury.
Country Council Association, Délégué : Mr. Montagu Harris, Carton House, Tothill Street, Westminster S. W.
Courtauld, Miss, Délégué de The Womens Agricultural and Horticultural International Union, Knigth Farm Earls Colne, Essex.
Courthope, G. L., Esq., Wiligh, Sussex.
Crewdson J. D. Esq., Syde, Cheltenham.
Crowther (Dʳ Chas), The University, Leeds.
Donaldson Révér. S. A., Vice-chancellor of Cambridge University, The Lodge, Magdalene College, Cambridge.
Douglas, Charles M., Délégué de The Scottish Agricultural Organisation Society — Auchlochan Lesmahagow, Lanarkshire, Ecosse.
Loudon M. Douglas, F. R. S. E., Technical Adviser on Animal Industries, 3, Lauder Road, Edinburg (Scotland).
Elliott, K. C. B. (Sir Thomas H.), Directeur de la Monnaie Royale, ancien Directeur général au Ministère de l'Agriculture et des Pêcheries, Londres.
The Farmers' Club Whitehall Court, Londres S. W.

George Evre Warren House Brandsby Easingweld.

Blades, George Rowland, Conseiller municipal de la Cité de Londres.

Shead, Samuel George, membre de la Compagnie des Agents de change de Londres.

Hansford, Benjamin, membre de la Commission de la Lord-lieutenance de la Cité de Londres.

le Comte Brassey, pair du Royaume, Londres.

Sherwood, Nathaniel Newman, associé de la maison Hurst et Fils, marchands de graines, Londres.

Bayer, Charles, négociant, Londres.

Joseph, Francis, Juge de Paix de la ville de Southend-sur-Mer.

le Commandant Samuel Weil, négociant, Londres.

Francis Agar, négociant, Londres.

Haldeman, Donald Carmichael, directeur de la Société anonyme d'assurance « North British and Mercantile », Londres.

Docteur Purnell, médecin, Londres.

Bayer, Herbert Charles, négociant, Londres.

Owen, Theodore Charles, négociant, Londres.

Morton, Robert, membre du Conseil de la Société nationale des Amateurs d'OEillets-giroflées et d'OEillets-tiquetés de l'Angleterre, Londres.

Ebblewhite, Ernest Arthur, avocat à la Cour d'Appel et Juge de Paix, Londres.

Madame Blades.

Madame Bayer.

Madame Haldeman.

Madame Horace Bayer.

Mlle Olive Francis.

Mlle Haldeman.

Fletcher, Geo, assistant secretary, Department of agriculture and Technical Instruction for Ireland, Dublin.

Reid, Walter Francis Fieldside, Délégué de British Bee-Keepers Association, Addlestone, Surey.

Fordham (Sir George), Délégué du Board of Agricultural Studies of the University of Cambridge, Odsey, Ashwell, Baldock, Herts.

L⁺ Col. A. F. Godman, The East House, Great Smeaton, Northallerton.

Goodwin Wn. Esq., Principal of the Midland agricultural and Dairy College, Kingston, Derby.

Greig, R. B., Board of agriculture for Scotland, 29, Sᵗ Andrew Square, Edimbourg.

Lloyd Baker, Granville, E., Délégué de The Bath and West & Southern Counties Agricultural Society, Hardwicke Court, Gloucester.

Marshall Harcourt Paine, Friars House New Broad Street, Délégué de The Chilian Nitrate Committee, Londres E. C.

Hendrik (Professor James), Scotland College of Agriculture, Marischal College, Aberdcen (Ecosse).

Flemming Hibbert (Sir Henry), Dalegarth, Chorley, Lancashire.

The Highland & Agricultural Society of Scotland, Délégué : Sir Archibald Buchan Hepburn of Smeaton, Bart, Prestonkirk, Scotland.

Hobhouse (Rᵗ Hon. Henry), Chairman of the Rural Education Conference, Hadspen House, Castle Cary, Somerset.

Sidney Humphries, 59, Mark Lane, Londres E. C.

Trevor Lawrence (Sir J. J.), Président of the Royal Horticultural Society, 57, Princes Gate, Londres S. W.

Lucas (The Rᵗ Hon. Lord), 4, Cohitchall Place, London S. W.

Alfred Mansell, E., Délégué de The Royal Agricultural Society of England, College Hill, Shrewsbury.

Middleton, F. H., Board of Agriculture and Fisheries, Whitehall Place, London S. W.

Newton, John, Trinity Hill, Ripon.

Northbrook (The Rᵗ Hon. the Earl of) Président of the Royal Agricultural Society of England, 42, Portman Square, Londres W.

Olivier (Sir Sidney), Secrétaire permanent au Ministère de l'Agriculture et des Pêcheries, Londres.

Onslow (The Rᵗ Hon. the Earl of), 3, Stafford Mansions, Buckingham, Gate, London S. W.

Paterson, W. G. R., West of Scotland College of Agriculture 6, Blythswood Square, Glasgow (Ecosse).

Peake (Miss M. A.), Mayfield, Sussex.

Smeaton,

ricultural

t Andrew

and West

Hardwicke

ad Street,

dres E. C.

griculture,

rley, Lan-

, Délégué

t, Preston-

Education

rset.

al Horticul-

ndon S. W.

ural Society

eries, Whi-

of the Royal

Square, Lon-

Ministère de

nsions, Buc-

Agriculture

Pease, E. R., Délégué « National Land and Home League », 6, St-Johns Street, Adelphi W. C.

Plunkett (The R* Hon. Sir Horace Curzon), D. L. P. C., President of the Irish Agricultural Organisation Society, Kilteragh, Foxrock, Cᵒ. Dublin (Iseland).

Plunket (The R* Hon. Lord), Délégué de The Irish Agricultural organisation Society, 60, Draycott Place, Londres S. W.

Powell, E. J., Esq., Secretary of The Smithfield Club., 12, Hanover Square, London W.

Pratt, E. R., Ryston hall, Downham Norfolk.

Pratt, Jermyn Harold, Easton Grantham Lewes, England.

Pretyman Esq., E. C., Orwell Park, Ipswich.

Ramsay, J. M., Board of Agriculture for Scotland, 29, St-Andrew Square, Edimbourg.

Wardlaw Ramsay (Colonel R. G.), President E. of Scotland College of Agriculture, Whitehill, Rosewell, Midlothian, Ecosse

Roberts, T. F. Esq., Principal of the University College of Wales, Aberystwyth.

Runciman (The R* Hon. Walter), President of the Board of Agriculture and Fisheries, 4, Whitehall Place, London S. W.

Schlich, Sir Wm. President of the Royal English Arboricultural Society, 29, Banbury Road, Oxford

Sloan, Andrew, Secretary Dairy Farmer 's Association of Scotland, Greenhill, Crosshouse, Kilmarnock, Ecosse.

Somerville, Dʳ E., Délégué de School of Rural Economy of the University of Oxford, 121, Banbury Road, Oxford.

Stanier, Beville, Esq., Paplow Hall, Market Drayton (Angleterre).

Solomon, W. (Miss), Horticultural College Swanley (Kent).

Sutton, Martin John, Wargrave Manor, Berkshire.

Trepplin, E. C., Esq., Orchard Portman, Taunton.

Turnor, Christopher, Central Land Association, Stoke Rochford, Grantham.

The Secretary and Registrar of the University College, Reading.

Wright (Sir Robert), Chairman of the Board of Agriculture for Scotland, 29, St-Andrew Square, Edimbourg.

Wilkinson, Miss F. R., Horticultural College, Swanley, Kent.
Wilson, Sir James, Inspecteur général au Ministère de l'Agriculture et des Pêcheries, Londres.
Wilson William, Kildrummie, by Mossat, Aberdeen, Scotland.
Wood, T. B., Professor of Agriculture at Cambridge University, Cambridge.

AUTRICHE

Dr Franz Bilovsky, Landessekretär, à Brünn.
Dr *Stanislas de Ramult*, Délégué officiel de l'Autriche, avenue des Courses, 4, Bruxelles.
Madame de Dewicz, Vienne.
de Ertl (chevalier D^r), chef de Section au Ministère de l'Agriculture, Délégué officiel de l'Autriche, 5, Liebiggasse, Vienne.
Madame de Ertl, Vienne.
de Wiktor Zdzislaw, Délégué de la Société I. et R. agricole de Galicie, Ujepkiepoz, 6, Lwoir, Galicie.
Dr Wilhelm Freisler, Landesausschuss-Beisitzer, à Brünn.
Hitschmann, R., Rédacteur en chef de « Landwirtschaftliche Zeitung », Schauflergasse, 6, Vienne I.
Otto Kasdorf, Ingénieur et Professeur de la Faculté d'Agronomie de l'Université de Montevideo, Heiligenstädterstrasse, 10, Vienne.
Konecny, F. Flachsbase Inspektor des verbandes der böhm. Flachsbauer, Zelitava.
Prince Ferdinand Lobkowitz, grand maréchal du Royaume de Bohême, membre de la Chambre des Seigneurs, Prague.
Rostworowski, Stanislas (comte), D^r en philosophie, Délégué de la Société I. et R. d'Agriculture de Cracovie.
Dr Karl Nowotny, Landessekretär, à Brünn.
Polachek, Fr., Directeur du comité d'agriculture de Moravie, Autriche.
Prokupek, A., Praesident der böhm. section des Landesculturrates, Prag II, 79,9 Böhmen.
Reuss, H., ingénieur agricole, Directeur de l'Institut supérieur des forêts, Mairisch-Weiskirchen.
Rezek, Joseph, Professeur à l'école supérieure I. et R. d'agriculture, Vienne.

Stauek, Landtags und Reichsrath abgeordneter, à Zele-
tava (Autriche).

Dr *Schullern de Schrattenhofen* (1) Directeur et Professeur à
l'école supérieure I. et R. d'agriculture, Délégué officiel
de l'Autriche, à Vienne.

Prof. Dr Seidl, A., Professor der landwirtschaftliche Akademie, Tetschen-Liebwerd, Böhmen, Tetschen a/d Elbe.

Dr Karl Tausch, Rosswein post Kötsch (Stmk).

Dr Thoma, Em., Professeur à l'école polytechnique tchèque,
Prague.

Johann Vaca, Landesausschuss-Beisitzer, Brünn.

Centralverland der deutschen landwirtschaftlichen genossen-
schaffen Böhmens, Kgl. Weinberge, Jungmannstrasse, 3.

Bernhart Freiherr von Ehrenfeld, Président der K. K. Land-
wirtschafts Gesellschaft, Schauflergasse, 6, Vienne.

Profess. D^r baron von der Malsburg, Dublany E./Lemberg,
Galicie.

Von Viener Velten, membre de la Société d'Agriculteurs de
Vienne, à Léopoldsdorf, Basse-Autriche.

D^r Th. Chevalier von Weinzierl, Conseiller Aulique I. et R.,
Directeur de la Station d'Essais des Semences, II Prater,
Vienne.

Prof. Dr Wirth, Königl. böhm. landwirtschaftliche Akademie,
Tetschen-Liebwerd, Bohême.

BELGIQUE

Adam, F.-V., directeur-gérant de la Laiterie Saint-Joseph,
société coopérative, Virton.

Administration communale de Hornu.

Administration communale de Sainte-Croix, près de Bruges.

Administration communale de Pâturages.

Administration communale de Sirault.

Adriaen Camille, inspecteur vétérinaire de l'Etat, à Ostende.

Aeby, Jules, délégué des producteurs de nitrate de soude du
Chili, 43, rue de l'Empereur, Anvers.

---

(1) Les rapports numérotés I-2 et I-3 ont été présentés par M. le Dr Schüller
de Schrattenhofen.

Arnold, N., secrétaire général du Ministère des Colonies, rue du Prince Royal, 96, Bruxelles.

Aulard, Aug., ingénieur chimiste, conseil technique, avenue Besme, 111, Bruxelles.

Bauwens, L., inspecteur général de l'agriculture, délégué du Ministère de l'Agriculture, Uccle.

Bernaerts, J., vice-président et délégué de la Commission provinciale d'agriculture d'Anvers, à Leest.

Bernier D. G. I., médecin vétérinaire, professeur honoraire, 22, avenue Paul De Jaer, Bruxelles.

Bia, G., représentant général du Séchoir Büttner, 101, boulevard du Nord, Bruxelles.

Bolckmans, Alex., délégué du Comice agricole d'Oostmalle, à Westmalle.

Bommer, Charles, conservateur au Jardin Botanique de l'Etat, Bruxelles.

Madame Ch. Bommer, Bruxelles.

Boone, Alphonse, membre du Conseil supérieur des forêts, Gásthuisstraat, 46, Turnhout.

Bouckaert, professeur à l'Institut agricole, Gembloux.

Bouillon, Adolphe, directeur des Sections professionnelles agricoles d'Ath et de Braine-le-Comte, à Attre.

Braffort, F., président et délégué de la Société provinciale agricole du Luxembourg, Villers-s/Semois, Marbehan.

Braffort, F., député suppléant, Villers-s/Semois, Marbehan.

Braham-Remy, Alfred, conseiller provincial et membre du Comité du Comice agricole de Herve-Aubel, 240, rue Large Voie, Herstal.

Brems, M., député permanent, délégué de la province d'Anvers, Heyst-op-den-Berg.

Brifaut, V., avocat, membre de la Chambre des Députés, 131, rue de Stassart, Bruxelles.

Bril, Constant, délégué du Comice agricole d'Anvers, Stabroeck.

Broquet, R., secrétaire, délégué du Comice agricole de Nivelles-Genappe, Nivelles.

Brian, député permanent, délégué de la province de Liége, Beco (La Reid) (Liége).

lonies, rue
ue, avenue
délégué du
iission pro-
honoraire,
101, boule-
Dostmalle, à
uc de l'Etat,
des forêts,
oux.
ifessionnelles
.
s provinciale
arbehan.
Marbehan.
membre du
0, rue Large
rovince d'An
Députés, 13l
l'Anvers, Sta
icole de Nivel
ince de Liége

Bruneel, Hubert, vice-président du Conseil supérieur de l'agriculture, président de la Fédération des Syndicats d'Elevage de la province de Namur, président et délégué de la Société Namuroise du Cheval de Trait belge, Château de Neffe, par Saint-Gérard.

Brughmans, J., président et délégué du Comice agricole de Calmpthout, rue de la Station, Calmpthout.

Cartuyvels, J., inspecteur général de l'Agriculture, président de la Commission internationale d'agriculture, délégué du Ministère de l'Agriculture, 231, rue de la Loi, Bruxelles.

Chainaye, Louis, bourgmestre, Huy.

Caron, L., député permanent, délégué de la province d'Anvers, Turnhout.

Casier (baron), château de et à Waereghem.

Ceelen, Joseph, conseiller provincial, Lille-Saint-Hubert.

Claessens, chef de division, délégué du Ministère des Colonies, 7, rue Thérésienne, Bruxelles.

Claeys, Achille, schryver en afgevaardigde van het Landbouw Comice, Schoolopziener, Ledeberg.

Clément, Charles, directeur de « La Nutricia », société anonyme, 142, rue Fransman, Laeken.

Cobbaut, Alph., Bestierder der Maatschappelijke Landbouwerken van het arrondissement Aast, Lede.

Colpaert (abbé), ingénieur agricole, professeur à l'Ecole d'agriculture et de mécanique agricole, délégué du Westvlaamsche Boerenbond, Avelghem.

Comice agricole de Heyst-op-den-Berg, secrétaire M. Onzea.

Corman, Hubert, délégué du Comice agricole de Herve, Clermont-s/Berwinne.

Comptoir belge du Sulfate d'Ammoniaque, société anonyme, 8, rue Berckmans, Bruxelles.

Dardenne, N., délégué de la Société du Herd-Book condruzien, bourgmestre, Villers-le-Temple.

d'Aripe, Guy, directeur de l'exploitation agricole de Schooten, par Brasschaet.

De Backer, Fr., Bestuurder der Landbouwschool, te Sottegem.

De Baets, Charles, président du Comice agricole de Hoeylaert, La Hulpe.

4

Debarsy, député permanent, délégué de la province de Liége, rue du Roc, Huy.

De Beer, H., délégué du Comice agricole de Sottegem, ingénieur, Leeuwergem.

De Beer, Joseph, délégué du Comice agricole de Hoorebeke-Sainte-Marie, greffier, Hoorebeke-Sainte-Marie.

de Beughem (vicomte), président du Comice agricole de Puers, Lippeloo.

de Bethune, L. (Baron), membre de la Chambre des Représentants, Alost.

De Caluwe, agronome de l'Etat, Gand.

de Cock de Rameyen, Anatole, conseiller provincial, château de Rameyen, à Gestel (Lierre).

De Corte Edouard, Délégué de l'administration communale de Saint-Michel, Rijselsche Heirweg, 121, Saint-Michel lez-Bruges.

de Combrugghe de Looringhe (baron G.), Moerzeke.

De Dobbeleer, Victor, fermier, délégué du Comice agricole d'Etterbeek, Rhode-St-Genèse.

de Gaiffier d'Hestroy (baron), député permanent, délégué de la province de Namur, à Namur.

de Giey ,Odon (baron), bourgmestre, La Pinte lez-Gand.

Dejaegher, E. H., Bestuurder der St-Rochus-Gilde (Studie en propagandekring voor Hopteelt) te Poperinghe.

de Kerchove d'Exaerde, G., bourgmestre, Bellem (Fl. Or.)

de Kerchove d'Ousselghem, Edg., président de la Commission provinciale d'agriculture, rue de la Croix, 7, Gand.

Dekeyzer, agronome de l'Etat, délégué du Comice agricole de Courtrai.

Delaey, D., président et délégué de la Commission provinciale d'agriculture de la Flandre occidentale, Hooghlede.

de Lamberts-Cortenbach (baron), conseiller provincial, château de Hocht, Lanaeken.

de Limburg-Stirum (Comte A.), rue du Trône, 72, Bruxelles.

Delincé, E., ingénieur agricole et forestier, chaussée de Swynaerde, 27, Gand.

della Faille d'Huysse (baron) H.), sénateur, président et délégué du Landbouwersbond de la Flandre orientale, Buttes St-Aldegonde, Deurle, (Fl. or.).

de Liége,

;em, ingé-

[oorebeke-

gricole de

les Repré-

il, château

ommunale
iint-Michel

,

e agricole

délégué de

·Gand.
(Studie en

(Fl. Or.)
ommission
and.
ce agricole

provinciale
ede.
ncial, châ-

Bruxelles.
ée de Swy-

ent et délé-
ale, Buttes

della Faille (baron G.), président et délégué de la Fédération des syndicats d'élevage de la Flandre orientale, château de Huysse.

Delos, Albert, ingénieur agronome de l'Etat, délégué de la Société namuroise du cheval de trait belge, Namur.

Delroisse, A., directeur de la section agricole de l'Institut épiscopal St-Victor, Fleurus.

de Moffarts (baron Paul), conseiller provincial, Botassart (Noirefontaine).

De Moor, Albert, délégué du Comice agricole de Sottegem, agriculteur, Oombergen.

Denu, Pierre, secrétaire et délégué du Comice agricole de Nederbrakel.

Dequidt, Ch., conseiller provincial, Loo.

d'Otreppe de Bouvette (baron), docteur en sciences naturelles, Aineffe par Chapon-Seraing.

de Rihaucourt (comte Adrien), ingénieur agricole, château d'Ostemerée, Anthée.

Derumier, A., médecin vétérinaire, délégué du Comice agricole d'Etterbeek, rue des Rentiers, 15, Etterbeek.

de Saint-Hubert, E., Orp-le-Grand.

de Sébille, Albert, ingénieur civil, membre du Conseil supérieur des forêts, vice-président de la Société centrale forestière et de la Société centrale d'agriculture, 45, rue Defacqz, Bruxelles.

De Smet, Art., président du Conseil supérieur de l'horticulture, président de la Chambre syndicale des horticulteurs belges, chaussée de Bruxelles, 93, Ledeberg-Gand.

de Smet, Firmin, président et délégué du Comice agricole de Gand, château de Schouwbrouck, Vinderhoute lez-Gand.

De Smet, Henri, inspecteur de l'enseignement primaire, rue des Echevins, 36, Ixelles.

De Swaene, instituteur, Kruisstraat, Moerbeke-Waes.

de Thysebaert (baron F.), délégué de la Fédération des syndicats d'élevage de la province de Namur, château de Geronsart, Jambes.

de Villenfagne de Vogelsanck (Baron L.).

de Villermont (Comte), château d'Ermeton, Ermeton-s/Biert.

de Villers (comte), trésorier de la Fédération nationale des sociétés d'horticulture, Conjoux.

Devisscher, avocat, secrétaire du groupe XXII, 86, Coupure, Gand.

Devos, E., conseiller provincial, Dixmude.

Devos, Simon, président du Comice agricole de Bruxelles, avenue Louise, 238, Bruxelles.

de Vrière (chevalier E.), bourgmestre, Beernem.

De Vuyst, directeur général de l'Office rural, délégué du Ministère de l'Agriculture, secrétaire général du Congrès, 22, avenue des Germains, Bruxelles.

De Witte, Alfred, délégué du Comice agricole de Sottegem, candidat notaire, Velsicque-Ruddershove.

Dom, directeur général, délégué du Ministère de la Justice, rue de la Loi, Bruxelles.

Drion, Raoul, 59, avenue de la Couronne, Bruxelles.

Dubois, H.-G., ingénieur agricole, Barvaux.

Dubuisson, F., ingénieur agricole, 3, boulevard de Namur, Héverlé (Louvain).

du Bus de Warnaffe, député, 64, rue de la Loi, Bruxelles.

Duchâteau, à Grandglise.

Dumont de Chassart, Auguste, sénateur, château du Châtelet, Villers-la-Ville.

Dupuis (Dr G.), directeur de l'école de médecine vétérinaire de l'Etat, 51, rue des Vétérinaires, Bruxelles.

d'Ydewalle (chevalier E.), conseiller provincial, St-André par Lophem.

Ecole ménagère agricole ambulante de la Flandre occidentale. M. Van Godtsenhoven (directeur), boulevard du Cyngel, 3, Bruges.

Ecole supérieure ménagère agricole (Institut du Sacré-Cœur), Héverlé.

Everard, G., ingénieur agricole, député permanent, délégué de la province de Namur, à Rochefort.

Everard, F., avocat, 21, rue Bosquet, Bruxelles.

Favresse, Sylvain, ingénieur agricole, 14, rue de l'Enclume, St-Josse-ten-Noode.

Frateur, professeur à l'Institut agronomique de l'Université de et à Louvain, délégué du Ministère de l'Agriculture.

Furnémont, Ad., ingénieur agronome de l'Etat, délégué de la Fédération des syndicats d'élevage de la province de Namur, Ciney.

Gedoelst, M., professeur à l'école de médecine vétérinaire de l'Etat, 15, rue Meyerbeer, Uccle.

Gérard, député permanent, délégué de la province de Luxembourg, Sart (Assenois).

Gérard, H., bourgmestre, Remicourt.

Gérards, vétérinaire principal au 1er régiment d'artillerie, délégué du Ministère de la Guerre, Gand.

Gheyssens, J., inspecteur cantonal des écoles primaires, délégué du Comice de Gand, Tronchiennes.

Giele, ingénieur agronome de l'Etat, Louvain.

Gielen, député permanent, délégué de la province de Limbourg, Bilsen.

Gillain, P., 22, rue Ommegang, Anvers.

Godart, F., directeur des « Mercuriales agricoles », 43, rue de l'Empereur, Anvers.

Goeminne, J.-B., directeur de la section agricole de l'Institut Saint-Trudon, Dejonghstraat, 12, Saint-Trond.

Goffinet (Baron), Envoyé extraordinaire et Ministre plénipotentiaire, 3, rue de la Science, Bruxelles.

Gommaerts, M., révérend curé, Lemberge, par Moortzeele.

Goossens, F., président de la Société provinciale d'Agriculture du Brabant, Assche.

Graftiau, Jean, directeur du laboratoire d'analyses de l'Etat, Louvain.

Grégoire, A., Directeur de l'Institut de chimie et de physique agricoles, Gembloux.

Hansoulle, Louis, président et délégué du Comice agricole de Verviers, rue Mangombroux, Verviers.

Henry, A., directeur au Ministère de l'Agriculture, 3, rue de Louvain, Bruxelles.

Heptia, député permanent, délégué de la province de Liége, Villé en Hesbaye (Liége).

Hougardy, E., inspecteur vétérinaire, président et délégué de la Société du Herd-Book condruzien, Huy.

Hubert, Camille, directeur émérite de l'Institut agricole de l'Etat, Braine-l'Alleud.

Hubert, Louis, président de la Commission d'expertise des chevaux de la province de Namur, Castillon-Walcourt.

Huyghebaert, J., président du Comice agricole de et à Nieuport.

Hynderick de Theulegoet (Chevalier), secrétaire de la Société Le Cheval de Trait Belge, 20, rue Royale, Bruxelles.

Institut international des classes moyennes, rue du Commerce, 101, Bruxelles.

Jacqmart, F., ingénieur agricole, délégué de l'Ecole d'agriculture de et à Carlsbourg.

Jacques, député permanent, délégué de la province de Liége.

Lacroix, L., à Westmalle.

Lammertyn, conseiller provincial, Moorslede.

Lamproye, abbé, expert chimiste agricole, professeur, délégué de la Section agricole du Collège de Hasselt.

Laruelle, A., directeur du Syndicat agricole, Landen.

Lebrun, Léon, avocat, président de la Section nationale de viticulture, 1, rue de l'Harmonie, Huy.

Legrand, René, commissaire du groupe VII à l'Exposition de Gand, place Saint-Michel, 13, Gand.

Lejeune, E., ingénieur agronome de l'Etat, 71, avenue Bouvier, Virton.

Lépine, Ferdinand, directeur de la Maison R. Wallut et Cⁱᵉ, 61, rue de la Meuse, Anvers.

Leplae, E., professeur à l'Institut agronomique de l'Université de Louvain, directeur général de l'agriculture coloniale, délégué du Ministère des Colonies, 74, rue de Namur, Louvain.

Limpens, Maurice, château de Sombeke, Waesmunster.

Lippens, Maurice, avocat, conseiller provincial, 21, rue de Flandre, Gand.

Lippens, Raymond, 23, rue de Flandre, Gand.

Lonay, Alexandre, inspecteur provincial de l'enseignement agricole, délégué de la province de Hainaut, Mons.

Lonchay, député permanent, délégué de la province de Luxembourg, Remoiville (Hompré).

Luytgaerens, E., secrétaire général du Boerenbond belge, Louvain.

Maenhaut, député, président et délégué de la Société centrale d'Agriculture de Belgique, président du Comité exécutif du Congrès, Lemberge.

Malcorps, H., station de sélection (céréales), Alleur (Ans).

Magnie, ingénieur agricole, délégué de l'Ecole d'agriculture, La Louvière.

Marousé, ingénieur agricole, secrétaire général adjoint du Congrès, 18, rue Bois-l'Evêque, Liége.

Martens, P.-H., notaire, 2, Kortrijksche straat, Gand.

Masselis, L., conseiller provincial, Roulers.

Mattez, Jules, agriculteur, Souvret (Hainaut).

Meerseman, Cl., professeur d'agronomie, délégué du Comice agricole de et à Thourout.

Meeûs, Hip., usines de Wyneghem.

Mélotte, J., industriel, vice-président du Comité du Congrès, Remicourt.

Migeotte, vétérinaire au 4e régiment de lanciers, délégué du Ministère de la Guerre, Gand.

Moens, Bernard, inspecteur vétérinaire, délégué de la Commission provinciale d'agriculture du Limbourg, 38, rue Neuve, Hasselt.

Molhant, médecin-vétérinaire à l'Institut de zootechnie, rue des Récollets, Louvain.

Morel de Westgaver, secrétaire du Commissariat du Congrès, avenue de la Place d'Armes, Gand.

Mostaert, Cam., Oostcamp.

Mullie, ingénieur, chef de bureau et délégué du Ministère des Colonies, Bruxelles.

Nyssens, directeur du laboratoire d'analyses de l'Etat, rue de la Bienfaisance, Gand.

Onghena, E., délégué du Comice agricole de Saint-Gilles-Waes.

Onzea, A., secrétaire et délégué du Comice agricole de Heyst op den Berg.

Pastur, Max, notaire, membre de la Chambre des Représentants, Jodoigne.

Pecsten (Baron), conseiller provincial, Ruddervoorde.

Peers de Nieuwburgh (Baron), président de la Société Nationale de Laiterie, Oostcamp.

Polet, H., député, Président du Comice agricole de Fexhe-
Slins.

Poskin, J., recteur de l'Institut agricole de Gembloux, délégué du Ministère de l'Agriculture, Gembloux.

Proot, H., Voorzitter des Verbonds der Uitlezersbonden,
Couckelaere.

Pulinckx-Eeman, V., délégué du Vogelteelt Maatschappij
« Het Neerhof », 3, Heiligenstraat, Gand.

Pussemier, Lionel, député permanent de la Flandre orientale, Eecloo.

Pycke (Baron R.), bourgmestre à Poucques, 31, rue du Commerce, Bruxelles.

Quairière, garde général des Eaux et Forêts, 3, rue de Louvain, Bruxelles.

Ranscelot, Maurice, 30, rue d'Ecosse, Bruxelles.

Revue Economique Internationale, secrétaire M. Barbanson,
129, rue de la Victoire, Bruxelles.

Rivière, H., bourgmestre et délégué de la commune de
Vladsloo.

Roelants, W., greffier provincial, délégué de la province de
Limbourg, à Hasselt.

Roisin, Alfred, ingénieur agricole, Villers-la-Ville.

Rooman d'Erlbuer, Jules, bourgmestre de Laerne.

Ryziger, Fernand, ingénieur agricole, 15, rue Van Orley,
Bruxelles.

Saint-Poullier, Wachtebeke (Fl. Or.).

Schreiber, directeur général de l'administration de l'agriculture, délégué du Ministère de l'Agriculture, Bruxelles.

Smeyers, directeur et délégué du Ministère des Colonies,
chaussée de Tirlemont, Louvain.

Société Centrale d'Agriculture de Belgique, rue Ravenstein,
Bruxelles.

Société centrale forestière de Belgique, 3, rue de Louvain,
Bruxelles.

Sohier-Beaujean, E., 76, rue des Guillemins, Liége.

Spaas, Théodore, voorzitter van het Landbouwcomice en
veekweekbond, te Sint-Huibrechts-Lille.

Speeckaert, Armand, ingénieur agricole et forestier, trésorier de la Société centrale d'Agriculture de Belgique, rue Joseph II, 179, Bruxelles.

Stroobants, A., secrétaire de la Société provinciale d'agriculture du Luxembourg, Arlon.

Storme, J., conseiller provincial, délégué de la Flandre occidentale, Lichtervelde.

Stuyck, Louis, secretaris van het Landbouwcomice Duffel, 14, Kerkstraat, Duffel.

Temmerman (chanoine F.-X.), aumonier de la garnison de Louvain, à Héverlé.

Tibbaut, E., avocat, député, président du Conseil supérieur de l'agriculture, délégué du Ministère de l'Agriculture, 4, avenue de l'Astronomie, Bruxelles.

Tobiansky d'Althoff, ingénieur civil, délégué de la Société centrale d'agriculture, rue de Portugal, 18, St-Gilles.

Toussaint, ingénieur agricole, chef des travaux du laboratoire agricole de l'Etat, Liége.

Ulens, Robert, avocat, Grand Jamine (Gelinden).

Van Bellinghen, H., secrétaire et délégué du Comice agricole de Willebroeck, 85, rue Notre-Dame, Malines.

Van Besien, J., rentier, Eeckhoutstraat, 29, Bruges.

Van Caloen, Julien, 70, rue Nord du Sablon, Bruges.

Van Caloen, Albert (baron), à Lophem.

Vandenbussche, Cyrille, sénateur, voorzitter van den Provincialen Boerenbond van West-Vlaanderen, Ardoye.

van den Corput, Fernand, château d'Assenois, par Lavaux.

Vanden Heuvel, Ministre d'Etat, rue Savaen, Gand.

Vanden Wouver, ingénieur-agronome de l'Etat, délégué du Comice agricole d'Ypres, 10, Vieux-Marché-au-Bois, Ypres.

Vander Avoort, notaire, consul et délégué de la Perse, Marché Saint-Jacques, 52, Anvers.

van der Bruggen (Baron M.), sénateur, ancien Ministre de l'Agriculture, président du Comité organisateur du Congrès, Wielsbeke.

Vanderkam, Victor, directeur de l'Ecole d'horticulture, avenue de l'Ecole d'horticulture, 63, Vilvorde.

Vander Linden, Art., ingénieur agricole, députe permanent de la Flandre Orientale, Goefferdingen.

Van der Vaeren, J., inspecteur au Ministère de l'Agriculture, professeur à l'Institut agronomique de l'Université de Louvain, secrétaire général adjoint du Congrès, 228, chaussée d'Alsemberg, Bruxelles.

Van Elst, ingénieur-agronome de l'Etat, délégué du Comice agricole, Rethy.

Van Godtsenhoven, Emile, ingénieur agronome de l'Etat, délégué de la Commission provinciale d'agriculture de la Flandre Occidentale, Bruges.

Van Haelst, E., notaire, Zwyndrecht (Waes).

Van Hamont, député permanent, délégué de la province de Limbourg, à Donck.

Van Haverbeke, L., ingénieur agricole, 25, rue Neuve de Gand, Bruges.

Van Huffelen, E., schrijver van het Verbond der Veekweek-Syndikaten, 28, rue Van Beers, Antwerpen.

Van Iseghem, Louis, président du Comice agricole de Ghistelles, à Snaeskerke.

van Loo (Baron), commissaire général du Congrès, 31, place d'Armes, Gand.

Van Nyen, Paul, Tempelhof, Beersse.

Van Raemdonck, Camille, ondervoorzitter van de Landbouw Vereeniging van 't Land van Waes en voorzitter van 't Landbouw Comice van Beveren-Waes.

Van Rolleghem, Cyrille, algemeene schrijver van den Provincialen Boerenbond van West-Vlaanderen, Yperstraat, Rousselare.

Van Troyen, Emmanuel, secrétaire de la Fédération des Herd-Books de l'Est, 16, avenue de Spa, Verviers.

Varlez, Louis, secrétaire général et délégué de l'Association internationale pour la Lutte contre le Chômage, 54, Coupure, Gand.

Verhaege, député permanent, délégué de la Flandre occidentale, Wervicq.

Verhaert, Edouard fils, délégué du Comice agricole d'Anvers, Stabroeck.

Verstraete, M., directeur du bureau belge d'études sur les engrais, 17a, rue de la Paix, Ixelles.

Vuylsteke, Ch., horticulteur, Loochristi.

Agriculture,
iversité de
ngrès, 228,

du Comice

de l'Etat,
lture de la

province de

Neuve de

Veekweek-

le de Ghis-

s, 31, place

Landbouw
zitter van 't

an den Pro-
Yperstraat,

lération des
iers.
l'Association
ge, 54, Cou-

dre occiden-

le d'Anvers,

udes sur les

Warnants, ingénieur-agronome de l'Etat, Louvain.

Weber, Maurice, aviculteur, Mont-Saint-Guibert.

Wertz, Jos., délégué du Comice agricole de Herve, Aubel (Liége).

Wicart Antonin, C., supérieur de la Maison de Melle lez-Gand.

Wintmolders, ingénieur agricole, à Roclenge s/Geer.

BRESIL

Andrade, D. E., à Saint-Paulo (Brésil).

Bassotti, José, San Paulo (Brésil).

Bandeira de Mello, Délégué du Ministère de l'Agriculture du Brésil, au Commissariat du Brésil, 39ᵈ, rue du Lombard, Bruxelles.

Cotrim, Directeur de la Société nationale d'agriculture de Rio de Janeiro, 12, rue des Acacias, Paris.

de Camargo, Théod, délégué du gouvernement, 8, Maximilian Platz, Munich.

Ledent, Armand, attaché au Ministère de l'Agriculture, Rio-de-Janeiro.

Carlos Prates, Directeur du Ministère de l'Agriculture de l'Etat, Minas-Geraes (Brésil).

Schuhmacher, F., ingénieur agronome, délégué du gouvernement de l'Etat de Sao Paulo (Brésil), 253, rue Royale, Bruxelles.

Sociedade Brasileira para a animaçao da agricultura, 31, boulevard Beauséjour, Paris.

CANADA

Chapais, M. J. C., assistant comm. d'industrie laitière à Saint-Denis (comté de Kamouraska), Prov. de Québec (Canada).

Doherty, Chief of the Publication Branch of the Department of agriculture, Ottawa (Canada).

Gigault, G., Sous-Ministre de l'Agriculture, Québec.

Ruddick, J. A., Dairy Commissioner, Department of agriculture, Ottawa (Canada).

CHILI

Son Excellence M. George Huneeus, Ministre du Chili, délégué du gouvernement du Chili, Bruxelles.
Inspection générale de l'Agriculture, Ministère de l'Agriculture, Santiago (Chili).
Medina, G., délégué du gouvernement du Chili.
Pereira, député, délégué du gouvernement du Chili.

COLOMBIE (République de)

Annibal Gonzales, y Torres, délégué de Colombie, consul général de Colombie, Anvers.
Julio Torrez, consul et délégué de Colombie, chaussée de Charleroi, Bruxelles.
Pedro Nel Ospina, 46, rue Paul Lauters, Bruxelles.
Vasquez, J. Ed., 46, rue Paul Lauters, Bruxelles.

DANEMARK

Baron de Rozenkrantz, délégué du gouvernement danois, Copenhague.
Zuschlag, Emile, Président de l'Association internationale pour la destruction rationnelle des rats, 8, Cort Adelersgade, Copenhague.
Zuschlag G. E., secrétaire-adjoint du président de l'Association internationale pour la destruction rationnelle des rats, 8, Cort Adelersgade, Copenhague.

EGYPTE

Gerald C. Dudgeon, Directeur général du Département de l'Agriculture, Caire (Egypte).

ESPAGNE

José Aragon, Perita agronomo, Madrid.
Association de Ganaderos del Reino, Madrid.
Association des Agriculteurs d'Espagne, Madrid.
Francisco Bernard, Madrid.
Camaro Oficial Agricola de Valence (Espagne).

Camara Precial de Valence.

Jesus Canovas del Castillo, secrétaire de l'Association des Agriculteurs d'Espagne, Madrid.

Julio Cervera Baviera, Apartado, 66, Valence.

Consejo Provincial de Fomento de Valence.

Creux Félix, Madrid.

de Ampuero, J. M., Senador del Reino, Président et Délégué du Syndicat agricole, à Durango.

Duque de Bailen, Président de l'Association de Ganaderos del Reino, Madrid.

de Eza (Vicomte), Président de l'Association des Agriculteurs d'Espagne, Madrid.

Juan de La C. Badell y Roig, Perito agricola, Ribera, 8, Pral Barcelone.

Miguel Doaso y Olasagasti, ingénieur agricole, Igueldo, San Sebastian.

Marques de Gorbea, Madrid.

Marques de la Fuensanta de Palma, Madrid.

Conde de Retamoso, Madrid.

Conde de Gamazo, Madrid.

Marques de Casa Pacheco, Madrid.

Dalmacio Garcia Izcara, Madrid.

Gregorio de Chavarri, Madrid.

Trino Hurtado de Mendoza, Bilbao.

Frontera (Marquis de la), Secrétaire de l'Association de Ganaderos del Reino, Madrid.

Miguel del Campo, Madrid.

de Camps (Marquis), Barcelone.

Federico, Diaz, propriétaire agriculteur, Madrid.

Julio Diaz, propriétaire, agriculteur, Madrid.

Luis Madrenys, Barcelone.

Dom Enrique Trenor, Comte de Montornes, Commissaire Royal d'agriculture, Président d'honneur de la Commission internationale d'agriculture, Valence.

Henri Trenor de Montornes, Valence (Espagne).

Antonio Oliver J. Gaya, Presidente Caja Rural, San Juan, Mallorca.

Fructuoso Martinez de Velasco, Madrid.

Juan Maisonnave, Madrid.

Clemente de Velasco, Madrid.
Paulino de Mora, Madrid.
Eugenio Roque, Madrid.
Antonio Santa Cruz, Madrid.
Santiago Jalon, Madrid.
Luis Garcia Suelto, Madrid.
Delegacion de Los Productores de Nitrato de Chile, Barquillo, 26, Madrid.
Fédéracion agricole de Levante, à Valence.
Féderacion Naranjera-Colon, n° 31, Valence.
Francisco R., Sedano, Madrid.
Manuel Iranzo, Président de la Fédération agricole de Levante, Valence.
Mariano Movell.
Ignace Girona, Senador, Barcelone.
Agustin Grima, propriétaire agriculteur, Valence.
Institut agricole catalan de San-Isidro, Barcelone.
Emilio Lopez Guardiola, propriétaire, agriculteur, Valence.
Marques de Alonso Martines, Sénateur, Directeur de l'école d'agriculture, Madrid.
José Mestres, Directeur de la chaire ambulante d'agriculture Délégué de la députation provinciale, à Tarragone.
Pedro Gil Moreno de Mora, 65, boulevard Beauséjour, Paris.
Pedro Montauer, Palma de Mallorca, 5, calle Campano.
Diego Pazos, Regutradoz de la Propiedad, Madrid.
Eusebio Puig, Président de l'Institut agricole catalan de San-Isidro, Barcelone.
Docteur Emilio Ribera, Madrid.
Miguel Lopez Roberts, Madrid.
R. P. Rodriguez, S. J., à Louvain (Belgique).
Segundo Cuesta, Madrid.
Carlos Sanllhey, propriétaire agriculteur, Barcelone.
Nicolas Santos de Otto y Escudero, Barbastro, Huesca.
Alfonso Garcia Suelto, Madrid.
Wyn, Fed., Secrétaire général de la Chambre agricole officielle des Vallès, aviculteur, apiculteur, La Garriga (Prov. de Barcelone).

ETATS-UNIS

John Crerar, Library, Chicago L. L.

Prof. Dr *Withmann H. Jordan*, Director of the Experiment station New-York, Delegate from the Association of american agricultural Colleges and Experiment station.

Kerr, W. J., Président Agricultural College, Corvallis Oregon U. S. A.

Dr Howard S. Reed, Prof. of Plant Pathology in the Virginia Polytechnic Institute Blacksburg va.

True, A., Directeur de l'office des stations expérimentales du Ministère de l'Agriculture, Washington U. S. A.

Miss Mary Morison, Delegate from te State of New Hampshire, Peterborough.

FRANCE

Aylies, Charles, Secrétaire général et délégué de la Société des agriculteurs de France, 42, avenue de l'Alma, Paris.

Bénard, J., Régent de la Banque de France, 81, rue de Maubeuge, Paris.

Berge, René, Président de la Société Centrale d'agriculture de la Seine-Inférieure, rue Pierre Charron, 12, Paris.

Biard, Léonard, propriétaire, 45, rue Victor Hugo, Evreux, Eure.

Blaringhem, L., Professeur d'agriculture au Conservatoire national des Arts et Métiers, 14, rue de Tournon, Paris.

Bodin, Directeur, délégué de la Caisse nationale de Réassurance des Mutuelles agricoles, 18, rue de Grenelle, Paris (VIIe).

Bonnet, propriétaire, 23, rue Denfert, Saint-Maixens (Deux-Sèvres).

Boué, J. Ch., Directeur de la Caisse régionale de crédit agricole mutuel de Tarbes, avenue de la Gare, Tarbes.

Bourgery, propriétaire, Délégué de l'Association française pour l'avancement des sciences à Nogent-le-Rotrou (Eure et Loir).

Bretignière, L., Professeur à l'école nationale d'agriculture de Grignon, à Grignon (Seine-et-Oise).

Brière, Directeur du Syndicat des Agriculteurs de la Sarthe.

Calvet, ancien sénateur, Saintes (Charente-Inférieure).

Cannon, D., membre de la Société nationale d'agriculture de France, aux Vaux, La Ferté Imbault (Loir et Cher).

Cazelles, Jean, Secrétaire général et Délégué de la Société des viticulteurs de France, 28, rue Godot-de-Mauroy, Paris.

Chaize, Charles, Secrétaire général de l'Association vinicole Roannaise, Villerest par Roanne (Loire).

Col, propriétaire agriculteur, rue de la Banque, Nevers (Nièvre).

Collet, Henri, Secrétaire adjoint de la Société Française d'encouragement à l'industrie laitière, 136, rue de Rivoli, Paris.

Conseil général du Nord à Lille (Nord).

Courquin (Abbé), membre de la Société des agriculteurs de France, 70, rue du Casino, Tourcoing.

de Bohan, G., Président du syndicat de la Champagne, Fresne par Bourgogne (Marne).

Decauville, Paul, Ingénieur à Port-Toutevoye, Gouvieux (Oise), France.

Degrully, Léon, Directeur du Progrès agricole et horticole, 1, rue d'Albisson, Montpellier.

Delalande, Louis, Vice-Président et Délégué de la Société des agriculteurs de France, 2, rue de Lisbonne, Paris.

de la Rocheterie, M., Président du Comice agricole d'Orléans, château du Bouchet par Cléry, Loiret.

de Lestrange, H., propriétaire, château de Lancôsme par Vendœuvres (Indre).

Delpech, Charles, Président et Délégué du syndicat forestier de France, 4, rue de Lille, Paris.

de Maupeou (Comte), Directeur du génie maritime en retraite, 4, place du Gast, Laval (Mayenne).

Théron de Montaugé, H., Président de l'Union des associations agricoles du S.-O., de l'Union du Midi des syndicats agricoles à Gramont par Toulouse (Haute-Garonne).

Demorlaine, J., professeur à l'Institut national agronomique, Inspecteur des Eaux et Forêts du département de la Somme, Abbeville (France).

de Robien (Mlle), 17, avenue d'Eylau, Paris.

de Robien (Comte André), propriétaire agriculteur, château de Montgiroux par Alexain (Mayenne).

de Saint-Quentin (Comte), Sénateur, 3, rue de Magdebourg, Paris.

Descombes, Paul, Président de l'Association centrale pour l'aménagement des montagnes, 142, rue de Vessac, Bordeaux.

Dureau, Albert, secrétaire adjoint du Conseil et Délégué de la Société des agriculteurs de France, 13, rue de Bourgogne, Paris.

de Terssac, J., Président de la Société d'agriculture de l'Ariège, 50, rue des Chapeliers, Foix (Ariège).

de Vilmorin, Maurice L., membre de la Société nationale d'agriculture de France, 13, quai d'Orsay, Paris.

de Vilmorin, Marc, propriétaire, 23, quai d'Orsay, Paris.

de Vilmorin (Mme Ph.), 66, rue Soissière, Paris.

de Vilmorin, Philippe, membre de la Société nationale d'agriculture de France, 66, rue Boissière, Paris.

de Vogüé (Marquis), membre de l'Académie française, Président d'honneur de la Société des agriculteurs de France, 2, rue Fabert, Paris.

de Vogüé (Comte L.), Vice-président de l'Union centrale des syndicats des agriculteurs de France, 8, rue d'Athènes, Paris.

Duvergier de Hauranne, E., Président de la Société d'agriculture du Cher, à Herry (Cher) France.

Diffloth, Délégué de la Société « l'Alimentation rationnelle du bétail », 44, avenue Marceau, Paris.

Faucon, Paul, membre du Conseil supérieur de l'agriculture, 16, rue Lagrange, (Paris V^e).

Furne, Constant, Secrétaire de la Société d'agriculture, Pont de briques, Saint-Léonard, près de Boulogne-sur-Mer (Pas-de-Calais).

Gain, Edmond, Directeur de l'Institut agricole et colonial de l'Université de Nancy, place Carnot, Nancy.

Gallo, Georges, Délégué de la Société de l'alimentation rationnelle du bétail, 83, rue de Monceau, Paris.

Garbe, Désiré, administrateur de la Compagnie algérienne, 44, rue de Fleurus, Paris.

Gervais, Prosper, Vice-président et Délégué de la Société des viticulteurs de France, 252, rue de Rivoli, Paris.

Geze, J.-B., ingénieur-agronome, professeur spécial d'agriculture, Villefranche-de-Rouergue (Aveyron).

Girard, Henri, agriculteur à Plailly (Oise).

Gouin, André, propriétaire agriculteur, 1, rue Paré, Nantes (Loire-Inférieure).

Hachet Pouppart, G., industriel agriculteur, Fleury-sur-Aire, (Meuse).

Hickel, Robert, membre de la Société nationale d'agriculture de France, inspecteur des Eaux-et-Forêts, rue du Champs-Lagarde, 11bis, Versailles.

Hirsch, Paul, inspecteur des Eaux et Forêts, 18, rue de Labordère, Neuilly-sur-Seine, (Seine).

Hitier, H., membre de la Société nationale d'agriculture, professeur à l'Institut national agronomique, 23, rue du Cherche-Midi, Paris.

Lafosse, inspecteur général des Eaux et Forêts, 61, rue de Vaugirard, Paris.

Lamouroux, C., administrateur délégué de la Société immobilière de la Grand'Cabane, 20, quai du Nord, à Cette (Hérault).

Lamouroux (Madame), 20, quai du Nord, à Cette.

Laurent, F., Vice-président de la Société centrale d'agriculture de la Seine-Inférieure, 4, rue du Contrat Social, Rouen.

Lavallée, René, Secrétaire général adjoint et Délégué de la Société des agriculteurs de France, 8, rue d'Athènes, Paris.

Le Coutour, Directeur et Délégué de la caisse locale du crédit agricole mutuel de Cherbourg, 76, rue Montebello, Cherbourg.

La Société d'agriculture de l'arrondissement de Cherbourg, délégué M. *Le Coutour*, à Cherbourg.

Leddet, Pierre, conservateur des Eaux et Forêts, 3, square de la Tour Maubourg, à Paris.

Madame P. Leddet, à Paris.

L'abbé Lefèbvre, Professeur au Collège St-Vaast, Béthune (Pas-de-Calais).

Legras, J., Délégué de l'Association de l'industrie et de l'agriculture françaises, Besny-et-Loizy (Aisne).

Legras, H., agriculteur à Besny-et-Loizy (Aisne).

Lesage, Maurice, Inspecteur de l'agriculture, 80, rue Raynouard, Paris XVIe.

Lhotelain, Charles, Président honoraire du Comice agricole de Reims, 37, rue du Faubourg Cerès, Reims.

Lormier, G., Président du syndicat agricole de la Seine-Inférieure, 27, quai de Paris, Rouen.

Lucas, ingénieur agronome, délégué de la Société d'alimentation rationnelle du bétail, agriculteur, à Gournay-sur-Marne (S.-O.).

Mallèvre, Alf., délégué de la Société de l'Alimentation rationnelle du Bétail, 284, boulevard Raspail, Paris.

Margaine, Alf., député, 12, rue Dupont-des-Loges, Paris.

Margaine, A., inspecteur des Eaux et Forêts, Sainte-Ménehould (Marne) (France).

Méline, J., sénateur, président de la Commission Internationale d'Agriculture, 4, rue de Commaille, Paris.

Mir, Eugène, sénateur, délégué de la Société de l'Alimentation rationnelle du Bétail, 35, faubourg Saint-Honoré, Paris.

Morcrette-Ledieu, président du Comice agricole de l'arrondissement de Cambrai, Caudry (Nord).

Moussu, Guy, secrétaire général de la Société française d'Encouragement à l'Industrie laitière, 3, rue Baillif, Paris.

Nirouet, B., ingénieur du service des améliorations agricoles, 56, boulevard Pasteur, Amiens, (Somme).

Nivel, Ed., vice-président de la Société française d'Emulation agricole contre l'Abandon des Campagnes, 107, rue Michel-Bizot, Paris (XIIe).

Pageot, Gaston, propriétaire, délégué de la Société des Agriculteurs de France, château de Cherbon, par le Lude (Sarthe).

Rieul Paisant, président du Syndicat agricole de la Ferté-Gaucher, 83, rue de Monceau, Paris.

Pardé, L., inspecteur des Eaux et Forêts, 51, rue des Halles, Beauvais (Oise).

Pélissier, inspecteur général de l'Hydraulique Agricole au Ministère de l'Agriculture, Paris.

Petit, Henri, vice-président et délégué de la Société des Agriculteurs de France, 3, rue Danton, Paris.

Kiamil Perrisoud, vice-président et délégué de la Société
d'Agriculture de Rozoy, Domaine des Tournelles, par
Mortcerf (S. et M.).

Madame Kiamil Perrisoud, délégué cantonal de Seine et
Marne, Domaine des Tournelles par Mortcerf (S. et M.).

Pluchet, Eugène, délégué de la Société des Agriculteurs de
France, Trappes (Seine et Oise).

Pluvinage, Ch., Ingénieur, 56, rue Rodier, Paris.

Rabault, G., propriétaire agriculteur, 83, rue de la Tour,
Paris.

Madame G. Rabault, 83, rue de la Tour, Paris.

Rossignhol, Marcel, propriétaire, agriculteur, 9, rue de
Moüesse, Nevers (Nièvre).

Rouart, Eugène, agriculteur, château de Bagnols-de-Grenade,
par Saint-Jory (Haute-Garonne).

Rouvier, Directeur du *Bulletin agricole de l'Est*, à Remire-
mont (Vosges).

Sagnier, Henry, rédacteur en chef du *Journal d'Agriculture
pratique*, 106, rue de Rennes, Paris.

Société d'agriculture du département de la Haute-Garonne;
délégué: M. de Boyer Montégut, 20, rue St-Antoine du T.,
à Toulouse.

Société des Agriculteurs du Nord, 12, rue Lepelletier, Lille.

Syndicat agricole d'Anjou, 5, place de Lorraine, Angers.

Tardy, Louis, inspecteur principal du Crédit Agricole,
maître de conférences à l'Institut National Agronomique,
délégué du Musée social, 5, rue Las-Cases, Paris.

Trupel, 60, rue Taitbout, Paris.

Vacher Marcel, délégué de la Société de l'Alimentation rationnelle du Bétail, 82, avenue de Breteuil, Paris.

Vermorel, V., sénateur, président du Comice agricole et viticole du Beaujolais, Villefranche-s/Saône (Rhône).

Viger, président et délégué de la Fédération nationale de la
Mutualité et de la Coopération agricoles, 18, rue de Grenelle, Paris (VIIe).

Wemaere, A., 37, place Jeanne d'Arc, Dunkerque (France).

la Société
rnelles, par

e Seine et
(S. et M.).

iculteurs de

s.

le la Tour,

9, rue de

le-Grenade,

à Remire-

Agriculture

e-Garonne;
oine du T.,

etier, Lille.
Angers.

Agricole,
ronomique.
aris.

tion ration-

cole et viti-
e).

onale de la
ue de Gre-

e (France).

GRECE

Jassemidès, S., inspecteur général de l'agriculture, Athènes.
Nicolaïdes, consul de Grèce, Anvers.
Papageorgiou, ingénieur agricole, directeur de la Société royale d'agriculture hellénique, boulevard de l'Université, Athènes.

GUATEMALA (République de)

Vande Putte, commisaire général du Guatémala à l'Exposition de Gand, délégué du Guatémala, château de Ledeberg (Gand).

HAITI (République de)

Dr *A. Riboul de Pescay*, chargé d'affaires et délégué officiel de la République d'Haïti, 65, rue Gachard, Bruxelles.

HONDURAS (République de)

Jalhay, consul général de la République de Honduras en Belgique, avenue d'Auderghem, 244, Bruxelles.

HONGRIE

Dr F. von Czvetkovits, Fr., ministerial concipient im Kgl. Ungar. ackerbauministerium, Charlottenburg, Berlin.
Barthelemi de Ferdinandy, conseiller ministériel, délégué du gouvernement de Hongrie, Ministère de l'Agriculture, V Orszaghazter, 11, Budapest.
de Gyöergy, André, ancien Ministre de l'Agriculture, délégué de la Société nationale d'Agriculture de Hongrie, Peterfalva (Comité de Ugocsa).
de Moldovanyi de Retlegh Alex, Délégué du ministère de l'Agriculture de Hongrie en France.
Bruno de Pottere, M., délégué de la Société nationale d'Agriculture de Hongrie, Ulloi ut 25 Köztelek, Budapest.
de Ottlik, Yvan, secrétaire d'Etat, délégué du gouvernement de Hongrie, Ministère de l'Agriculture, V Orszaghazter 11, Budapest.

Deperoffy (Comte A.), rue Korsmky, 16, Budapest.

Andor de Reusz, secrétaire d'Etat, délégué du gouvernement de Hongrie, Ministère de l'Agriculture, V Orszaghazter 11, Budapest.

Jaszirabszky-Lonyay, Sandor, chef de section au Ministère de l'Agriculture de Hongrie, Dessauerstrasse 5 bI, Halle a/S. (Allemagne).

Schreiner, Eugène, délégué de la Société nationale d'Agriculture de Hongrie, Köztelek, 3, Budapest (IX).

Seligman, Clément, vice-président et délégué de la Société nationale d'Agriculture de Hongrie à Sopron.

Krisztinkovich, Ed., conseiller ministériel, délégué du Ministère de l'Agriculture de Hongrie, Westend Kaiserdamm, 95, Charlottenburg (Berlin).

Zelenski (Comte Robert), Temes-Ujfalu (Hongrie).

INDES ANGLAISES

Bernard Coventry, agricultural adviser délégué de « The Indiä Office », Londres.

INDES NEERLANDAISES

Ectors, J., Tjiandjoer, Java.

Hamaker, Tjiandjoer, Java.

Hamaker, C.-M., Tjiandjoer, Java.

ITALIE

Aguet James, Conseiller de la Société des agriculteurs italiens, via duc Macelli, 9, Rome.

Dr Sani Arrigo, Via Terranuova, 23, Ferrare.

Cauda Adolfo, Dott, Asti, Piémont.

Enea Cavalieri via Marghera, 12, Rome.

Formiggini, Magg. G., Modène, Italie.

Forti, Domenico, Migliarino, Ferrare, Italie.

Guarini, E., 18, rue du Portugal, Bruxelles.

Giordano, J., professeur à l'Institut royal technique supérieur, Marciori n° 3, Milan.

Institut international d'Agriculture, Rome.

Lavale, Rome.

Longari Duzone, membre de la Société des Agriculteurs ita-
liens, Casalmaggiore.
Merciai, J., Docteur en droit, Via la Faggiola, 3, Pise.
Merciai, F., Docteur en droit, Via la Faggiola, 3, Pise.
Massimo di Frassineto (Comte), à Rome.
Moreschi Bartolommeo, Directeur général de l'agriculture,
délégué du gouvernement de l'Italie, Rome.
Dr Triade Perico, Via Pignolo, 80, Bergame.
Dr Luigi Raineri, Plaisance (Italie).
Dr Giovanni Raineri, membre de la Commission internatio-
nale d'agriculture, Plaisance.
Société agricole de Lombardie, 2, place Fontana, Milan.
Valdivia Urbinâ Vicente, ingénieur, 1, rue Racine, Paris.

GRAND-DUCHE DE LUXEMBOURG

Wagner, Prof. J.-Ph., délégué du gouvernement, Ettelbrück.

NORVEGE

Isaachsen, H., professeur de zootechnie à l'Institut national
agronomique, délégué du Ministère de l'Agriculture, Aas.
Lalim, A., Buskeruds amts landbruksskole, Aamot st.
Mellbye, Joh. E., délégué du Ministère de l'Agriculture, Kris-
tiania (Norwège).
Saxlund, M., directeur du service forestier, délégué du Minis-
tère de l'Agriculture, Kristiania.
Wriedt, Ch., Kvam.

PAYS-BAS

D. Bakker, D. L., Rijksveearts, te Enschede.
Breebaart, K. J., te Winkel.
Bond van Coöperatieve Zuivelfabrieken in Friesland, Land-
bouwhuis, Leeuwarden.
Collot d'Escury, Baron K. J. A. G., te Kloosterzande.
Centrale Landbouw-Onderlinge, Singel, 130, Amsterdam.
Coöperatieve Centrale Boerenleenbank, te Eindhoven.
Croesen, V. R. J., Secretaris der Kon. Ned. Landbouwveree-
ning, Buitenhof, 42, s' Gravenhage.

Dr J. C. de Ruyter de Wildt, Rijkslandbouw proefstation, Goes.

Nederlansche Heidemaatschappij, Nieuwregracht, 94, Utrecht.

Dr D. Knuttel, directeur der Landbouwproefstation, Maastricht.

Korteweg, S. C., Commissaris der Nederlansche Heidemaatschappij, Prinse Vinkenpark, 17, s' Gravenhage.

Kroon, H. M., professeur de zootechnie à l'Ecole vétérinaire de l'Etat, Utrecht.

Nederlandsch Landbouwcomité, Assendelfstraat, 14, s' Gravenhage.

Koninklijke Nederlandsche Landbouwvereeniging, Buitenhof, 42, s' Gravenhage.

Löhnis, F. B., inspecteur van den Landbouw, Toornooiveld, 6, s' Gravenhage.

Reitsma, O., secretaris van den Algemeenen Nederlandschen Zuivelbond, Assendelftstraat. 14, s' Gravenhage.

Ruys de Beerenbrouck, gouverneur de la province de Limbourg, délégué du gouvernement des Pays-Bas, Maestricht.

Staatsboschbeheer te Utrecht.

Tops, M., délégué du Limburgsche Landbouwbond, te Roermond.

van der Zande (D[r]), inspecteur van het Landbouw onderwijs, La Haye.

van Gulik, H., délégué de Het botercontrolestation Zuid-Holland, Prinsengracht, 59, Den Haag.

Van Hoek, P., directeur-generaal van den Landbouw, Toornooiveld, 6, s' Gravenhage.

Van Kessenich, Michiels, membre de la 2e Chambre, Nuth (Limbourg).

Vereeniging « Het Nederlandsch Rundveestamboek », Kanonstraat, 4, s' Gravenhage.

Verheyen van Estvelt, A. J. F., te Boxmeer.

Westerdyck, J.-B., Uithuizermeeden.

PEROU

Carlos Larrabure y Correo, délégué du Pérou au bureau d'informations du gouvernement du Pérou, 6, boulevard de la Madeleine, Paris.

PORTUGAL

Association centrale de l'Agriculture portugaise, rue Garrett, 95-2°, Lisbonne.

Dr Luis Arizmendi, Simancas, Cette (France).

Ant. da Silva, délégué du gouvernement de Portugal.

M. Cunha Continho Carlos, ingénieur agronome, docteur en sciences agronomiques, directeur de la Société d'Agriculture, 28, rue Gonçalves Crispo, Lisbonne.

Comte de Bobone, ingénieur agronome, rue Garrett, 95-2°, Lisbonne.

Baron de Goffete, ingénieur agronome, Goffette (Alemlejo)

Dr Oliveira Feijâo, A., président de l'Association centrale de l'Agriculture portugaise, rue Garrett, 95-2°, Lisbonne.

Diogo Folque Pessolo, propriétaire, rue Garrett, 95-2°, Lisbonne.

Syndicat agricole de Baiâo, Baiâo.

Syndicat agricole de Elvas, Elvas.

Syndicat agricole de Vila Nova de Tazem.

Société des Sciences agronomiques du Portugal, rue Garrett, 95-2°, Lisbonne.

Alberto Vellozo d'Araujo, Avenida da Liberdade, 212, 3e D., Lisbonne.

REPUBLIQUE ARGENTINE

Amadeo Tomas, Ingénieur, professeur aux Universités de Buenos-Ayres et de La Plata, délégué du gouvernement, commissaire général de la Section argentine à l'Exposition de Gand.

Dr Pedro Bergès, professeur d'hygiène de la Faculté d'agronomie et vétérinaire, Casilla del Correo, 299, Buenos-Ayres.

Botts Juan, Buenos-Ayres.

Casarès Miguel, sous-secrétaire d'Etat de l'Agriculture de la République Argentine, Buenos-Ayres.

de Marneffe, Gustave, inspecteur général au Ministère de l'Agriculture, Casilla, 561, Buenos-Ayres.

Llanos Julio, Directeur général d'agriculture et d'élevage de la province de Buenos-Ayres.

Gustav Niederlein, agent général du « Museo social argentino ».

Ramin Durand, ingénieur agronome, Posadas (Misiones).

Ferreira, E. I., agronome régional, Mercedes (prov. de San Luis).

Ingénieur Carlos d'Girola, professeur à l'Université de La Plata, rue Santa Fé, n° 4299, Buenos-Ayres.

REPUBLIQUE DOMINICAINE

Penso, J., consul général et délégué de la République Dominicaine à Bruxelles.

ROUMANIE

Antonesco, Pierre, inspecteur général des Forêts, rue Lucaci, 91*bis*, Bucarest.

Apostol, Al., membre du Syndicat agricole, à Ialomitza.

Yarka, Constantin, Buzen.

Maltazeanu, B. C., membre du Syndicat agricole, Ialomitza.

Nicoleanu, directeur et délégué du Ministère de l'Agriculture, Bucarest.

Poenaru Bordea, M. M. I., membre du Syndicat agricole, à Ialomitza.

Popescu, Léon, membre du Syndicat agricole, à Ialomitza.

Tanassesco, inspecteur général des Eaux et Forêts, rue Spérantza, 44, Bucarest.

RUSSIE

Dimitry Arzibacheff, chef du bureau de mécanique agricole, délégué du Ministère de l'Agriculture, W. 11 Ligne 56, Saint-Pétersbourg, 28.

Brunst, Victor, premier expert en matières agricoles, délégué du gouvernement.

La Gazeta Polnicksa, organe de la Société centrale d'agriculture de Pologne, Erywanska, 16, Varsovie, Délégué: Prof. J. Lutoslawski.

Gorjatskin, professeur à l'Institut d'agriculture, Petrowskoje Razumovskoje, Moscou.

Kalouguine, J., Directeur et professeur de l'Institut Agronomique de Nowo Alexandria.

Le Prince Argoutinsky Dolgoroucoff, conseiller d'Etat, délégué du gouvernement impérial de Russie, Saint-Pétersbourg, 54.

Klutchareff Alexandre, professeur aux cours agronomiques du musée impérial d'agriculture, Fontanka, 10, St-Pétersbourg.

Schirkirch, J., Nowo Alexandria.

Excellence Basile Taïroff, conseiller d'Etat actuel, directeur du *Messager vinicole*, délégué du gouvernement impérial de Russie, rue Poltavskoi Pobédi, 19, Odessa.

Dr Arvid Thomson, Professor der handwirtschaft and der Universität Turjew (Dorpal).

von Rotmistroff Vladimir, directeur du champ d'expérimentation, délégué du gouvernement, Odessa.

Madame von Rotmistroff, à Odessa.

Péter Weigel, agronom instruktor, à Zurnabat (Caucase).

Société d'agriculture Primorska de Vladivostok (Sibérie). Délégués : MM. Vyssotsky, président, et Ssolkoloff, secrétaire.

SUEDE

Barthel, Ch., Experimentalfältet, Schweden, Stockholm.

Bendix, Carl L., 1er intendant de Sa Majesté le Roi de Suède, délégué adjoint du gouvernement de Suède, Stockholm.

Bonde (Baron), président de la Chambre des Députés, Stockholm.

Cederwall, E., ingénieur, propriétaire, Eknö Valskog (Suède)

Dannfelt, Juhlin, secrétaire de l'Académie royale d'agriculture de Suède, délégué du gouvernement de Suède, Stockholm.

Nils Hansson, professeur à la station centrale d'expériences agricoles, Stockholm.

Leufven, Gustaf, Malmö (Suède).

Löwen (Comte Fritz), Gerstaberg, Järna (Suède).

SUISSE

Bâtard, Henri, agriculteur, à Vandœuvres, délégué du département de l'agriculture de Genève.

Collaud Béat, chef de service du département de l'agriculture, Fribourg (Suisse).

de Vevey, E., directeur de l'Institut agricole, Fribourg (Suisse).

Duboule, Moïse, député au Grand Conseil du canton de Genève, délégué du département de l'agriculture du canton de Genève, à Petit-Saconnex, près de Genève.

Joâo Capello Franco Frazâo, docteur en sciences agronomiques de l'Institut de Pérouse, Villa Mary Grange Canal, Genève.

Prof. Dr Laur, secrétaire général du Schweizerischer Bauernverband, in Brugg (Aargau).

de Meyenburg, K., ingénieur, Gellerstrasse, 22, Bâle.

Oyex-Ponnaz, conseiller d'Etat, chef du département de l'agriculture, place Chauderon, Lausanne.

Rochaix, John, ingénieur agronome, délégué du département de l'agriculture de l'Etat de Genève, à Genève.

Torche, F., conseiller d'Etat, Fribourg.

Union suisse des Paysans, à Brougg (Argovie).

SYRIE

Rosenbeck, Jules, à Caïffa (Syrie).

TUNISIE

Le Commissaire général de Tunisie à l'Exposition de Gand.

Martinicz, A., 5bis, rue d'Italie, Tunis.

de Warren, Ed. (Comte), Président de l'Association agricole de Tunisie, délégué du gouvernement.

URUGUAY

Frelia Buxdreo Oribe, 722, Calle 25 de Majo, Montevideo.

Andrade, Oscar (abbé), à l'Université de Louvain.

VENEZUELA

Le Consul général du Venezuela, à Anvers.

ZANZIBAR

Clellan Frank, C. M., directeur de l'agriculture, Zanzibar.

DEUXIEME PARTIE

COMMISSION INTERNATIONALE D'AGRICULTURE

Procès-verbaux des séances tenues à Bruxelles et à Gand.

Séance du dimanche 8 juin 1913

Présidence de M. Méline.

La séance est ouverte à 8 h. 1/2 au Palais des Académies, à Bruxelles.

Le Président est assisté de M. Cartuyvels van der Linden, vice-président, et de M. Jules Maenhaut, président du Comité exécutif du Xe Congrès international d'Agriculture.

Sont présents :

Autriche: le prince Ferdinand Lobkowitz, le baron de Hennet.

Belgique : MM. Cartuyvels van der Linden, Maenhaut, Proost, de Vuyst.

Danemark : le baron Rosenkrantz.

Espagne : MM. Girona, le comte de Montornès, Maisonnave.

Etats-Unis : le Dr A. C. True.

France : MM. Méline, Develle, Jules Bénard, François Berthault, Prosper Gervais, Lafosse, Rieul Paisant, Henry Sagnier, le comte L. de Vogüé, Philippe de Vilmorin.

Italie : MM. Giovanni Raineri, Cavalieri.

Norvège: MM. J.-E. Mellbye, Isaachsen.

Pays-Bas : MM. Ruys de Beerenbrouck, Collot d'Escury, P. van Hoeke.

Roumanie : M. Nicoleanu.

Suède : MM. le baron Bonde, Juhlin Dannfelt.

Suisse : le Dr Ernest Laur.

M. Henry Sagnier, secrétaire, fait connaître qu'il a reçu les excuses des membres de la Commission dont les noms suivent :

Allemagne : le comte de Schwerin-Lowitz, le D^r Rœsicke.

Autriche : le baron Bernhard de Ehrenfels, le comte R. de Colloredo-Mannsfeld.

Hongrie : le Dr Eugène de Rodicsky.

Belgique : M. Braekers.

Danemark : M. Westermann.

Espagne : le marquis de Camps.

France : MM. le marquis de Vogüé, Tesserand, Eugène Pluchet, Alfred Paisant.

Portugal : Dom Luiz de Castro.

Russie : M. Yermoloff.

Suisse : le Dr Haccius.

Les uns et les autres expriment leurs regrets de ne pouvoir assister au Congrès.

M. le Président remercie les membres de la Commission de leur zèle et de leur ponctualité à venir apporter à celle-ci le concours de leur talent et de leur dévouement à l'agriculture.

Il a une tâche particulièrement agréable à remplir en ouvrant cette séance qui précède l'inauguration du Xe Congrès international d'Agriculture. Il doit, en effet, adresser les chaleureux remerciements de la Commission à ceux qui ont préparé le Congrès et qui lui assureront une place exceptionnelle dans la série de nos réunions. Ces remerciements doivent aller particulièrement à M. le baron van der Bruggen, président de la Commission d'organisation, à M. Jules Maenhaut, le dévoué président du Comité exécutif, et à M. Paul de Vuyst, l'infatigable secrétaire de ce Comité.

Grâce à leur initiative et à leur habileté, de nombreux rapports ont été réunis sur toutes les questions comprises dans le programme du Congrès. Ces rapports ont été imprimés et envoyés à tous les adhérents qui ont pu les étudier afin de prendre une part utile aux discussions. Parmi ces rapports, une place particulière doit être donnée à celui du Dr Ernest Laur qui a su, à la suite de l'enquête faite l'année dernière, exposer d'une manière magistrale le difficile et complexe problème de la désertion des campagnes. La réunion de tous ces rapports constitue un ensemble qui sera toujours consulté avec profit et fera honneur au Comité d'organisation du Congrès.

Organisation du Bureau du Congrès.

M. le Président expose que, d'après son règlement et conformément à ses traditions, la Commission a pour devoir de présenter au Congrès des propositions pour la constitution de son Bureau.

M. Henry Sagnier donne lecture de la liste élaborée d'accord avec la Commission d'organisation. Son principal souci a été de donner aux délégués officiels des Gouvernements des divers pays représentés au Congrès la place d'honneur qui doit leur appartenir, tout en tenant compte de celle qui doit revenir aux représentants particulièrement éminents qui sont présents au Congrès.

Voici la liste proposée pour le Bureau général; dans cette liste, les pays sont placés par ordre alphabétique :

Présidents d'honneur.

M. Georges Helleputte, ministre de l'Agriculture et des Travaux publics de Belgique.

M. Jules Méline.

Président.

M. le baron Van der Bruggen, sénateur, ancien ministre de l'Agriculture de Belgique.

Rapporteur général.

M. Jules Maenhaut, président de la Société centrale d'Agriculture de Belgique. —

Vice-Présidents.

Le chevalier Maurice de Ertl, directeur général au ministère I. R. d'Agriculture d'Autriche.

M. Ivan de Ottlik, secrétaire d'Etat, délégué du ministère R. d'Agriculture en Hongrie.

M. Cartuyvels van der Linden, inspecteur général honoraire de l'Agriculture en Belgique.

Le comte de Montornès, vice-président de l'Association des Agriculteurs d'Espagne.

Le Dr True, délégué du *Département of Agriculture* des Etats-Unis.

M. Jules Develle, ancien ministre des Affaires étrangères et de l'Agriculture en France.

Sir Sydney Olivier, secrétaire permanent du *Board of Agriculture and Fishing* de Grande-Bretagne.

S. E. M. Giovanni Raineri, député, ancien ministre de l'Agriculture d'Italie.

Le jonckheer Ruys de Beerenbrouck, deuxième président de la Société royale d'Agriculture des Pays-Bas.

Le prince Constantin Argoutinsky Dolgoroucoff, conseiller d'Etat actuel, délégué du ministère de l'Agriculture de Russie.

Le Baron Bonde, président de la deuxième Chambre de la Diète suédoise.

Louis-Dop, vice-président de l'Institut international d'Agriculture de Rome.

Secrétaire général honoraire.

M. Henry Sagnier, secrétaire-questeur de la Commission internationale d'Agriculture.

Secrétaire général.

M. Paul de Vuyst, directeur général de l'Office rural au ministère de l'Agriculture et des Travaux publics de Belgique.

Secrétaires généraux adjoints.

M. Marousé, ingénieur agricole, à Liége.
M. Vander Vaeren, inspecteur de l'agriculture, à Bruxelles.

Cette liste est approuvée par la Commission.

Pour les Bureaux des sections, les Bureaux du Comité d'organisation qui ont préparé les travaux du Congrès resteraient naturellement en fonctions. Il leur serait adjoint, à titre de membres d'honneur, un certain nombre des délégués des différents pays. Voici la liste proposée :

1ro SECTION. — *Présidents d'honneur :* MM. le Dr Laur, directeur de la Ligue des Paysans suisses; baron de Rosenkrantz, délégué du Danemark; Sir George Fordham, délégué de la Grande-Bretagne; Samderra de Mello, délégué du Brésil.

Vice-Présidents d'honneur : M. le baron von Levetsow, délégué de la Société allemande d'agriculture; M. le comte de Vogüé, vice-président de la Société des Agriculteurs de France.

Secrétaire d'honneur : M. Ricul Paisant, secrétaire général du Comité de la vente du blé.

2e SECTION. — *Présidents d'honneur :* MM. François Berthault, directeur de l'Enseignement et des services agricoles au ministère de l'Agriculture de France; Nicoleanu, directeur général de l'Agriculture au ministère de l'Agriculture et des Domaines de Roumanie; Juhlin Dannfelt, secrétaire de l'Académie royale d'agriculture de Suède; Bartolomeo

Moreschi, directeur général de l'Agriculture du ministère de l'Agriculture d'Italie.

Vice-Présidents d'honneur : MM. Lohnis, inspecteur de l'Agriculture (Pays-Bas) ; le baron de Hennet, attaché à la Légation d'Autriche-Hongrie, à Berne ; Prosper Gervais, vice-président de la Société des viticulteurs de France ; le marquis Alfonso Martinez, directeur de l'Institut agricole Alphonse XII, à Madrid.

3e SECTION. — *Présidents d'honneur* : MM. Guillermo Pereira, délégué du Gouvernement du Chili ; Nicolaïdes, délégué de la Grèce ; Miguel Casares, délégué de la République Argentine ; Michel Sarlund, délégué du Gouvernement de la Norvège.

Vice-Présidents d'honneur : MM. Decharme, chef de service au ministère de l'Agriculture de France ; Juan Maisonnave, ancien président du Conseil d'Agriculture d'Espagne ; Granville, E. Fleg Baker.

4e SECTION. — *Présidents d'honneur* : MM. Carlos de Cunha Continho, délégué du Gouvernement du Portugal ; Carlos Larrabrere y Corres, délégué officiel du Pérou ; Ordinaire, commissaire général de Tunisie à l'Exposition de Gand ; Riboul de Pescaij, délégué de la République de Haïti.

Vice-Présidents : MM. Pélissier, inspecteur des améliorations agricoles au ministère de l'Agriculture de France ; Jules Legras, délégué de l'Association de l'industrie et de l'agriculture françaises ; von Rümcker, professeur à Berlin.

5e SECTION. — *Présidents d'honneur* : MM. Lafosse, inspecteur général des Eaux et Forêts, à Paris ; Jalhay, délégué du Gouvernement du Honduras ; E. van der Avoort, délégué de la Perse ; le consul général du Vénézuéla.

Vice-Présidents d'honneur : M. Leddet, inspecteur des Eaux et Forêts, à Paris ; Penso, délégué de la République Dominicaine.

Cette liste est adoptée. Elle n'est pas limitative ; les sections pourront y ajouter telles personnalités qu'elles voudront honorer.

Modifications dans la composition de la Commission.

M. le Président dit que, par suite de décès, de changements dans les situations de plusieurs membres ou sur le désir exprimé dans quelques pays de voir leur représentation renforcée, le Bureau doit soumettre à la Commission les propositions nouvelles qu'il a reçues depuis la dernière réunion.

Nous avons eu la douleur de perdre M. Sigismond Moret, l'un des présidents d'honneur de la Commission, qui présida le Congrès de Madrid en 1911, et dont la disparition a été un deuil profond non seulement pour l'Espagne, mais aussi pour tous ceux qui avaient pu apprécier sa haute valeur. La mort a frappé aussi deux membres : en France, M. Fougeirol, ancien sénateur, et en Allemagne, le Dr Dunkelberg. On gardera le souvenir des services que M. Fougeirol a rendus à l'agriculture, dont il a été l'un des meilleurs représentants dans les discussions parlementaires. Par ses travaux, le Dr Dunkelberg a été un des pionniers estimés de la science agricole en Allemagne.

M. Henry Sagnier expose les conditions dans lesquelles certaines modifications de personnes sont proposées dans la composition de la Commission.

DANEMARK. — M. le professeur T. Westermann, président de la Société royale d'Agriculture du Danemark, qui appartient à la Commission depuis son origine, a fait connaître que ses charges toujours croissantes ne lui permettaient plus de participer activement aux travaux de celle-ci, et il a exprimé le désir d'être remplacé par M. le baron Rosenkrantz, membre du Conseil d'administration de la Société royale et représentant du Danemark à l'Institut international d'Agriculture de Rome.

ETATS-UNIS. — Le Dr L.-O. Howard, en rappelant qu'il est depuis cinq ans le seul représentant des Etats-Unis, a proposé qu'un deuxième membre lui fût adjoint, et il présente à cet effet le Dr A. C. True, directeur de l'Office des stations expérimentales au *Department of Agriculture* de Washington.

FRANCE. — Le comte Louis de Vogüé, vice-président de l'Union des Syndicats des Agriculteurs de France, remplacerait M. Fougeirol, décédé.

GRANDE-BRETAGNE. — Sir Thomas H. Elliott, dont on a apprécié depuis longtemps le talent, le zèle et le dévouement, a quitté le poste de secrétaire général du *Board of Agriculture and Fisheries* à Londres, pour devenir directeur de la Monnaie. Il serait remplacé par Sir Sydney Olivier, son très honorable successeur.

HONGRIE. — Par une lettre en date du 23 novembre 1912, S. E. le Ministre R. Hongrois de l'Agriculture rappelle que

deux membres de la Commission, M. Albert de Bedö et le
Dr E. de Rodiczky, fonctionnaires de son département, sont
depuis plusieurs années à la retraite. Comme il attache une
grande importance à ce que le lien entre la Commission et son
ministère soit maintenu, il propose qu'ils soient remplacés par
M. Edmond de Miklós, secrétaire d'Etat, délégué de l'Etat
hongrois à l'Institut international d'Agriculture de Rome, et
le Dr Louis de Szomjas, conseiller ministériel, chef du département des Expositions agricoles et des Congrès.

PAYS-BAS. — Les membres de la Commission appartenant
aux Pays-Bas ont proposé l'adjonction de M. V. R. Y. Croesen,
secrétaire de la Société royale d'Agriculture. — Ces propositions
sont ratifiées.

M. le Président propose de donner le titre de *membres hono-
raires* de la Commission aux collègues qui ont cessé de lui
appartenir activement. C'est le meilleur moyen de conserver avec
eux des liens dont nous apprécions tout le prix. A l'unanimité,
la Commission adopte cet avis.

Siège du prochain Congrès.

M. le Président rappelle qu'au Congrès de Madrid, en 1911,
le D[r] d'Oliveira Freijao, délégué du Portugal, avait demandé
que la Commission prît acte de l'offre faite par le Portugal de
tenir dans ce pays le Congrès qui suivrait celui de Gand. Depuis
cette date, cette proposition n'a pas été confirmée. Toutefois, il
convient d'attendre la fin du Congrès pour que la Commission
soit fixée à cet égard.

Il a appris qu'au cours du Congrès une proposition serait
présentée en vue de tenir le XIe Congrès aux Etats-Unis, à San-
Francisco, en 1915. D'autre part, il a été consulté par notre
éminent collègue M. Alexis Yermoloff sur le point de savoir si
la Commission serait disposée à accueillir favorablement la proposition éventuelle de tenir un Congrès en 1917 en Russie. Cette
proposition serait certainement accueillie avec faveur; mais il ne
s'agit pas, en ce moment, de prendre une décision à cet égard.

M. le Président termine en invitant les membres de la Commission à assister à une deuxième réunion qui se tiendra à Gand

avant la clôture du Congrès. Dans cette réunion, les propositions à présenter sur le siège du prochain Congrès seront définitivement arrêtées.

Compte rendu financier.

M. Henry Sagnier expose la situation financière de la Commission.

Au 1er juin 1912, lors de la réunion annuelle de la Commission, le solde en caisse était représenté par une somme de fr. 2,795.40.

Depuis cette date, il a reçu les cotisations qui suivent : en juin 1912, M. le sénateur *Boyer*, membre de la Commission pour le Canada, 20 fr. ; en octobre, de la *Société royale d'Agriculture du Danemark*, 150 fr. ; en novembre, de M. *Isaachsen*, au nom des membres de la Commission pour la Norvège, 100 fr. ; en décembre, de l'*American Association of Agricultural Colleges*, 25 fr. ; de l'*Union suisse des Paysans*, 100 fr. ; en février 1913, de la *Société centrale d'Agriculture de Belgique*, 100 fr ; en juin, de l'*Association des Agriculteurs d'Espagne*, de l'*Associaciation des Eleveurs d'Espagne* et de la *Chambre d'agriculture de la province de Valencia*, 250 fr.

Ces recettes, s'élevant à 745 fr., portent le total de l'avoir à fr. 3,530.40.

Depuis un an, les dépenses se sont élevées à 876 fr. Les principales ont porté sur les frais de la réunion de juin 1912, sur l'impression et la distribution de l'enquête faite par la Commission.

Le reliquat actuel en caisse est donc de fr. 2,654.40.

La séance est levée à 10 heures.

Séance du mercredi 11 juin 1913

Présidence de M. Méline.

La séance est ouverte, à 10 heures, dans une des salles du Palais des fêtes de l'Exposition de Gand affectées au Congrès international d'Agriculture.

Le Président est assisté du prince Ferdinand Lobkowitz, du baron Bonde et de M. Jules Maenhaut.

M. Méline se réjouit de l'activité qui a présidé aux séances du Congrès, de l'importance des discussions qui s'y sont succédé, et il renouvelle l'expression des remerciements de la Commission au Comité d'organisation et à son bureau.

La Commission est appelée à délibérer sur les propositions à présenter au Congrès dans la séance de clôture.

Il est décidé que, conformément aux traditions, le titre de président d'honneur de la Commission sera offert à M. le baron Van der Bruggen, président du Congrès, et à M. Maenhaut, président du Comité exécutif. Le titre de membre d'honneur sera offert à la Société centrale d'Agriculture de Belgique pour l'active coopération qu'elle a apportée au succès du Congrès. Les modifications dans la composition de la Commission décidées dans la précédente séance seront présentées à l'approbation du Congrès.

La discussion est ouverte sur la désignation du pays dans lequel se réunira le XIe Congrès.

Le Dr True fait connaître qu'il a reçu la mission de proposer au Congrès de tenir sa prochaine réunion aux Etats-Unis, dans la ville de San-Francisco, à l'occasion de l'Exposition universelle et des solennités qui y seront organisées en 1915 pour fêter l'ouverture du canal maritime de Panama.

Il donne lecture de la lettre adressée au Président du Congrès par le Président de la *Panama-Pacific International Exposition.* Dans cette lettre, le Président fait valoir que le Congrès dés

Etats-Unis a choisi, avec l'assentiment du Président de la République, la ville de San-Francisco pour célébrer l'achèvement du Canal de Panama; des Congrès auxquels prendront part toutes les nations y seront organisés. Il exprime l'espoir que le Congrès international d'Agriculture répondra à l'invitation qu'il lui adresse de tenir sa session de 1915 à San-Francisco.

Le Dr True donne également lecture d'une lettre du Président de l'Université de Californie, qui joint son invitation à celle du Président de l'Exposition. L'Université sera heureuse de mettre ses bâtiments à la disposition du Congrès et les membres de sa Section d'agriculture donneront leur concours le plus complet au Bureau du Congrès pour en assurer le succès complet.

M. le Président remercie le Dr True de son intéressante communication, et il le prie tout d'abord de transmettre au Président de la Commission d'organisation de l'Exposition de San-Francisco les chaleureux remerciements de la Commission pour l'aimable invitation adressée à celle-ci.

Des observations sont présentées par plusieurs membres qui objectent surtout la distance à la réalisation de ce projet.

La discussion est résumée par M. le Président. Il lui paraît difficile que la Commission accepte sans un examen approfondi, auquel elle ne peut pas se livrer en ce moment, la proposition qui lui est faite; mais elle ne saurait non plus repousser une offre qui lui est adressée dans des termes aussi courtois, d'autant plus que les Européens et les Américains ont un égal intérêt à se rapprocher pour apprendre à se mieux connaître. Il conviendrait donc que la Commission chargeât son Bureau de se livrer à une enquête auprès de ses membres dans tous les pays, afin de leur demander leur avis sur la proposition américaine. Cette enquête pourrait même provoquer des propositions nouvelles, dont l'examen présenterait un réel intérêt. C'est seulement après avoir réuni tous ces éléments qu'il sera possible de prendre un parti. Il est probable que, quelle que soit la solution définitive, si la Commission n'accepte pas la proposition américaine sous la forme dans laquelle elle est présentée, elle sera heureuse de se faire représenter par des délégués à San-Francisco.

Après ces observations, la question est renvoyée au Bureau de la Commission, qui suivra la procédure indiquée.

M. le Président rappelle les observations présentées dans la précédente séance, relativement au siège du XII° Congrès.

Finalement, les deux résolutions suivantes sont adoptées :

1° La question du siège du XI° Congrès à tenir en 1915 est renvoyée pour solution à la Commission internationale;

2° La Commission retient le projet de tenir le XII° Congrès à Moscou en 1917, sans prendre toutefois d'engagement formel.

La séance est levée à 11 h. 1/2.

<table>
<tr><td>Le Secrétaire,</td><td>Le Président,</td></tr>
<tr><td>Henry SAGNIER.</td><td>J. MELINE.</td></tr>
</table>

N. B. — *Les propositions de la Commission ont été adoptées dans la séance générale de clôture du Congrès.*

TROISIÈME PARTIE

Assemblée générale d'ouverture du 8 juin

L'assemblée générale d'ouverture a lieu au Palais des Académies, à Bruxelles.

La séance s'ouvre à 10 heures.

M. MELINE, ancien président du Conseil des ministres français, président de la Commission internationale d'Agriculture, préside. A ses côtés: MM. Helleputte, Ministre des Travaux publics et de l'Agriculture de Belgique; le baron van der Bruggen, ancien Ministre de l'Agriculture de Belgique; Maenhaut, membre de la Chambre des Représentants de Belgique, président du comité exécutif du Congrès; Max, bourgmestre de Bruxelles; Proost, directeur-général honoraire de l'agriculture, membre du Comité exécutif; Cartuyvels, inspecteur-général honoraire de l'Agriculture, membre du Comité exécutif; Henry Sagnier, secrétaire-général de la Commission internationale d'Agriculture. Derrière, les délégués étrangers et divers membres du Comité organisateur et du Comité exécutif; ce sont : MM. le chevalier Maurice de Ertl (Autriche); Yvan de Ottlik (Hongrie); Alfonso Bandeira de Mello (Brésil); S. Exc. M. Jorge Huneeus (Chili); Annibal Gonzalez Torres (République de Colombie); baron Hans de Rosenkrantz (Danemark); Penso, Conseil général (République dominicaine); Enrique Frenor Montesinos, comte de Montornès (Espagne); le Dr True (Etats-Unis d'Amérique); Develle, ancien Ministre (France); Sir Sydney Olivier K. C. M. G. (Grande-Bretagne); Nicolaïdes (Grèce); Alexandre Riboul de Pescay (République de Haïti); Jalhay (Honduras); Bartolommeo Moreschi (Italie); Michaël Saxlund (Norwège); Jonkheer G. Ruys de Beerenbrouck (Pays-Bas); Carlos Larrabure y Correa (Pérou); Emile van der Avoort (Perse); Carlos da Cunha Continho (Portugal); Miguel Casares (République Argentine); Prince Argentinsky Dolgoroucoff Constantin (Russie); Georges Nicoleanu (Roumanie); Juchlin Dannfelt Hermann (Suède); Laur Ernest (Suisse); Ordinaire, Commissaire de Tunis à l'Exposition (Tunisie); le Consul général du Vénézuéla; von Rümker (Allemagne; non officiel); le Président et le Vice-Président de la Délégation spéciale américaine; George Rowland Blades et Ernest Arthur Ebblewhite, président et secrétaire de la Worshipful Company of Gardeners; Henry Sagnier, secrétaire du bureau de la Commission internationale des Congrès d'Agriculture; Ferdinand Braekers, C. Peten, E. Tibbaut, membres du Comité organisateur; J. Mélotte, baron Albert van Loo, P. De Vuyst, membres du Comité exécutif; Maurice Lippens, vice-président du Comité des excursions et réceptions.

M. MELINE prononce le discours suivant :

DISCOURS DE M. MELINE

Messieurs,
Monsieur le Ministre,

C'est la seconde fois que notre Congrès international se réunit dans cette belle capitale, dans ce pays si hospitalier où nous sommes ramenés par la douceur du souvenir et par le désir de nous instruire. Les anciens parmi nous n'ont pas oublié le Congrès de Bruxelles de 1895, qui est resté une date mémorable de nos Annales. C'était notre 3e Congrès seulement, et nous en étions encore à la période des tâtonnements.

Je parcourais, il y a quelques jours, pour me rendre compte du terrain parcouru depuis cette époque, le compte rendu de ce Congrès, et j'étais frappé non seulement par le nombre et l'importance des sujets traités, mais surtout par la savante méthode avec laquelle ils avaient été présentés dans leur ordre logique. C'est ainsi que vous nous avez aidés à arrêter, dès ce moment, le plan de notre organisation que nous n'avons fait que perfectionner depuis et à poser les assises de notre institution pour l'avenir.

Je suis heureux aujourd'hui de retrouver le grand ami de l'Agriculture, qui a été le principal organisateur de ce Congrès, et qui s'était mis tout entier dans l'œuvre nouvelle qu'il accomplissait pour la première fois, le vénéré M. Cartuyvels van der Linden, alors directeur de l'Agriculture, un des hommes qui, par leur science, leur haute compétence, leur infatigable dévouement, honorent le plus leur pays. (Applaudissements.)

Je n'aurai garde d'oublier les collaborateurs d'élite qui l'ont secondé dans sa tâche et, en particulier, son si digne successeur, M. Proost, qui a tant fait, lui aussi, pour l'agriculture de son pays, qui lui doit particulièrement le magnifique épanouissement de son enseignement agricole. (Applaudissements.)

En revenant aujourd'hui planter à nouveau notre drapeau au milieu des agriculteurs belges, nous savions d'avance qu'il n'y a pas de pays au monde où l'état-major agricole soit plus nombreux, plus instruit et mieux organisé. Nous en avons fait tout de suite l'expérience pour le Congrès de Gand de 1913.

Nous avons vu venir à nous un des chefs de l'Agriculture belge que nous connaissions déjà depuis longtemps, mais qui s'est révélé comme un organisateur de premier ordre et un homme d'action incomparable, j'ai nommé M. Maenhaut, président de la grande Société centrale d'agriculture. (Applaudissements). Il n'a pas seulement la science, l'expérience, la connaissance de toutes les questions, il a ce que j'appellerai le feu sacré; il se met tout entier dans ce qu'il fait et c'est ce qui lui a permis de faire de si grandes choses. Il l'a prouvé une fois de plus en présidant à l'organisation de notre Congrès; il fallait, je vous assure, une foi d'apôtre pour assumer une tâche si délicate et affronter les difficultés d'une pareille entreprise.

Il m'en voudrait si je n'ajoutais pas qu'il a eu un collaborateur admirable et d'un dévouement sans bornes dans la personne de M. de Vuyst, directeur général de l'Office rural et secrétaire général du Congrès. Si M. Maenhaut a été l'âme du Congrès, M. de Vuyst en a été la cheville ouvrière, l'organisateur pratique, prévoyant tout et suffisant à tout. C'est à son activité merveilleuse, à son esprit de suite que nous devons la régularité avec laquelle les nombreux et si importants rapports sur lesquels vous allez délibérer ont été réunis, imprimés et distribués. Qu'il reçoive ici aujourd'hui avec toutes nos félicitations l'expression de notre vive reconnaissance. (Applaudissements.)

Je vous dois, maintenant, Messieurs, un mot d'explication

nécessaire pour vous faire bien comprendre dans quelles conditions nouvelles va s'ouvrir le Congrès de Gand, et pourquoi il nous est permis d'espérer qu'il sera encore plus fécond en enseignements que tous ceux qui l'ont précédé.

Nous avons été amenés, par des expériences répétées, à substituer au Comité d'initiative pour la préparation doctrinale du Congrès la Commission internationale des Congrès dont l'autorité ne cesse de grandir, par l'extension qu'elle prend tous les jours. Elle se compose aujourd'hui de plus 100 membres, et j'ose dire qu'elle représente dans chaque pays, les plus grandes autorités agricoles et les plus populaires. Elle rayonne de l'Europe qui est au complet jusqu'aux Etats-Unis, et au Canada; elle ne s'arrête pas là.

Aussi l'avons-nous transformée, l'an dernier, en une véritable Commission de permanence ayant, dans l'intervalle du Congrès, des sessions régulières où elle passe en revue les questions les plus actuelles, les plus brûlantes, et prend des résolutions qu'elle communique à tous ses adhérents en les invitant au besoin à agir sur leurs Gouvernements.

Après une discussion approfondie, elle a été amenée à penser que le moment était venu de réduire le nombre des questions secondaires soumises d'ordinaire aux Congrès, qui éparpillent sans profit leur attention, et de concentrer désormais toute leur activité sur une question principale, celle à laquelle tout le monde pense, en faisant graviter autour d'elle les questions particulières qui s'y rattachent. Dans cet ordre d'idées, il lui a semblé qu'il n'y avait pas à cette heure de question plus actuelle, plus brûlante, ou plus digne de vos méditations et de vos discussions que le problème si général, si angoissant de la désertion des campagnes.

Ce premier point fixé, elle a décidé d'éclairer la route en ouvrant une enquête auprès de ses membres auxquels elle a demandé leur avis sur l'abandon des campagnes dans leur pays. Nous avons été ainsi mis en possession d'une documentation des plus riches que notre jeune et si distingué collègue M. Raoul Paisant a eu la patience de dépouiller en entier. Nous ne saurions trop le remercier de ce travail si considérable. (*Marques d'approbation.*)

Nous l'avons transmis au Rapporteur général que nous avions

désigné et vous direz tous, après avoir lu son remarquable travail, le plus complet certainement qui ait jamais été fait sur le sujet et qui est un véritable monument, que nous ne pouvions pas faire un meilleur choix que celui de M. le Dr Laur, de Brugg, fondateur et directeur de la grande Ligue des Paysans suisses, qui englobe presque toutes les Associations agricoles de son pays. (*Marques d'approbation.*)

Son rapport est complété et fortifié par d'autres rapports généraux, dignes du sien, sur les questions de crédit, de coopération, d'assurances agricoles, d'organisation de la propriété qui achèvent de faire la lumière sur le sujet principal dont ils sont comme la conclusion.

Après cet exposé dont vous voudrez bien excuser la longueur, je me crois en droit de dire et de prédire que le Congrès International de Gand sera certainement un grand Congrès agricole, qui laissera derrière lui une trace profonde, parce que tout se réunit pour son succès, sa préparation savante et méthodique, la richesse des documents qu'il laissera derrière lui; enfin le milieu où il va siéger au centre de cette magnifique Exposition universelle, à la fois si instructive et si attractive, qui attire en ce moment l'attention du monde entier sur cette grande et noble cité de Gand, où l'agriculture a donné de tout temps la note du bon goût et de l'élégance (*Applaudissements*).

Cela dit, permettez-moi, Messieurs, d'orienter tout de suite nos discussions en amorçant celle de la grosse question qui en fait l'objet principal, la désertion des campagnes, et en lui donnant une préface qui sera déjà une conclusion; car je me garderai bien de traiter à fond ce sujet immense que vous ne pourrez même pas épuiser et qui comporte presque autant de solutions que de pays.

Je voudrais seulement vous apporter aujourd'hui ma part de travail, en m'élevant un instant au-dessus de la discussion elle-même pour vous soumettre une considération, une seule, qui me paraît de nature à nous rassurer tous sur l'avenir définitif de l'industrie agricole. Je déduis cette considération de l'analyse attentive du mouvement général de la production dans le monde pour les deux grands produits de consommation humaine, le blé et la viande.

Ce travail d'analyse a été pendant longtemps rendu impossible par l'insuffisance des statistiques et par leur dissemblance; chaque pays ayant des unités différentes de poids et de superficie, les comparaisons étaient très difficiles à établir, et l'obscurité continuait à régner sur la marche générale de la production.

L'Institut international de Rome a commencé à jeter un peu de lumière dans ce chaos en publiant tout récemment des renseignements très complets sur la production du blé dans les différents pays pour les dix dernières années, et nous devons lui en témoigner toute notre reconnaissance. Notre Ministère de l'Agriculture de France a fait mieux encore; au prix d'un travail énorme, il a mis à jour une étude comparée de la production du blé dans les différents pays pour les trente dernières années, en ramenant toutes les mesures étrangères aux mesures métriques.

Je laisse de côté le détail de ce qui intéresse la France, pour ne retirer qu'une constation de fait importante : il résulte du tableau en question que depuis trente ans la production en blé a augmenté en France de 16 millions d'hectolitres, bien que les surfaces cultivées soient presque restées les mêmes; le bénéfice résulte de l'élévation du rendement à l'hectare, c'est-à-dire de l'effort persévérant et de l'esprit de progrès cultural des agriculteurs français.

* *

J'arrive maintenant à la production universelle du blé, je dis universelle, parce que les tableaux en question contiennent l'analyse de la production du blé, non seulement en Europe et en Amérique, mais même en Asie (avec les Indes et le Japon), en Afrique et en Océanie. Il en ressort que la surface cultivée en blé qui était, de 1881 à 1890, de 70 millions d'hectares pour tous ces pays réunis, s'est élevée en 1901-1910 à 95 millions pendant que la production s'élevait de 624 millions de quintaux à 880 millions. D'où cette conséquence que l'étendue cultivée a augmenté de 34 0/0 et la production de 42 0/0, et par conséquent que l'amélioration des rendements a été générale. Dans cette augmentation, l'Amérique figure pour 55 0/0, l'Europe pour 32 0/0, l'Asie pour 6 0/0 seulement.

Mais il ne suffit pas pour se rassurer sur l'avenir de la consommation humaine de constater que la production du blé ne cesse pas de s'élever, il faut mettre en face du chiffre de la production deux facteurs extrêmement importants, l'un qu'on peut mesurer assez exactement, celui de l'augmentation de la population, c'est-à-dire du nombre des consommateurs, et un autre facteur inconnu, mais de plus en plus agissant, les exigences croissantes de la consommation qui, dans le monde entier, se porte de plus en plus sur le pain et sur le bon pain.

Or, à n'envisager que le premier facteur, celui de la population, on arrive déjà à cette découverte que, pour l'Europe, la population marche beaucoup plus vite que la production; si, en effet, on rapproche celle-ci du nombre des habitants aux différentes époques, on trouve que la production moyenne du blé qui était, pour l'Europe, il y a trente ans, de 126 kilogr. 420 par tête d'habitant, est tombée, dans ces dernières années, à 117 kilogr. 500.

L'Europe est donc aujourd'hui en déficit alimentaire pour le blé, malgré l'apport considérable du riche grenier de la Russie, et c'est aux grands pays producteurs d'Amérique qu'elle est obligée d'emprunter de plus en plus l'appoint nécessaire à son alimentation; mais, de ce côté aussi, le ciel commence à s'assombrir et il est permis, dès à présent, d'entrevoir le jour prochain où la production du nouveau monde ne pourra plus suivre le mouvement accéléré de la consommation.

Et, d'abord, les Etats-Unis qui étaient, il y a un demi-siècle, le grand réservoir à blé du monde, un réservoir qu'on croyait inépuisable, voient chaque année les réserves de leur marché entamées par le flot montant de consommateurs nouveaux qui grossit sans cesse.

Jusqu'en 1900, la culture du blé avait fait, il est vrai, des progrès considérables, puisque les emblavures avaient passé de 14 millions d'hectares à 20 millions; mais, depuis cette époque, ce mouvement ascendant marque un temps d'arrêt et les rendements cessent d'augmenter pendant que la population s'élève de 63 millions de bouches à 92 millions. Il en résulte naturellement que les disponibilités des Etats-Unis pour l'exportation baissent à vue d'œil; elles étaient en moyenne, jusqu'à 1903, de 72 millions d'hectolitres et elles atteignent à peine aujourd'hui 20 ou 25 millions. On peut dès à présent entrevoir le jour prochain où, à la suite d'une très mauvaise récolte, les Etats-Unis deviendront à leur tour importateurs de blé.

Il est vrai qu'à côté des Etats-Unis grandit un peuple puissant, disposant d'un immense territoire, qui est en plein essor agricole et qui paraît, au premier abord, de taille à remplacer les Etats-Unis pour la production du blé, c'est le Canada dont les trois grandes provinces de l'Ouest produisent à elles seules plus de 40 millions d'hectolitres de blé, ce qui lui a permis d'exporter, en 1910, 18 millions d'hectolitres de grain et 5 millions d'hectolitres de farine.

Mais, ici encore, on commence déjà à apercevoir les fléchissements probables de l'avenir; le mouvement de la population qui grandit démesurément au Canada, comme aux Etats-Unis, menace d'absorber tôt ou tard la plus grande partie du trop plein de la récolte. Depuis dix ans, la population du Canada a augmenté de près de 2 millions d'habitants et l'immigration redouble d'intensité: en 1910, elle a atteint le chiffre de 303,000 étrangers, dont 124,000 venant des Etats-Unis.

Vous le voyez, messieurs, en dehors de l'Europe, les grands marchés d'approvisionnement du blé qui, pendant longtemps, apparaissaient comme une réserve inépuisable, tendent de plus en plus à se resserrer, à se limiter aux besoins d'une population qui s'accroît sans cesse, attirée par la richesse de la terre, et la facilité de faire fortune.

Sans doute, il reste encore quelques marchés en plein développement comme la République Argentine et l'Australie, dont les exportations sont considérables, mais elles ne suffisent pas à combler le vide des Etats-Unis.

De cette analyse succincte et si suggestive de la production actuelle du blé dans le monde, je me crois autorisé à tirer cette première conclusion si importante que nous sommes arrivés au moment où la désertion des campagnes tend à diminuer sensiblement, depuis dix ans surtout, les approvisionnements alimentaires du genre humain pour le premier et le principal article de grande consommation, le blé.

* *

Messieurs, si du blé nous passons à la viande, cet autre aliment dont la consommation par tête grandit aussi partout avec le bien-être général, nous découvrons une situation bien moins rassurante encore; car on n'augmente pas un troupeau à volonté comme les emblavures. Ici encore les grands pays d'exportation hors d'Europe semblent s'appauvrir en bétail, juste au moment où leur population montante exige de plus en plus de viande. Au Canada, ce grand territoire d'élevage, le nombre des bêtes à cornes, des moutons, des porcs même, n'a cessé de baisser, si bien que l'exportation des bêtes à cornes a diminué de 80,000 têtes et celle des moutons de plus de 400,000 têtes. Faut-il ajouter en passant que le Canada, qui exportait pour près de 12 millions de volailles, n'en exporte plus; il n'exporte même plus d'œufs, lui qui en exportait 11 millions de douzaines, et il est obligé d'en importer.

Aux Etats-Unis, la situation est la même, et depuis longtemps un mouvement descendant caractérisé se produit dans l'élevage du bétail; il résulte des derniers recensements que, de 1900 à 1910, toutes les branches de l'élevage ont baissé pendant que la population montait à vue d'œil; la baisse a été de 4 p. c. sur la race bovine, de 9 p. c. sur la race ovine, de 4 p. c. sur la race porcine. Les Etats-Unis seront bientôt obligés, si leur élevage ne reprend pas son élan, de faire de grands sacrifices pour nourrir leur immense population.

* *

Messieurs, je vous demande pardon d'avoir accumulé devant vous tant de chiffres arides et indigestes; mais j'ai voulu, devant ce grand aréopage agricole où sont représentés tous les pays dont je viens de parler, vous faire toucher du doigt un fait économique de la plus haute importance, parce qu'il est de nature à ouvrir les yeux à tous sur les mesures de précaution qui s'imposent à chaque pays. Heureux ceux qui sont en état de se suffire à eux-mêmes pour l'alimentation de leur population! Ils peuvent dormir tranquilles sur leur avenir, à la condition de soutenir énergiquement leur agriculture. Quant aux autres, ils feront bien d'aviser et de ne pas attendre que la disette générale les gagne. Sans doute, ils ne mourront pas de faim, mais on leur fera payer au poids de l'or le blé et la viande qu'ils seront obligés de mendier partout.

C'est ainsi, Messieurs, qu'après un long et fatigant détour, dont je m'excuse encore une fois auprès de vous, je reviens tout naturellement à mon point de départ, à la question de la désertion des campagnes, qui, vous le voyez, par le ralentissement relatif de la production du blé et de la viande dans le monde, tend à devenir un fait général. Tous les pays sont intéressés à l'enrayer et à ramener les capitaux et les bras à la terre, s'ils ne veulent pas expier cruellement leur coupable indifférence; ceux qui, dans leur imprévoyance, auront laissé le mal grandir, seront obligés d'acquitter un tribut de plus en plus lourd aux pays privilégiés qui seront les maîtres de l'exportation. L'homme civilisé peut se passer de beaucoup de choses, mais il ne peut pas se passer de nourriture et, plus il est civilisé, plus il est exigeant pour son alimentation; il fera donc tous les sacrifices qu'il faudra pour vivre comme par le passé.

C'est ainsi, Messieurs, que, par la force des choses, si les autres moyens ne réussissent pas, le retour à la terre s'opérera de lui-même. L'appât du gain, la soif du bien-être, ramèneront les travailleurs à la terre comme ils les ont conduits à l'usine; on paiera les ouvriers agricoles ce qu'il faudra pour les décider et les retenir, et les chefs d'exploitation agricole raisonneront comme les industriels, en faisant entrer cette augmentation de leur frais généraux dans leur prix de revient. C'est ainsi que l'équilibre rompu pendant si longtemps au détriment de l'agriculture se rétablira à son profit. (*Applaudissements.*)

Mais, me direz-vous, si les choses se passent ainsi, la vie va devenir de plus en plus chère, et cependant aujourd'hui les temps sont déjà bien durs; la plainte est générale et chacun se demande aujourd'hui de quoi sera fait demain. Je ne songe pas à le nier, et je gémis autant que personne de ces duretés de la vie moderne. Aussi, est-ce pour les adoucir et pour y mettre un terme, que je pousse en ce moment le cri d'alarme et que je ne cesse de dénoncer les conséquences lamentables de la désertion de la terre

Je les dénonce avec l'espoir de faire sortir le remède du mal lui-même. Je ne connais, en effet, qu'un seul moyen, mais il est décisif, d'enrayer l'enchérissement de toutes les denrées alimentaires, c'est d'en augmenter sans cesse la production par tous les moyens possibles, leur rareté relative dans le monde étant la principale cause de leurs hauts prix.

Qu'on ramène à la terre une partie de ces foules inconscientes qui se ruent sur les grandes villes tentaculaires et que tous les gouvernements semblent vouloir y attirer et y retenir, que pour contrebalancer l'attraction urbaine on donne aux ouvriers agricoles de belles et agréables maisons comme celles qu'on construit maintenant pour les ouvriers des villes, qu'on cherche surtout à en faire de petits propriétaires pour les enraciner au sol, qu'on rende le séjour au village plus agréable et que les bourgeois donnent le bon exemple en ne dédaignant pas de cultiver leurs terres, que l'éducation donnée aux femmes leur mette au cœur l'amour et l'orgueil de la profession agricole, qu'on fasse ressortir par tous les moyens, par l'école, par l'art, par la littérature, les beautés de la terre, qu'on honore les agriculteurs comme des bienfaiteurs publics et insensiblement l'équilibre se rétablira de lui-même entre l'agriculture et l'industrie, entre la campagne et la ville et on reviendra alors à la vie à bon marché. (*Applaudissements.*)

Je finis sur cette parole de réconfort et d'espérance, qui, je l'espère, aura un écho au milieu de vous et qui sera sans doute la conclusion de notre Congrès. Nous sommes ici dans un heureux pays où elle sera mieux comprise qu'ailleurs, parce qu'il s'est depuis longtemps déjà orienté dans cette direction; il ne s'est pas enivré comme tant d'autres de sa formidable puissance industrielle et de sa richesse capitaliste; au contraire, plus son industrie grandissait, plus il redoublait d'efforts pour maintenir l'équilibre entre elle et son agriculture. Son organisation agricole est certainement le modèle qui approche le plus de la perfection et celui qui a donné les meilleurs résultats, puisque,

si la population des villes et des grands centres n'a pas cessé
de s'accroître en Belgique, celle des campagnes n'a pas diminué.
(*Applaudissements.*)

Ces magnifiques résultats sont d'autant plus dignes de notre
attention, qu'ici c'est surtout l'initiative individuelle qui a joué
le rôle principal et qui a résolu presque tous les problèmes, en
faisant de la Belgique à la fois un immense et superbe jardin
et un champ de culture qui atteint son maximum de rendement.
Il est vrai qu'ici les amis de l'agriculture sont légion et on les
trouve partout; mais il faut le dire bien haut, le véritable
artisan de la régénération agricole de la Belgique a été certainement la femme belge, qui fait l'admiration de tous ceux qui
suivent le mouvement agricole de ce pays. (*Applaudissements.*)
Elle a fortifié chez moi la conviction profonde que la femme
tient aujourd'hui la clef du problème agricole et que, dans
aucun pays, on ne relèvera la terre sans elle; la désertion de
la terre a commencé par elle et, sans elle, elle continuera ses
ravages.

Quant au Gouvernement belge, tout en restant dans son rôle,
il a été pour beaucoup dans l'évolution agricole qui a permis à la
Belgique de traverser la crise agricole sans en souffrir sérieusement; il ne s'est pas contenté de prodiguer à toutes les grandes
œuvres d'organisation et de défense agricole de larges subventions, c'est lui qui a orienté résolument l'enseignement des jeunes
générations et surtout celui des jeunes filles, vers les choses de
la terre et qui a ainsi créé aux populations rurales une mentalité
nouvelle.

Tous les ministres de l'Agriculture qui se sont succédé ont
apporté leur pierre à l'édifice de la régénération agricole et je
suis heureux de les saluer tous dans la personne de M. le Ministre Helleputte, qui continue et achève l'œuvre avec une conviction ardente et une si savante intelligence et un si grand
dévouement. (*Applaudissements.*)

Parmi les anciens ministres, il m'est bien agréable de saluer
plus particulièrement M. le sénateur Van der Bruggen, qui veut
bien nous faire l'honneur de présider notre Congrès; nous savons
tout ce qu'il a fait pour la défense et la marche en avant de
l'agriculture belge, toutes les grandes œuvres agricoles aux-

quelles il a présidé et personne n'est plus digne que lui de conduire nos débats, plus capable d'en faire sortir de nouveaux bienfaits pour l'agriculture. (*Applaudissements.*)

Permettez-moi, en finissant, de porter plus haut encore l'expression de notre reconnaissance et d'en déposer l'hommage aux pieds de Sa Majesté le Roi Albert, qui, comme son illustre et vénéré oncle, le Roi Léopold, est lui aussi un grand ami de la France et qui, en daignant accepter le patronage de notre Congrès, a bien prouvé qu'il était le premier, le plus fidèle soutien de l'agriculture belge. (*Applaudissements.*)

BUREAU DEFINITIF

M. HENRY SAGNIER, secrétaire de la Commission internationale d'agriculture, propose, au nom de celle-ci, de composer ainsi le bureau définitif du Congrès :

Présidents d'honneur : M. Helleputte, Ministre de l'Agriculture de Belgique, et M. J. Méline ;

Président du Congrès : M. le sénateur baron Van der Bruggen, ancien Ministre de l'Agriculture ;

Président du Comité exécutif et rapporteur général : M. J. Maenhaut, président de la Société Centrale d'Agriculture de Belgique ;

Vice-Présidents (rangés par ordre alphabétique des pays) : le chevalier Maurice de Ertl, directeur général au Ministère Impérial royal autrichien de l'Agriculture ; Ivon de Osslick, délégué du Ministère royal de l'Agriculture de Hongrie ; Cartuyvels van der Linden, inspecteur général honoraire de l'Agriculture en Belgique ; le comte de Montornès, président du Comité exécutif du Congrès de Madrid ; le Dr True, secrétaire d'Etat, délégué du Département de l'Agriculture des Etats-Unis ; Jules Develle, ancien Ministre des Affaires étrangères et de l'Agriculture de France ; Sir Sydney Olivier, secrétaire permanent du Département de l'Agriculture de l'Angleterre ; Giovanni Raineri, ancien Ministre en Italie ; le prof. hon. Ph. Wagner, à Ettelbrück, Grand-Duché de Luxembourg ; le jonkheer Ruys de Beerenbrouck, deuxième président de la Société Royale d'Agriculture de Néerlande; prince Dolkoroukoff; Louis Dop, vice-président de l'Institut International d'Agriculture de Rome; baron Bonde;

Secrétaire général : M. Paul de Vuyst, directeur général de l'Office rural au Ministère de l'Agriculture de Belgique;

Secrétaire général honoraire : M. Henry Sagnier, secrétaire-questeur de la Commission Internationale d'Agriculture;

Secrétaires généraux-adjoints : MM. Marousé, ingénieur agricole, à Liége, et Vander Vaeren, inspecteur de l'Agriculture, à Bruxelles.

La Commission internationale propose de décerner le titre de *membres d'honneur* aux délégués officiels des Gouvernements qu'il lui a été impossible de faire entrer dans le bureau général du Congrès ou dans les bureaux des sections.

— Ces propositions sont adoptées.

DISCOURS DE M. LE BARON VAN DER BRUGGEN

M. le baron VAN DER BRUGGEN prononce le discours suivant :

Je vous remercie, Messieurs, de l'honneur que vous voulez bien me faire en m'élevant à la présidence. Ce qui augmente encore le prix de cet honneur, c'est d'être appelé à exercer cette charge sous les auspices de l'éminent homme d'Etat dont vous venez d'entendre la parole autorisée et qui est dans le monde entier le défenseur de l'agriculture, de l'homme clairvoyant qui porte le regard vers l'horizon de l'avenir et qui cherche à diriger l'agriculture dans la voie qui est la plus favorable au bien public; ses écrits lui ont créé des amis qu'il ne connaît même pas dans tous les pays et ont fait un bien immense; en lui s'incarne en quelque sorte la défense et la protection des populations rurales. (*Applaudissements.*) Je m'efforcerai de suivre son exemple.

Je salue avec joie et fierté le X° Congrès International d'Agriculture.

Au seuil de nos délibérations, un devoir s'impose à nous : celui de remercier du haut et précieux patronage qu'il a bien voulu accorder au Congrès S. M. le Roi Albert. (*Applaudissements.*)

Nous devons de même des remerciements aux gouvernements qui ont bien voulu se faire représenter par des délégués, et au gouvernement belge, si empressé à nous prêter son concours, et dont je salue ici l'un des membres, M. Helleputte, Ministre des Travaux publics et de l'Agriculture. Nos remerciements aussi à la Commission Internationale d'Agriculture, à son dévoué et actif secrétaire, *M. Henry Sagnier;* à ceux qui furent les chevilles ouvrières de l'organisation du Congrès, notamment MM. Maenhaut, Van Loo, Devuyst, Morel. (*Applaudissements.*)

Au Congrès de Madrid, la Belgique a été choisie pour siège des assises solennelles de l'Agriculture en 1913. Son importance territoriale ne semblait pas lui donner le droit de prétendre une seconde fois à ce privilège. Mais la Commission internationale a voulu reconnaître les efforts persévérants d'un peuple qui, resserré dans d'étroites limites, a su conquérir, au concert des nations, une place dont, grâce à vous, ce Congrès est une consécration nouvelle.

Nous remercions les membres de la Commission de cette marque de sympathie. Elle renforcera les liens qui unissent notre patrie à une œuvre de bienfaisant progrès.

Faisant de nécessité vertu, nos concitoyens mettent en pratique l'adage ancien : Admirez les grands domaines; cultivez les petits.

Le Belge, à qui le sol est mesuré et qui ne peut l'accroître qu'au prix d'efforts inouïs, telles les conquêtes sur les flots déjà célébrées dans la Divine Comédie, le Belge, dis-je, s'applique à obtenir les rendements les plus élevés. Les lois de la restitution définies par l'illustre Liebig sont observées ici avec fidélité. Pour maintenir la fertilité des champs, quelle somme de labeur, que de bétail au kilomètre carré, quelles importations d'engrais minéraux et azotés, d'aliments concentrés!

Ce n'est pas le moment de citer des chiffres. Consultez les statistiques. Vous les trouverez suggestives et elles vous confirmeront dans la bienveillance que vous nous témoignez et dont nous vous savons infiniment gré.

Vous avez reçu communication des rapports élaborés en vue du Congrès. Leur nombre, leur importance, la notoriété de ceux qui les ont signés, assurent à nos travaux une base de discussion de haute valeur.

Notre vive gratitude va à ces hommes de mérite qui nous apportent le fruit de leurs recherches et de leurs observations. C'est, de leur part, une marque de sympathie plus éloquente que de chaleureux discours. En agriculture plus qu'ailleurs, l'action l'emporte sur la parole.

Ainsi s'ouvrent, devant nous, de vastes horizons. Sans doute, pour les explorer le temps est mesuré. Mais, préparés comme vous l'êtes par vos études personnelles, vous pourrez, en quelques séances, préciser vos vues sur les directions à suivre, les réformes à réaliser.

Formulés par vous, ces avis dissiperont bien des doutes.

Gouverner, légiférer, administrer, la redoutable tâche! La bonne volonté ne suffit point. Le devoir, souvent, est plus difficile à connaître qu'à accomplir.

Pour ceux qui portent ce lourd fardeau et cherchent à élucider les questions traitées ici, votre influence peut être prépondérante. L'autorité s'attachant aux actes du Congrès ne va pas sans une grave responsabilité. Nous ne pouvons assez nous en pénétrer.

Impossible d'examiner en détail le programme de nos travaux. Il faut me borner à effleurer un seul sujet qui, depuis longtemps, me tient à cœur. Je signale à votre sollicitude éclairée une question déjà traitée aux Congrès précédents, mais toujours, hélas, d'une douloureuse actualité.

Comment retenir aux champs ceux qui les cultivent? En d'autres termes, comment attacher de façon plus étroite nos populations rurales au sol de la patrie?

Notre éminent président d'honneur a traité cette question avec une perspicacité et une hauteur de vues sans égale. Il a démontré l'urgente nécessité de sauvegarder l'intérêt des campagnes menacées de désertion, d'empêcher, entre elles et les villes, une rupture d'équilibre funeste à la prospérité, que dis-je, à l'existence même de la patrie.

Ne vous étonnez pas de tant d'insistance à dénoncer le péril. Sous des aspects qui varient, le problème agraire se pose depuis bien des siècles.

Que de troubles il a suscités dans la cité antique, que d'émeutes sous les Gracques! Il arrachait, il y a 19 siècles, ce cri d'alarme à d'illustres écrivains de Rome : la petite propriété est submergée par la grande, les latifundia mènent l'Italie à la ruine !

Que ces leçons de l'histoire ne soient pas perdues ! Aidons à la diffusion de la petite propriété, facilitons son acquisition, veillons à sa conservation dans les familles. Il y va d'un intérêt national, essentiel dans l'ordre moral et social aussi bien que dans l'ordre économique.

Nos traditions administratives, notre régime fiscal, nos lois de succession n'en tiennent pas assez compte, entraînent même, dans bien des cas, des conséquences néfastes aux petits héritages. Des modifications s'imposent.

Ce congrès aura bien mérité de l'humanité s'il contribue à obtenir des réformes unissant plus intimement la famille à son foyer et à son champ.

Hier encore, M. le Ministre, vous faisiez, en termes émus, un éloge magnifique du paysan, l'homme par excellence de son pays, celui sans qui ce pays ne pourrait subsister.

En effet, l'histoire l'atteste : un peuple de pasteurs ou de laboureurs peut se suffire et même se préparer à de hautes destinées. Par contre, une nation qui néglige son sol et le laisse en friche est fatalement vouée à une prompte et profonde déchéance.

Que de cités orgueilleuses de leur opulence et de leur force ont disparu pour avoir méconnu cette loi !

Plus d'une fois, en Orient, foulant du pied des ruines au nom sonore, évocateur d'un passé glorieux, je me suis demandé: les siècles futurs réservent-ils un sort analogue à notre vieille Europe? Se réalisera-t-elle, la vision d'avenir qu'esquisse Macaulay dans une page célèbre: assis sur une arche brisée du pont de Londres, un Néo-Zélandais contemple les vestiges d'une civilisation qui n'est plus.

Oui, ce péril fait frémir. Mais il peut se conjurer à force d'énergie et de sagesse. Dans cette lutte pour la vie, le rôle est beau des amis de l'agriculture : veiller au salut de ce facteur primordial d'existence et de durée, combattre le fléau que l'on a si bien nommé le divorce de l'homme et de la terre.

Ainsi que M. le Ministre nous y conviait, nous honorerons le paysan et nous l'aimerons.

Nous lui témoignerons notre gratitude pour les services qu'il rend à la société, pour la vie qu'il lui infuse.

Par nos conseils et nos exemples, nous lui ferons connaître les progrès à réaliser, lui indiquant, entre autres, comment, par l'association, il peut sortir de son isolement et participer à des avantages réservés auparavant aux grandes exploitations. Nous l'aiderons à mettre ces enseignements en pratique. En un mot, nous défendrons ses intérêts et ferons valoir bien haut ses légitimes revendications.

Gouvernements, parlements, citoyens soucieux de l'avenir de la patrie, tous auront à cœur de remplir ce devoir, d'acquitter cette dette sacrée.

En touchant terre, Anthée, le géant de la fable, reprenait une énergie nouvelle; de même, chacune des nations représentées ici se sentira plus forte, plus prospère, plus sûre d'elle-même en s'appuyant sur des populations rurales encouragées, honorées, instruites, conscientes de la noblesse et de la sécurité de leur profession, certaines d'y trouver, avec des conditions d'existence suffisantes, l'espoir sérieux d'une ascension sociale, mieux enracinées, par conséquent, dans le sol qu'elles cultivent.

Tous ici, Messieurs, nous sommes profondément dévoués à la cause agricole. Souvenons-nous toujours que nous travaillons ainsi au bien de la patrie, au progrès de la civilisation. *(Applaudissements.)*

DISCOURS DE M. LE MINISTRE DES TRAVAUX PUBLICS ET DE L'AGRICULTURE DE BELGIQUE

M. HELLEPUTTE, Ministre des Travaux publics et de l'Agriculture de Belgique. — Au nom du Gouvernement belge, je souhaite la bienvenue aux membres du Congrès et surtout aux étrangers éminents qui veulent bien apporter à celui-ci leur concours.

La Belgique est territorialement un petit, un tout petit pays; elle n'a pas 3 millions d'hectares de superficie; il y a dans certains pays, d'outre-mer surtout, des propriétaires dont les domaines ont plus d'étendue. Mais, telle qu'elle est, la Belgique est assez grande pour servir de lieu de réunion à des Congrès comme celui-ci. Et elle a cet avantage précieux, qu'elle n'est autorisée à avoir qu'une seule ambition : celle de servir le bien général sans considération trop égoïste de son bien particulier ; son statut fondamental lui interdit d'avoir des ennemis ; mais il l'autorise à avoir des amis, et elle en profite le plus largement possible. *(Applaudissements.)* C'est dans ces sentiments que nous vous souhaitons la bienvenue.

Nous saluons en particulier l'homme éloquent et aux vues profondes qui préside à cette séance d'ouverture ; il est dans son pays le chef des agriculteurs, mais il est partout leur ami et leur défenseur ! *(Applaudissements.)*

Je salue aussi le secrétaire de la Commission internationale, M. Henry Sagnier, dont le nom se retrouve aux premières pages de l'histoire des Congrès et qui en a toujours été une des chevilles ouvrières. *(Applaudissements.)*

Enfin, je me permets de remercier mon prédécesseur au Ministère de l'Agriculture, le président du Comité organisateur de ce Congrès, M. le baron van der Bruggen, pour les paroles trop aimables qu'il a prononcées à mon adresse. Si parmi les Ministres qui se sont succédé en Belgique à la tête du département de l'Agriculture, quelqu'un a rendu des services à l'agriculture, c'est certainement lui.

Dans les discours que nous venons d'entendre, il m'a paru qu'il dominait une note plutôt pessimiste. On y attire vivement l'attention sur le danger que courrait l'agriculture, surtout dans l'avenir. Permettez-moi de vous dire que, quant à moi, je suis d'un invincible optimisme à cet égard.

Lorsque la volonté est au service de la vérité, elle doit vaincre. Or, c'est une vérité qu'aucun pays, qu'aucune société ne peut se passer de l'agriculture. M. Méline vous rappelait tantôt le souvenir de Caton répétant sans cesse qu'il voulait détruire Carthage. M. Méline, lui, ne veut rien détruire du tout *(rires)*; au contraire, il veut assurer la prospérité de l'agriculture. Mais le souvenir romain qu'il a évoqué m'en a rappelé un autre ; je lisais, récemment, que dans la Rome antique, quand on voulait faire un grand éloge de quelqu'un, on disait, non qu'il était un vaillant soldat, ou un négociant habile, ou un artiste plein de talent, mais qu'il était un bon agriculteur. Voilà comment il y a plus de vingt siècles, on reconnaissait déjà l'importance primordiale de l'agriculture !

L'humanité ne peut pas périr parce qu'elle veut vivre, et mieux vivre que jamais. J'espère qu'elle continuera sa marche triomphante dans la voie du progrès. Mais comment y parviendrait-elle sans l'agriculture? Ne doutons donc pas de l'avenir de celle-ci. (*Applaudissements.*)

Messieurs, le programme de votre Congrès est chargé; celui de cette séance l'est déjà; vous me permettrez donc certainement de ne pas allonger mon discours. Vous ne résoudrez certainement pas tous les problèmes mentionnés à l'ordre du jour de vos travaux. Mais, en les discutant, vous émettrez des idées dont tous nous pourrons tirer profit. Et tenez, moi-même je vais déjà tirer parti ces jours-ci de la séance du moment. Mercredi commence à la Chambre la discussion du budget des travaux publics et de l'agriculture; j'aurai l'occasion d'y mettre à profit le discours de M. Méline. (*On rit.*)

De l'échange d'idées auquel vous allez vous livrer pendant plusieurs jours, sortiront certainement de nouvelles lumières pour tous ceux qui s'intéressent à l'agriculture et aux populations agricoles. Et une fois de plus, le Congrès de l'agriculture s'attestera un bienfait pour tous.

Je vous renouvelle ma vive reconnaissance au nom du gouvernement belge. (*Applaudissements.*)

ALLOCUTION AU NOM DES DELEGUES

Le chevalier de ERTL (Autriche) : Comme délégué officiel du gouvernement impérial et royal de l'Autriche, pays qui a la chance d'être le premier en ordre alphabétique dans votre liste des délégués, je vous demande la permission de vous adresser quelques paroles non seulement en mon nom personnel, mais aussi au nom des délégués officiels étrangers et de mes collègues de l'Autriche, qui m'ont fait un grand honneur en me chargeant de cette mission.

Je prends la liberté d'exprimer tout d'abord notre reconnaissance la plus respectueuse à Sa Majesté le Roi des Belges pour l'intérêt si grand qu'il a bien voulu témoigner au monde agricole par la généreuse permission que le Congrès International d'Agriculture a de se trouver cette année sous son haut patronage en Belgique. Nous exprimons aussi notre gratitude de pouvoir assister à cette assemblée d'ouverture solennelle à Bruxelles, dans cette ville splendide qui nous ravit, — gratitude qui nous anime tous envers la nation belge pour l'occasion dont nous profitons d'admirer de nouveau la prospérité et le développement considérable que l'industrie et l'agriculture prennent de plus en plus dans ce beau pays.

Nous tenons à vous remercier de votre invitation, des paroles si aimables que Monsieur votre président a bien voulu adresser tout à l'heure aux délégués officiels et de l'accueil si gracieux qui nous est fait. Nous apprécions l'exquise courtoisie qui est de tradition dans cette magnifique Belgique, ainsi que l'honneur d'avoir été appelé au milieu de l'élite de la représentation agricole pour assister à vos séances et travailler aux grands problèmes que notre éminent président, Son Exc. M. Jules Méline, a exposé tout à l'heure dans son beau discours.

Nous sommes fiers d'être les modestes collaborateurs de cet homme dont nous connaissons la haute compétence, l'autorité, le dévouement, la persévérance, la droiture de caractère, la délicatesse de cœur, le charme de la personne, — de ce président qui, — souvenir inoubliable! — à Vienne, en 1907, nous rappelait dans un discours profond et magistral la nécessité du retour à la terre, au berceau même de l'humanité!

Les congrès internationaux, nous le savons bien, représentent un instrument de travail de la plus haute importance et d'une efficacité toujours croissante. L'idée de se réunir à l'occasion de ces congrès pour discuter les meilleures méthodes d'améliorer les conditions économiques et sociales des cultivateurs du sol, qui gagnent leur vie à la sueur de leur front, est une idée d'une valeur internationale, une idée de concorde et de paix, et un grand moyen de rapprochement des peuples.

Il ne s'agit pas seulement, vous le savez, du développement scientifique et technique de l'agriculture, mais aussi de la propagation des idées de coopération, d'association, de mutualité et de solidarité sociale, qui est un grand appui moral pour les populations rurales. En nous occupant de ces études et du microcosme de la petite ferme, nous savons que nous touchons aux suprêmes problèmes économiques et sociaux ayant rapport à la prospérité et à l'avenir des nations. C'est ce qui nous donne cet élan déjà au début de nos séances.

Je forme des vœux sincères pour que le travail du X° Congrès International d'Agriculture obtienne les meilleurs résultats possibles et soit couronné d'un succès mérité, tant au point de vue des résultats scientifiques et pratiques qu'à celui des rapports de bonne cordialité internationale. *(Applaudissements)*.

L'orateur ajoute quelques mots pour remercier de ses paroles à l'adresse des délégués, M. Helleputte, dont il fait l'éloge.

M. MAENHAUT remercie les personnalités qui ont bien voulu assister à la séance, les autorités et spécialement M. Max, qui a bien voulu honorer de sa présence la séance d'ouverture.

La séance est levée à 11 h. 1/4.

QUATRIEME PARTIE

I^{ro} SECTION

Economie rurale

COMITE ORGANISATEUR DE LA SECTION

Président :

M.

Le baron d'Otreppe de Bouvette, président de la Fédération agricole de la province, rue des Carmes, à Liége.

Vice-Présidents :

MM.

De Caluwe, agronome de l'Etat, à Gand ;

Everard, président de la mutualité des jardins ouvriers de Belgique, à Bruxelles ;

Raeymaekers, professeur à l'Institut agricole de l'Etat, à Gembloux ;

Secrétaire :

M.

Henry, A., directeur au Ministère de l'Agriculture et des Travaux Publics, 3, rue de Louvain, à Bruxelles.

Secrétaires adjoints :

MM.

Selschotter, ingénieur agricole, rue Saint-Georges, 111, à Bruges ;

Thuysbaert, Fr., place de la Station, Lokeren.

Membres :

MM.

Gérard, H., bourgmestre, à Remicourt ;

Gielen, député permanent du Limbourg, à Bilsen ;

Hegh, ingénieur agricole, rue de Forest, 63, à Uccle ;

Verstraeten, L., avocat, place Van Artevelde, 15, à Gand ;

Speeckaert, A., ingénieur agricole, 179, rue Joseph II, Bruxelles ;

Ryziger, ingénieur agricole, rue du Progrès, Bruxelles.

Séance du lundi 9 juin 1913

Séance du matin.

Au bureau : M. le baron d'Otreppe de Bouvette, président de la Fédération Agricole de la province de Liége, président ; MM. De Caluwe, agronome de l'Etat, à Gand ; Everard, président de la Mutualité des jardins ouvriers de Belgique ; Raeymaekers, professeur à l'Institut Agricole de l'Etat, à Gembloux, vice-présidents ; M. Albert Henry, directeur au Ministère de l'Agriculture et des Travaux publics, secrétaire ; MM. Selschotter, ingénieur agricole et Thuysbaert, secrétaires-adjoints ; MM. Gérard, bourgmestre, à Remicourt ; Gielen, député permanent du Limbourg ; Hegh, ingénieur agricole ; Verstraeten, avocat ; Speeckaert, ingénieur agricole, et Ryziger, ingénieur agricole, membres.

M. le Président propose les nominations suivantes :

Présidents d'honneur : MM. Méline, sénateur, ancien président du Conseil des Ministres de France ; le Dr Laur, directeur de la Ligue des Paysans Suisses ; baron de Rosenkranz, délégué du Danemark ; Sir George Fordham, délégué de la Grande-Bretagne ; Sanderra de Mello, délégué du Brésil.

Vice-Présidents d'honneur : M. le baron von Levetzow, délégué de la Société allemande d'agriculture ; M. le comte de Vogüé, vice-président de la Société des Agriculteurs de France.

Secrétaire d'honneur : M. Rieul Paisant, secrétaire général du Comité de la Vente du Blé.

M. Laur, rapporteur, résume les considérations qu'il a développées dans son rapport.

M. van der Bruggen, ancien Ministre de l'Agriculture de Belgique, appelé dans d'autres sections, s'excuse d'interrompre le discours de M. Laur, qu'il remercie pour la collaboration considérable qu'il apporte au Congrès. Il félicite l'orateur de son magnifique travail et fait des vœux pour la réussite des travaux de la section.

M. Méline remercie M. van der Bruggen de ses bonnes paroles.

M. Laur continue son exposé et donne lecture de ses conclusions.

M. le Président adresse, au nom de l'assemblée, ses remerciements et ses félicitations à M. le docteur Laur. Il insiste sur la nécessité de donner une éducation appropriée aux femmes de la campagne. — Il propose, vu l'importance de la question, d'ouvrir une discussion générale sur les conclusions proposées.

M. Alex. Lonay. — Dans l'examen de la question qui nous occupe il est indispensable, avant tout, de se mettre d'accord sur la terminologie employée.

Parmi la population agricole il y a lieu de distinguer en premier lieu ceux qui ne font que prêter leurs bras à l'agriculture, c'est-à-dire les *ouvriers agricoles*, travaillant moyennant salaire en espèces ou en nature : les journaliers et domestiques ainsi que les enfants des agriculteurs occupés sur la ferme tenue par leur parents qui leur donnent le vivre et le couvert.

A côté de cette première catégorie de travailleurs, il y a les cultivateurs proprement dits, exploitant leur bien ou celui d'autrui en qualité de métayers ou de locataires, et parmi eux on distingue les petits cultivateurs manuels et les cultivateurs plus grands, capables de faire de l'agriculture industrialisée.

La qualité de propriétaire du sol à elle seule ne confère en rien à ceux qui la possèdent celle de producteur. Ils disposent simplement du plus important des capitaux que l'agriculture fait valoir : la terre, et dont le service se rémunère par un prélèvement sur la production, dénommé *la rente*.

Le taux de la rente n'est pas, contrairement à ce que l'on croit parfois, un indice certain de la prospérité de l'agriculture. Il en serait ainsi si la rente était toujours dans un rapport constant avec le prix de revient de la production contrôlée par une comptabilité complète, c'est-à-dire tenant compte, notamment, de la rémunération voulue de toute la main d'œuvre, du travail tant intellectuel que manuel de l'exploitant et de l'intérêt commercial de son capital d'exploitation engagé dans l'entreprise.

Dans les régions agricoles surpeuplées, telles que nos Flandres notamment, le taux de la rente est beaucoup exagéré, si on le compare à la valeur de la production, dont les rendements bruts sont pourtant élevés.

Cela provient du manque de terre sur cet espace trop restreint pour sa population rurale si dense ; les cultivateurs s'y disputent les terres devenant vacantes ; les loyers haussent toujours, dans des proportions plus rapides que les perfectionnements de la culture ne permettent d'augmenter les rendements bruts.

Cette rente formidable, qui atteint, si elle ne le dépasse, le tiers de la valeur des produits, jointe à la somme considérable de travail manuel que réclame une culture trop morcelée pour l'emploi des machines, sans compter les chômages qui alternent avec les périodes de grande activité, font que nonobstant de belles récoltes, les cultivateurs de ces régions surpeuplées ainsi que leurs enfants ne peuvent vivre que misérablement au milieu d'une abondance apparente.

Dans un intéressant rapport présenté à notre Congrès de Gand, M. Albert Henry, envisage l'organisation du commerce des produits agricoles comme le moyen d'assurer une répartition régulière des denrées des centres de production aux centres de consommation, de manière à procurer aux premiers le maximum de bénéfices tout en n'exigeant des seconds que le minimum des sacrifices.

J'imagine que quelque chose de semblable pourrait être réalisé par une organisation internationale en vue d'assurer une meilleure répartition des producteurs agricoles, c'est-à-dire des cultivateurs eux-mêmes, de manière à dégager les régions où ils sont de trop, où ils pullulent en quelque sorte, et ne peuvent vivre que misérablement à faire des céréales et de l'élevage, voire de façon très intensive, pour les distribuer dans les régions où les terres s'offrent à eux à des conditions bien meilleures.

On atteindrait en même temps ce double résultat de régulariser la rente entre les régions, selon les conditions économiques de leur production, et d'augmenter la somme des produits de manière à l'amener et à la maintenir mieux en rapport avec les besoins croissants de l'alimentation humaine.

Le cultivateur, tout comme les autres travailleurs, les industriels et les commerçants, n'a pas de stimulant plus vif que l'augmentation de la satisfaction de ses besoins, l'appât du gain.

Par l'organisation que nous proposons, on l'aiderait efficacement à pouvoir se placer dans les meilleures conditions à ce point de vue, et loin de voir l'agriculture abandonnée, celle-ci prendrait un nouvel et considérable essor.

« L'abandon de la terre, dit un autre rapporteur au Congrès de Gand, M. Edmond Morel, est une conséquence naturelle de l'évolution humaine. »

Comment peut-on émettre pareil aphorisme? Alors que la production ouvrière revêt de plus en plus un caractère mondial et que les gouvernements, conscients de leur rôle, devront forcément l'assurer, parallèlement à la dite évolution, accompagnée d'une multiplication formidable de la population blanche.

Le délaissement de l'agriculture ne peut se constater que là où pour des causes locales, elle est sans profit suffisant.

Dans les Congrès internationaux d'agriculture, le problème agricole est surtout envisagé au point de vue des intérêts des propriétaires fonciers de nos vieux pays, ainsi que, dans un but politique, au point de vue de la conservation d'une population rurale aussi nombreuse que possible.

Or, on aura beau faire, on ne forcera pas l'impossible ; les agriculteurs veulent de plus en plus vivre de leur métier, et d'autant plus que selon les milieux et les contrées, leur intellectualité s'est développée.

Comme en France, sous la présidence de M. Fernand David, ancien ministre de l'agriculture, une société s'occupa de diriger les courants de main-d'œuvre agricole, pour amener les bras là où il en manque, nous proposons donc de diriger les courants d'émigration des cultivateurs proprement dits, des régions à rente foncière exagérée vers les contrées où le sol s'offre à eux avec plus de libéralité et la perspective d'une vie moins dure et d'un gain plus élevé.

Quant à l'exode des ouvriers agricoles et fils de cultivateurs vers les villes et centres industriels, il perdra son caractère calamiteux le jour où l'agriculture pourra payer son monde, grâce à son évolution inéluctable vers une industrialisation plus parfaite, devant à la fois augmenter sa production et abaisser ses prix de revient.

Il faudra en même temps que l'on dote autant que possible les campagnes de toutes les institutions dont jouit la classe ouvrière industrielle, que les gens puissent se loger plus confortablement et mener une existence indépendante, sans avoir de compte à rendre à personne, comme c'est mieux le cas dans les agglomérations.

M. Méline fait des réserves sur les thèses de M. Lonay. Actuellement on réalise de grands progrès dans les petites exploitations grâce à l'enseignement et à l'association. En poussant jusqu'au bout la thèse de M. Lonay, on supprimerait la classe agricole indépendante et la propriété agricole.

M. Maenhaut combat la thèse de M. Lonay. Dans les Flandres, on a tout intérêt à conserver l'ouvrier agricole à la campagne en améliorant sa situation. M. Lonay veut les repousser vers les villes : c'est à l'encontre de notre idéal. Loin de pousser à la grande culture, nous devons maintenir et favoriser la petite culture.

M. Limpens conteste les conclusions de M. Lonay. Il propose une série de mesures ayant pour objet de retenir la population à la campagne.

M. Alex. Lonay. — La confusion persiste, malgré mes réserves du début. Si les bras manquent dans certaines régions, ce ne sont pas les cultivateurs proprement dits qui font défaut ; en Flandre ils sont trop nombreux, trop entassés et il y aurait, dans leur intérêt et dans l'intérêt général, à les diriger dans les régions où les terres s'offrent à de meilleures conditions.

Certes, on ne s'imagine pas un pays de grandes exploitations agricoles sans travailleurs que les fermes doivent occuper ; mais c'est seulement par les procédés de culture perfectionnée, avec emploi des machines, que le rendement des travailleurs augmentant, on sera en mesure de leur assurer un salaire suffisant qui permettra de les conserver.

La petite culture n'est pas à même de payer sa main d'œuvre ; le père qui occupe ses enfants ne les paie pas; le travail en famille peut être comparé au travail à domicile, souvent mal rétribué ; et à sa mort ses enfants se retrouvent dans les mêmes conditions où lui-même se trouvait quand il a débuté.

M. Maenhaut proteste contre ces affirmations qui ne sont pas conformes à la réalité.

M. Lonay. — Je veux bien qu'il ne soit pas possible de transformer les pays de cultures morcelées en pays à cultures agglomérées, mais au moins pourrait-on guider l'expansion du trop-plein des régions surpeuplées, vers les régions qui offrent plus avantageusement des terres propres à la culture.

M. Aguet (Italie), demande que l'on en revienne au rapport de M. Laur. — La main-d'œuvre est plutôt rare. La petite culture a fait de très grands progrès en Italie, grâce à l'exemple des grands propriétaires.

Comment rétablir la grande propriété? C'est impossible. On peut morceler, mais pas réunir.

On doit faciliter l'acquisition de la petite propriété : les émigrants reviennent d'outre-Mer quand ils peuvent acheter une propriété en Italie.

M. De Barsy (Belgique). — Les campagnes ne se dépeuplent point comme on semble le croire. En Belgique, il y a encore, actuellement, plus de personnes occupées aux travaux des champs qu'il y en avait il y a cinquante ans.

De plus notre superficie territoriale est petite comparativement à notre population. En effet, nous ne disposons que de 1,900,000 hectares cultivés pour une population de 7,500,000 habitants. Comment pourrions-nous trouver emploi dans l'agriculture pour l'excédent de notre population? Les terres sont limitées et la population progresse toujours.

Et puis, c'est la situation des producteurs salariés agricoles et des petits cultivateurs qu'il faut envisager.

Leur vie est si peu agréable.

Leur travail est trop dur, trop pénible, trop mal réglementé, trop long, trop dépendant et souvent trop mal rémunéré.

M. Maenhaut. — Et le travail des mines! Vous voulez attirer les ouvriers dans les usines, nous voulons les faire vivre aux champs.

M. De Barsy. — L'ouvrier est plus libre à l'usine.

On comprend que les propriétaires du bétail exposé dans nos concours soient orgueilleux de leur travail, aient du goût et y

mettent de l'amour-propre. Mais l'ouvrier salarié et le petit cultivateur et surtout les fils de ce dernier ne peuvent voir le problème
sous cet angle avantageux.

Le travailleur agricole, pauvre, se sent dominé. Il sent l'impossibilité d'acquérir la terre. Il veut s'en aller.
Certes, il y a des ouvriers industriels accomplissant un labeur
plus dur que celui fourni par nos ouvriers agricoles. Mais ceux-
là sont plus libres, plus indépendants que ceux-ci.

Il est donc logique et fatal que les campagnards pauvres cherchent à émigrer, vers les villes.

L'honorable rapporteur a parlé — pour le flétrir — du néo-
malthusianisme.

Personnellement je ne suis pas un néo-malthusien. J'en ai donné
des preuves. Mais vous autres, Messieurs, qui m'écoutez , êtes-
vous dans ce cas? N'est-ce pas la bourgeoisie qui a donné au
peuple l'exemple du néo-malthusianisme? Et lorsque les familles
qui ont le moyen de nourrir beaucoup d'enfants s'efforcent d'en
limiter le nombre, faut il reprocher aux pauvres de suivre cet
exemple?

Mais notre honorable Président d'honneur disait tantôt que les
familles les plus nombreuses sont les plus riches. C'est peut-être
vrai pour les papas — comme on le lui faisait remarquer tantôt —
mais ce n'est pas vrai pour les enfants.

Le partage du bien familial ne permettra peut-être pas à
ceux-ci de reprendre une ferme et si même ils sont assez fortu-
nés pour le faire, ils ne trouveront pas de ferme; car, il n'est pas
douteux que chez nous, la demande dépasse l'offre, de beaucoup.
Aussi le prix des fermages est insensé.
Quel remède y a-t-il à cela?
Je n'en vois pas, sauf celui indiqué tantôt, de chercher des
terres où il y en a des libres.
On parle toujours du « retour aux champs » du « retour à la
terre ». Il faut s'entendre.
Actuellement déjà, il y a pas mal de gens travaillant dans les
villes et habitant les campagnes.
Est-ce cela qu'on veut?
Non, c'est le retour *aux travaux* des champs.

Eh bien, à notre avis, cela ne sera possible qu'en changeant tout ce qui existe.

Le progrès est invincible. Il veut une amélioration constante de la vie.

L'homme veut jouir de tous les bienfaits apportés par le progrès.

L'homme veut s'instruire, se grouper, jouir des émotions de l'art et des amusements, vivre une vie plus libre et plus indépendante.

Et bien, dussé-je soulever contre moi tout le Congrès, en vérité je le pense et je veux le dire, la solution du problème qui nous occupe ne se trouvera pas dans les mesures proposées.

On ne retiendra pas les paysans à la campagne et on n'y ramènera pas ceux qui l'ont quittée.

L'exode vers les centres populeux ira en s'accentuant.

La solution ne pourra être trouvée qu'en amenant, *aux travaux des champs*, les habitants des centres populeux.

Une éducation intelligente des masses et une appropriation rationnelle de la terre pourront amener cette situation que je considère comme conforme aux aspirations légitimes des masses, au bien-être général et au progrès.

Quoique des vues semblables heurtent vos sentiments les plus intimes et provoquent vos protestations, je ne puis que les maintenir.

Pour moi c'est la seule solution possible et durable au problème posé.

M. *Méline* constate que l'orateur préconise l'exode rural vers les villes.

M. *Aguet*. — L'agglomération dans les villes est désastreuse. Il faut tendre à réagir contre elle et non la favoriser.

M. *le comte de Montornès*. — En Espagne, c'est à cause des invasions que les paysans ont habité les villes. Les pays les plus riches sont ceux de petite propriété.

M. *le baron de Villenfagne* insiste sur la nécessité pour les grands propriétaires d'habiter leurs terres.

Il demande le vote d'un vœu dans ce sens.

La discussion générale est close et la séance est levée.

Séance de l'après-midi.

La séance est ouverte 2 h. 3/4.

On aborde la discussion des conclusions du rapport de M. Laur.

Voici la première :

La régénération constante de la population industrielle des villes par l'immigration des forces neuves de la campagne est indispensable pour assurer aux peuples leur prospérité dans les domaines les plus divers, qu'ils aient pour noms industrie ou métiers, sciences ou arts.

M. Méline dit que le but des cultivateurs doit être de restreindre cette immigration dans de justes limites.

M. Laur. — On peut manger les rentes, mais réserver le capital.

M. Morcrette-Ledieu demande qu'on stipule qu'il s'agit de l'excédent des populations. Il propose d'ajouter le mot « surabondantes » entre les mots « forces » et « neuves ».

— La conclusion ainsi amendée est adoptée.

2º conclusion proposée :

Entraver cette immigration ne serait certes pas servir les intérêts d'un peuple. Il s'agit au contraire de favoriser cette régénération, mais à la condition toutefois de n'en pas compromettre la continuité.

— *Adopté.*

3º conclusion :

L'émigration de la population campagnarde ne doit prendre en aucun cas de telles proportions que la population agricole proprement dite aille diminuant. Certes, on peut, de cette façon, obtenir un essor temporaire de l'industrie et des métiers, mais on compromet gravement le sort des générations futures.

— *Adopté.*

4º conclusion :

La mise en valeur de la terre par l'adoption d'un régime de culture où prédomineraient les petites et les moyennes exploitations constituerait un facteur permettant d'obtenir de la culture du sol le maximum de rendement brut et de revenu économique.

Indépendamment des profits qu'en retirerait l'agriculture, ce système aurait, de plus, par l'immigration de l'excédent de la population agricole, l'immense avantage d'assurer d'une façon durable aux villes, à l'industrie, aux métiers et aux professions libérales, le renouvellement de leurs forces.

M. Albert Henry appuie le vœu de M. Laur. Il est incontestable qu'en Belgique ce sont les petites exploitations qui donnent le maximum de rendement, tant en produits végétaux qu'en produits animaux. Dans la région maraîchère de Malines, l'exploitation de 3 hectares, avec deux ou trois têtes de bétail, donne un revenu annuel brut de 10,000 francs. Où trouve-t-on de ces rendements en grande culture? La culture des légumes et des fruits, l'élevage de la volaille pratiqués dans les petites exploitations, ont apporté dans certaines régions un état de prospérité qui frappe le visiteur le moins averti.

D'autre part, la Commission officielle de la boucherie, instituée par le gouvernement belge, à la suite de la crise de 1911, pour rechercher les améliorations à introduire dans la production et le commerce de la viande, a constaté, sans contradiction, que les régions de petite culture sont celles où la production du bétail est la plus intensive.

Dans le canton de Heyst-op-den-Berg, où l'étendue moyenne des exploitations est de 3 h. 21 a. on compte 125 bêtes bovines par 100 hectares et 88 naissances.

Dans le canton d'Everghem, où l'étendue moyenne des exploitations est de 4 h. 41 a. on compte 170 bêtes bovines par 100 hectares et 71 naissances. Dans le canton de Soignies, où l'étendue moyenne des exploitations est de 12 h. 32 a. on ne compte que 78 bêtes à cornes et 44 naissances par 100 hectares. Dans le canton de Nandrin où l'exploitation moyenne est de 11 h. 42 a., on ne trouve que 84 bêtes bovines et 31 naissances par 100 hectares, soit la moitié de ce que l'on constate dans les cantons de petite culture. Cette situation a frappé l'économiste anglais, M. Rowntree, qui dans son livre souvent cité, constate le contraste frappant entre les petites exploitations et le rendement élevé de la Belgique d'une part, les grandes fermes et le peu de rendement de la Grande-Bretagne, d'autre part. *(Comment diminuer la misère,* p. 185).

M. Everard. — « Le progrès condamne la petite culture. Seule la grande culture disposant d'importants moyens de crédit, d'achat, de vente, d'exploitation peut être suffisamment rémunératrice. Condamner la jeune paysanne à l'étude des sciences agricoles, c'est lui imposer une charge surpassant ses forces. Il n'existera plus d'agriculture dans un avenir rapproché. Chaque citoyen remplira successivement les métiers sociaux. La population doit se concentrer dans les villes ; c'est de là que les citoyens se rendront à l'endroit fixé pour leur travail. »

Telle est bien, je pense, la thèse que nous avons entendu développer ce matin.

Cette thèse heurte les sentiments de la grande majorité des membres de la première section.

On nous déclare que tous les remèdes préconisés pour retenir les paysans à la campagne ne seront que d'impuissants palliatifs ; que ces vains efforts ne serviront qu'à retarder la réalisation de l'idéal qu'on nous a laissé entrevoir.

Permettez-moi de vous dire que l'expérience m'autorise a croire à l'efficacité des moyens proposés, et.... de combattre l'idéal entrevu.

Concentration des populations en agglomérations compactes !

Mais c'est à la campagne que les hygiénistes envoient les enfants anémiés des villes. C'est l'air pur des champs et des forêts qui vivifie le sang appauvri de l'habitant des agglomérations denses, qui rétablit leur santé.

La suppression de la résidence à la campagne c'est la destruction des sources vives de la partie la plus saine, la plus robuste de la nation.

Dans tous les domaines, dans toutes les industries, dans toutes les sciences la spécialisation devient une nécessité. Le progrès l'exige, de même que la qualité et la quantité des produits. Je ne puis m'attarder à la démonstration de ces vérités évidentes.

L'agriculteur, aisé ou non, ne trouve pas chez sa compagne l'appui, l'intérêt, l'encouragement, le soutien, la collaboration nécessaire, si la jeune fille n'a reçu aucune éducation spéciale, appropriée au milieu dans lequel elle doit vivre.

Les sociétés coopératives, les syndicats, les comices agricoles procurent à d'excellentes conditions aux petits cultivateurs le crédit foncier qui leur manque.

L'amélioration de la petite propriété rurale, son acquisition est ainsi mise à la portée de tous.

Ces groupements procurent à leurs membres tous les avantages des achats au prix de gros : matières premières, semences, engrais. Par réciprocité, les mêmes avantages sont accordés à l'écoulement rémunérateur des produits agraires.

Enfin l'utilisation des machines: semeuses, faucheuses, glaneuses, batteuses et tant d'autres, donne au petit exploitant les mêmes armes, les mêmes instruments qu'à la gérance industrialisée qui semble l'idéal de mes deux honorables contradicteurs.

Possédant les mêmes moyens d'action mais plus de bras, l'intérêt direct et personnel se substituant au salariat peu intéressé au succès patronal, la petite culture ne peut être moins rémunératrice que la grande.

En pratique elle n'est pas moins rémunératrice — elle l'est davantage.

Les délégués des gouvernements bolivien et argentin, d'autres orateurs, vous ont indiqué le rapport certain de la grande, de la moyenne et de la petite culture.

Je n'apporterai qu'une modeste pierre à ce monument — celle de la culture infime, celle de nos jardins ouvriers.

Secrétaire général adjoint pour la Belgique du Coin de Terre, cette œuvre à laquelle s'intéresse si vivement en France notre Président d'honneur, j'ai pu constater par le contrôle de nos coins de terre belges, par les statistiques de France, d'Allemagne, d'Angleterre, d'Italie, le rendement moyen de ces cultures de 400 à 500 mètres carrés.

Ce rendement s'élève à (0 fr. 20) vingt centimes par mètre carré, soit deux mille francs l'hectare.

Encore un mot.

De nombreux campagnards deviennent des artisans en ville. L'abandon de la terre entraîne l'abandon de l'amour de la terre. L'ouvrier des villes doit conserver cet amour. Les œuvres qui lui assurent la jouissance d'un jardin peuvent être qualifiées d'intérêt social. Elles le ramèneront un jour au village natal.

Je propose donc au Xe Congrès International l'adoption du vœu suivant :

« Il y a lieu de favoriser les œuvres tendant à procurer la jouissance de jardins aux ouvriers de villes, afin de leur conserver l'amour du sol, et de faciliter plus tard leur retour à la campagne. »

M. Alex. Lonay. — L'œuvre du coin de terre en petits jardins n'a pas de rapport avec la question qui fait l'objet de nos débats.

Je suppose que M. Everard ne veut pas nous faire supposer que ces petits jardins se cultivent à la vapeur !

Encore une fois, pour rencontrer les arguments de M. Henry, je fais remarquer que même si on décuplait la superficie affectée à la culture maraîchère, le problème agricole ne serait pas résolu. Il faut évidemment favoriser la production des légumes, mais elle ne peut se généraliser ; la Belgique dans ce cas suffirait à elle seule à alimenter toute l'Europe en produits maraîchers.

Quant à trouver la petite culture plus favorable à la production que la grande, cela ne se justifie par aucune considération d'ordre technique ou économique. Ce n'est pas en découpant un hectare en deux qu'on peut le rendre plus fertile qu'en le laissant entier. Quant à l'usage des machines il sera toujours très limité, malgré la coopération, sur les petites exploitations.

M. Albert Henry. — Les chiffres cités par M. Lonay au sujet de l'importance de la petite culture maraîchère en Belgique datent de 1895, de 18 ans donc, et personne n'ignore que depuis lors la culture maraîchère a pris une expension si considérable que ces chiffres ne répondent plus à la réalité.

Quoiqu'il en soit, les besoins d'alimentation des grands centres du pays, laissent ouvert à la petite culture un débouché considérable.

Dans beaucoup de régions surpeuplées, les légumes n'occupent pas dans l'alimentation humaine la place que l'hygiène et une économie bien entendue leur réservent.

M. Lonay semble envisager exclusivement, dans son argumentation, les produits de grande culture: il ne comprend pas que le découpage en deux d'un hectare puisse en augmenter la fertilité. L'argument de M. Lonay frappera peut-être un auditeur inattentif: mais M. Lonay considère-t-il que le sol est le seul facteur du rendement : le choix du produit, les soins culturaux n'ont-ils aucune influence sur le résultat final? Dans la Flandre-Orientale, pays de petite culture, les cultures dérobées se pratiquent sur les 28 % de l'étendue cultivée; ce chiffre n'atteint que 2 % dans le Hainaut, pays de grande culture. Le travail familial de la petite culture permet d'entreprendre les spéculations les plus rémunératrices qui sont interdites à la grande culture.

M. Laur. — Nous avons fait la comptabilité de plus de 2,000 exploitations agricoles. Le revenu économique par hectare diminue au fur et à mesure que l'étendue de l'exploitation augmente.

M. De Barsy s'inscrit en faux contre les chiffres présentés par M. le Dr Laur. (*Protestations.*)

L'agriculture doit être régie par les mêmes procédés qui règlent la grande industrie. (*Vives protestations.*)

L'orateur assure qu'il n'y a pas moyen de retenir les cultivateurs à la campagne.

M. le Chanoine Temmerman signale des exemples de plus grande production dans les petites exploitations.

M. Lambrechts. — L'aspiration du peuple n'est pas d'aller s'agglomérer dans les villes, mais d'avoir son petit coin de terre. (*Applaudissements.*) Faute de bras pour la grande culture, on fait la petite culture, qui enrichit.

La 4ᵉ conclusion est adoptée.

5ᵉ conclusion :

En améliorant les conditions relatives aux salaires, à la durée du travail, à l'assurance, au service du placement, en faisant intervenir l'influence de l'école, des autorités tutélaires et en faisant appel à la main-d'œuvre nomade, etc., il est possible de remédier temporairement à la pénurie de la main-d'œuvre agricole, mais ce ne sont là que des palliatifs et non des remèdes souverains.

Quand bien même l'agriculture améliorerait la position de ses ouvriers, comme elle est d'ailleurs obligée de le faire, les conditions de vie et les salaires des ouvriers des villes continueront à se développer de telle façon que l'agriculture, ne disposant pas des moyens que possèdent l'industrie et les métiers, se trouvera dans l'impossibilité de suivre cette marche ascendante. Seul un renchérissement sensible et général des produits du sol, en provoquant l'augmentation du revenu de l'agriculture, permettrait d'aboutir ici à un résultat effectif. Mais, pour le moment, une telle solution est irréalisable.

M. Albert Henry fait remarquer que sans demander l'accroissement du prix des denrées, on peut améliorer l'organisation du commerce et augmenter ainsi le prix payé au cultivateur sans accroître les charges du consommateur.

M. Lonay ne croit pas que seul le renchérissement des prix soit à envisager; il y a aussi l'augmentation de la production et la diminution du prix de revient.

M. le Président propose d'ajouter à la conclusion plusieurs mots; voici quel serait alors le texte :

« Quand bien même l'agriculture améliorerait la position de ses ouvriers, comme elle est d'ailleurs obligée de le faire, les conditions de vie et les salaires des ouvriers des villes continueront à se développer de telle façon que l'agriculture, ne disposant pas des moyens que possèdent l'industrie et les métiers, se trouvera dans l'impossibilité de suivre cette marche ascendante. Un renchérissement sensible et général des produits du sol, en provoquant l'augmentation du revenu de l'agriculture, permettrait d'aboutir ici à un résultat effectif. Mais, pour le moment, une telle solution *dépend d'un mouvement économique dont nous ne sommes pas les maîtres.* »

— Adopté.

Les conclusions 6 et 7 sont ensuite adoptées sans observation. En voici le texte :

« En fait de moyens décisifs, deux voies s'ouvrent devant nous. Ou bien il faudrait introduire un régime de grands domaines dont l'exploitation n'exigerait qu'un personnel aussi restreint que possible, ou alors il faut *transformer la culture en un régime d'exploitations de moyenne grandeur,* susceptibles d'être mises en valeur par le seul apport des propres forces de la famille de l'exploitant ou ne nécessitant que le strict minimum de main-d'œuvre étrangère. Le second moyen seul est en mesure de permettre à la production de faire face à la consommation et, en même temps qu'il assure aux peuples une descendance saine et nombreuse, l'agriculture, elle, y trouve aussi de nouveaux bras. »

« L'adoption par la population des doctrines néo-malthusiennes constitue pour un pays un danger d'autant plus gros qu'il se trouve par là directement atteint dans ses sources vives. Plus l'excédent des naissances se trouve en recul dans la population agricole, plus cette dernière s'en trouve affaiblie. Le néo-malthusianisme est de beaucoup plus dangereux à la campagne qu'au sein de la population citadine; aussi faut-il le combattre par tous les moyens. Mais, en contrepartie, il s'agit de prêter appui à tout facteur susceptible de favoriser la fécondité des unions conjugales (mariages précoces, soins d'accouchement, adaptation aux communes campagnardes de l'institution des crèches pour nourrissons et enfants, lutte contre l'alcoolisme, influences morales, etc.) »

La huitième conclusion proposée est ainsi conçue :

« 8. Les mesures à prendre pour *sauvegarder la vitalité de la classe paysanne et assurer son avenir*, sont les suivantes :

» a) Adoption d'une politique agraire favorisant la formation de petits biens (colonisation intérieure, facilités ouvertes au crédit).

» *b)* Développement de la technique agricole par l'Etat, les associations et les particuliers (enseignement agricole, presse agricole, stations d'essais, offices de renseignements, subventionnement des améliorations foncières, de la culture des plantes et de l'élevage du bétail, etc).

» *c)* Encouragement à l'exploitation de la petite et de la moyenne culture et à la mise en valeur des produits par l'organisation agricole, par le service de renseignements, par l'institution d'offices de comptabilité, par l'avance de fonds, etc.

» *d)* Lutte contre les ennemis de la production agricole et extension de l'assurance (police sanitaire, lutte contre les maladies des plantes, assurance contre la grêle, le feu, les accidents, assurance du bétail, etc.)

» *e)* Concours de l'Etat pour assurer aux prix des produits indigènes un niveau correspondant aux prix de production, aux conditions naturelles et économiques et au niveau de la technique agricole des exploitations de petite et de moyenne culture (droits protecteurs, primes d'exportation, tarifs de chemins de fer) ».

M. Rieul Paisant. — Les « primes d'exportation » demandent une étude approfondie. Je propose de supprimer ce terme.

M. Aguet appuie. Le prix des denrées doit s'établir naturellement. M. Aguet demande la suppression de cette conclusion.

M. le rapporteur accepte la suppression des mots « primes d'exportation ».

M. Amades demande de supprimer l'article parce qu'il a un caractère protectionniste.

M. Méline dit que la question est très délicate : Les agriculteurs d'Europe ne sont pas d'accord avec ceux de la République Argentine. M. Méline demande de réserver la question.

M. Paisant. — Il s'agit de savoir si le prix de vente doit correspondre au prix de revient. Tout le monde est d'accord. Le rapporteur n'a pas voulu mettre le Congrès en mesure de se prononcer sur la protection dans chaque pays.

M. le Président propose de supprimer les mots entre les parenthèses.

M. Girona s'oppose au maintien du § e.

M. le comte de Vogüé. — Il eût peut-être mieux valu que l'article n'eût pas été proposé. Maintenant qu'il a été discuté, nous ne pourrions le supprimer sans paraître condamner la politique de certains pays. D'ailleurs il y a d'autres mesures de protections que les mesures douanières, et personne ne les conteste.

M. le Président. — La question est en dehors des discussions du Congrès. L'action des gouvernements est variable. Nous ne devons pas les décourager.

M. G. Everard propose un nouveau texte : « Encouragements à donner par l'Etat en vue de favoriser la production agricole ».

M. Laur propose de supprimer dans le passage en discussion ce qui est relatif à l'intervention de l'Etat.

— Le texte proposé par M. Everard est adopté.

Voici la fin de la 8° conclusion :

« f) Lutte contre la spéculation sur les terrains et contre la tendance consistant à tenir compte dans le prix des terres des progrès réalisés par l'agriculture et de l'amélioration des conjonctures (asiles de famille, droit successoral). »

M. Méline propose de supprimer cette conclusion.

— Adopté.

M. le Président. — M. F. Everard propose cette résolution :

« Il y a lieu de favoriser les œuvres tendant à procurer la jouissance de jardins aux ouvriers des villes, afin de leur conserver l'amour du sol, et de faciliter plus tard leur retour à la campagne. »

M. de Villenfagne, de son côté, propose la résolution suivante :

« Il est désirable que les grands propriétaires habitent leurs propriétés une notable partie de l'année, s'intéressent particulièrement aux choses agricoles et exercent dans cet ordre d'idées leur influence sociale pour contribuer à enrayer la désertion des campagnes. »

— Ces résolutions sont adoptées.

On discute le vœu suivant, proposé par *M. Limpens :*

« 1° Régler la succession de manière à ce que la petite propriété puisse rester aux mains d'au moins un membre de la famille.

» 2° Favoriser et au besoin obliger les propriétaires à faire des échanges de manière à supprimer dans la mesure du possible l'éparpillement des lopins d'un même propriétaire ou locataire. »

3° Favoriser la création d'industries à la campagne moyennant certaines restrictions qui permettraient aux ouvriers de cultiver la terre. »

M. l'abbé *Berger* dit que l'initiative privée a déjà réalisé dans le Hainaut, la situation que M. Limpens demande, au 3° § de son vœu, de voir créer.

Il propose de rédiger le tertio : « favoriser le maintien et la création de petits métiers à la campagne ».

— Le vœu de M. Limpens est adopté avec l'amendement de M. Berger.

M. Morcrette-Ledieu demande à pouvoir répondre à certaines théories exposées. Tous les gouvernements ont fait des lois pour l'agriculture. Mais ces lois exigent de la paperasserie. C'est aux associations à éduquer les gouvernements. L'orateur expose les résultats obtenus dans son comice par l'initiative privée. (Applaudissements.)

Mme Perrisoud parle en faveur de l'éducation féminine agricole et demande qu'on inspire l'amour de la terre à la femme.

M. le Président propose d'adopter certains vœux de M, Morel pour donner satisfaction à Mme Perrissoud.

M. De Barsy. — On doit travailler à l'éducation de la femme. Mais la femme ne doit pas être destinée au travail de la terre. Ce travail est trop dur. La femme doit avant tout être ménagère et mère.

M. le chanoine *Temmerman* émet le vœu de voir dans les maisons d'instruction, destinées aux jeunes filles de la classe aisée, aux filles des propriétaires terriens, organiser des cours d'enseignement agricole, de manière à mettre ces jeunes filles à même de s'intéresser avec intelligence aux œuvres agricoles.

M. le Président. — Il nous reste à nous prononcer sur la neuvième conclusion de M. Laur, que voici :

« De telles mesures prises dans le but de renforcer la classe paysanne ont d'autant plus de chances de succès que l'amour de la terre et des entreprises agricoles indépendantes est encore aujourd'hui généralement répandu parmi la population agricole et que les gens acquièrent volontiers une petite propriété et la cultivent pour peu qu'ils aient espoir de faire leur chemin. L'action de l'Etat, en prenant des mesures ayant trait aux conditions sanitaires, aux relations postales, téléphoniques, télégraphiques, routières, ferroviaires, par une politique fiscale appropriée, d'une part, les efforts de l'action privée ou celle de sociétés ayant pour but de développer le *bien-être à la campagne*, de l'autre, sont tout autant de facteurs propres à rendre plus agréables aux gens de la campagne, la vie villageoise et l'activité agricole.

» Signalons enfin parmi les plus importantes mesures à prendre pour parer à une émigration néfaste, celle consistant à *donner à la jeunesse féminine une éducation* telle qu'elle prépare les jeunes filles à devenir des ménagères laborieuses, capables de seconder leur mari avec joie et clairvoyance.

» La paysanne doit avoir conscience du rôle qui lui est dévolu dans l'éducation d'une jeunesse campagnarde, robuste, saine de corps et d'esprit, dotée d'une solide instruction, animée de sentiments lui permettant de se faire de la vie une sérieuse conception, en un mot, une jeunesse éprise des beautés de la vie champêtre et nommant la culture du patrimoine national la plus belle profession de l'homme libre. »

— Adopté.

M. le Président remercie M. Laur de son travail, au nom de la section. (*Vifs applaudissements.*)

La séance est levée à 4 h. 1/2.

Séance du mardi 10 juin 1913

Au bureau : M. le baron d'Otreppe de Bouvette, président ;
M. Méline, président d'honneur ; M. Albert Henry, secrétaire.

M. *le Président* invite les congressistes à rester autant que
possible dans le cadre de la discussion et d'éviter les dissertations
d'un caractère trop particulier.

PREMIÈRE QUESTION.

Comparaison entre l'importance de l'agriculture, du commerce
et de l'industrie dans divers pays.

L'un des rapporteurs généraux, M. *F. Ryziger*, expose brève-
ment la tendance et les résultats de l'enquête sur la « Comparaison entre l'importance de l'agriculture, du commerce et de l'industrie ».

Après des remerciements bien mérités adressés aux rapporteurs, il aborde les causes d'erreurs possibles du travail statistique et conclut que ce travail n'aura acquis toute sa valeur
que lorsque les chiffres comparés pourront être des moyennes au
moins quinquennales.

Il souhaiterait également d'ajouter au programme :

1° Des détails sur la population: indication des populations
vivant exclusivement d'agriculture, d'industrie et de commerce ;

2° La notion de consommation du blé, article de première nécessité et de luxe à la fois, caractérisant la richesse d'un pays.

Les conclusions suivantes semblent déjà se dessiner :

1° *Question théorique.* — Il n'y a pas de système économique agricole idéal, (exemple la Belgique, l'Argentine, le Canada), relativement au capital d'exploitation ;

2° *Question économique.* — La production totale du lait en Hollande est de 2,400 litres ; au Danemark de 2,900 litres. Si ce chiffre était confirmé, la Hollande aurait intérêt à s'inspirer des méthodes interventionnistes du Danemark, en matière de laiterie ;

3° *Question sociale.* — L'étude des populations vivant exclusivement d'agriculture, en relation de la richesse, peut devenir une base scientifique à l'étude de tous les problèmes sociaux de la campagne ;

4° *Question budgétaire.* — Les budgets de l'agriculture, dans la plupart des pays, équivalent à 1 p. c. environ du budget total. Les encouragements indirects doivent donc être très considérables, et le Ministère des chemins de fer, par exemple, doit avoir tout autant d'importance au point de vue de l'agriculture que l'action du Ministère de l'agriculture lui-même.

En conséquence, un organisme permettant l'examen de la plupart des questions générales sous l'angle de l'intérêt agricole serait le bienvenu ; c'est le but de la Commission interministérielle permanente que proposent les rapporteurs.

La conclusion suivante est mise aux voix :

« Le Congrès adopte le rapport présenté à sa première section en réponse à sa question première et serait heureux si l'Institut international d'agriculture de Rome voulait bien se charger de la continuation constante de ce travail. Il donne mission à son bureau de transmettre ce vœu. »

— Adopté.

M. le baron von Levetzow (Allemagne). — Quand, dans un pays, l'industrie se développe aussi considérablement qu'en Allemagne, il est naturel que le public et même le gouvernement pensent que le développement de l'*industrie* améliorerait l'avenir du pays. On prend des mesures, on fait des lois pour faciliter ce développement.

Mais, ce qui se présente chez nous et ailleurs, c'est qu'on oublie que l'agriculture est la source même des forces de l'Etat et aussi de l'industrie.

Il y a vingt ans, le comte Caprivi émit l'idée que le bien public dépendait des exportations industrielles et que l'agriculture était chose négligeable.

Depuis lors, l'organisation « Bund des Landwirte » a eu un succès tel que maintenant des politiciens raisonnables et le gouvernement ont compris qu'on ne peut négliger l'agriculture sans ruiner l'économie nationale, le pays et la race même.

Pour démontrer l'importance de l'agriculture, comparée à l'industrie, nous avons dressé le tableau affiché à la séance.

Il était nécessaire d'éclairer le public sur l'importance de la valeur des produits de l'agriculture et on ne pouvait mieux faire que de les comparer avec les valeurs dont tout le monde a reconnu l'importance, les valeurs des produits de l'industrie.

M. Méline remercie l'orateur qui, dit-il, indique la voie à suivre à l'Institut de Rome.

M. Ryziger. — Voici la seconde conclusion proposée:

« Il souhaite voir créer dans chaque pays des commissions interministérielles permanentes où tous les ministères seraient représentés, pour discuter en commun toutes les questions d'ordre économique, en relation étroite avec les nécessités de l'agriculture et les intérêts des diverses branches de l'activité nationale. »

M. Ivan Schirokich demande quel serait le rôle du Ministère de l'Agriculture dans cette Commission.

M. Ryziger répond que son rôle serait de fournir les renseignements dépendant de ce Département et de défendre les intérêts de l'agriculture.

M. Henry est sceptique quant aux résultats que pourrait produire l'adoption du second vœu. La division du travail est un progrès réalisé dans l'organisation actuelle; où trouvera-t-on les compétences encyclopédiques qu'exigerait le système proposé? Il craint l'opposition que cet organisme pourrait faire aux autorités responsables.

M. Ryziger répond à M. Henry. Il admet la décentralisation, mais réclame un Comité consultatif permanent pour l'étude en commun des questions mixtes.

Le vœu est adopté.

Constitution d'un groupe parlementaire agricole international.

M. *Maenhaut* est d'avis que la question de la constitution d'un groupe parlementaire agricole international serait mieux à l'ordre du jour de l'assemblée générale. Il propose de la lui renvoyer.

M. *Pastur* demande si la question pourra être discutée.

M. *Méline* répond affirmativement.

— La proposition de M. Maenhaut est adoptée.

TROISIÈME QUESTION

Organisation de petites propriétés rurales.

M. *Bénard* rappelle les conditions dans lesquelles la question a été mise à l'ordre du jour du Congrès.

On aborde l'examen des vœux.

« La création de petites propriétés rurales est le moyen le plus sûr de retenir l'homme à la terre. »

— Adopté.

« La quantité de terre mise à la disposition de l'ouvrier agricole doit pouvoir subvenir aux besoins de la famille. »

M. *le baron de Hennet* trouve l'expression « besoins de la famille » insuffisante. Il faut deux catégories de petites propriétés : les unes, pour les cultivateurs, leur donnant ce qui est nécessaire à la vie ; les autres laissant les ouvriers dans la nécessité de travailler dehors.

M. *Bénard*. — J'ai dû rester dans le vague à raison des conditions différentes de chaque pays. La quantité de terre suffisante varie d'un pays à l'autre. La distinction faite par M. de Hennet est appliquée en Danemark. Nous devons rester dans les grandes lignes.

M. *Juhlin Damsfelt* (Suède). — En Danemark, on n'impose pas le travail aux petits propriétaires. Mais la statistique montre qu'un grand nombre de petits cultivateurs vont travailler volontairement dans les grandes exploitations.

L'orateur remet quelques exemplaires d'une brochure suédoise contenant des renseignements plus récents que ceux donnés par M. Bénard.

M. Bénard reconnaît l'ancienneté de ses chiffres.

M. Alfonso Martinez croit qu'il faut aider la petite propriété qui permet aux ouvriers de travailler dans les grandes propriétés. L'idéal est la petite propriété qui suffit à la famille. La difficulté, c'est de réunir les terres morcelées. Le morcellement empêche l'ouvrier de rester à la campagne.

M. de Hennet propose de supprimer ce paragraphe.

M. Morcrette-Ledieu. — Pour les ouvriers, on donne un petit domaine comme appoint du travail au dehors. Pour les cultivateurs, on donne jusque 8,000 francs.

M. Boué (France) fait remarquer que, dans la rédaction adoptée par M. Bénard, il y a une opposition de termes. Dès que l'ouvrier agricole aura la possession d'une étendue de terre lui permettant de subvenir à tous les besoins de sa famille, il cessera d'être ouvrier.

Ce que l'on veut, avant tout, c'est retenir l'ouvrier au sol. Il importe qu'il dispose, à cet effet, d'un petit bien auquel il s'attache parce qu'il le cultive avec plaisir.

Il propose, en conséquence, la rédaction suivante :

« L'étendue des terres mises à la disposition de l'ouvrier agricole doit être suffisante pour l'attacher fortement au sol. »

M. Schirokich (Russie) demande que l'on parle aussi des petits propriétaires et que l'on supprime les mots besoins de famille.

M. Bénard accepte l'amendement de M. Boué.

— Il est adopté.

Troisième vœu proposé :

« Les avances consenties par les Etats par l'intermédiaire des banques agricoles ou par des sociétés de crédit mutuel offrent tout autant de sécurité qu'aucun autre placement. »

Un membre déclare qu'il a pu constater l'exactitude de ce fait.

M. Morcrette-Ledieu signale les raisons de l'intervention de l'Etat en France

M. l'abbé Berger. — Il faut convaincre le public de la sécurité du placement. Mais il faut indiquer des conditions d'intérêt, de remboursement.

D'habitude, on exige une assurance sur la vie. Au point de vue agricole, le capital-vie n'a pas la même importance qu'en industrie; les héritiers peuvent continuer l'exploitation rurale. En Belgique, la loi ne fait pas de distinction. J'estime qu'on ne doit pas imposer l'assurance sur la vie au cultivateur.

Il propose un texte.

M. Bénard répond que celui qui emprunte peut se libérer par anticipation.

M. Berger. — A condition qu'on lui en laisse le moyen.

M. Damsfeld. — La sécurité dépend du taux des prêts.

M. Bruinst déclare que cela ne se vérifie pas en Russie.

M. Decharme propose le texte suivant :

« Les prêts consentis par les Sociétés de crédit agricole mutuel en faveur de la constitution de petites propriétés rurales offrent des garanties de tout premier ordre. Les Etats ont donc raison de les encourager par tous les moyens. »

— Adopté.

Le quatrième vœu est ainsi conçu :

« Le but à poursuivre est bien plutôt d'encourager la petite propriété indivisible et insaisissable que la petite tenure à bail.»

M. Bénard. — Ce vœu a pour but d'empêcher l'éloignement du petit cultivateur.

M. de Hennet. — En Angleterre, il y a certains cultivateurs qui préfèrent le fermage.

M. Bénard. — Le grand désir de tous est de voir le petit cultivateur devenir propriétaire.

M. Méline. — La formule de M. de Hennet ébranle l'idée maîtresse du paragraphe.

M. Boué. — Comment encourager la propriété indivisible? Il est désirable de la voir créer.

M. Bénard. — Il faudrait la possibilité de maintenir l'héritage intact.

M. le Président propose de supprimer le mot « indivisible ».

Le texte ainsi modifié est adopté.

M. l'abbé Berger propose le vœu complémentaire suivant :

« Il est désirable de faciliter l'amortissement rapide des avances consenties pour l'acquisition de la petite propriété rurale. »

M. Decharme trouve une contradiction entre le court terme de libération et le taux peu élevé d'amortissement.

Les deux sont inconciliables.

M. Berger. — Je demande que l'on supprime tous les suppléments : assurance-vie, première mise de fonds, qu'on n'augmente pas le capital.

M. Everard demande que l'Etat accorde des fonds à très bas intérêt en faveur des ouvriers.

M. Bénard propose d'ajouter les mots : « notamment par la réduction du taux d'intérêt ».

— Le vœu, ainsi amendé, est adopté.

M. Méline déclare qu'il ne suffit pas de mettre la propriété à la disposition des agriculteurs. La terre est un placement. Or, les valeurs mobilières rapportent davantage. C'est la conséquence du régime légal de la propriété: la propriété immobilière est sacrifiée. Les valeurs mobilières sont facilement négociables.

La terre est difficile à réaliser, à partager en cas de décès. Il y a des frais énormes à payer dans chaque cas. Après quelques partages, le capital est tout à fait absorbé. Il faudrait rendre la terre plus mobilisable.

Il propose le vœu suivant :

« Le Congrès exprime le vœu que la législation des différents pays facilite la circulation de la terre, et qu'elle égalise autant que possible les conditions de transmission de la propriété mobilière, notamment en ce qui concerne les ventes, les droits successoraux et la procédure des partages ».

— Adopté.

CINQUIÈME QUESTION

La coopération agricole.

M. Rieul Paisant résume son rapport sur la coopération agricole. Il répare une omission qu'il a commise en ne citant pas M. Cavalieri.

Le premier enseignement qu'il tire de son étude, c'est l'ancienneté de la coopération agricole. Un second enseignement, c'est le caractère idéaliste des associations dont il s'agit. Tandis qu'un commerçant recherche le profit, la coopérative recherche l'amélioration des conditions de ses membres.

On aborde l'examen des conclusions.

Les voici :

« 1. La coopération agricole est la convention par laquelle des agriculteurs mettent en commun tout ou partie de leur activité économique en vue d'opérations faites exclusivement en faveur des associés qui se partagent les économies résultant de la suppression du bénéfice d'un intermédiaire.

» 2. Les apports en capital, s'il y en a un, ne peuvent donner lieu, ni directement, ni indirectement, qu'à un produit limité à un certain taux, généralement aujourd'hui 4 p. c. Les excédents de recettes annuels peuvent être employés à la constitution d'un fonds de réserve ou affectés à un objet d'utilité générale. Le droit de vote doit être, en principe, égal pour tous.

» 3. Le fonds de réserve ne peut être partagé que si les statuts le permettent ; cette répartition, comme celle des excédents annuels, ne doit avoir lieu entre les associés que proportionnellement aux opérations par eux faites avec la société. L'inaliénabilité de fonds de réserve est désirable.

» 4. Il est désirable que les sociétés coopératives agricoles locales, régionales ou centrales, soient instituées par les associations agricoles ayant une circonscription correspondante et fonctionnent sous leur contrôle. L'inspection de l'Etat ne doit intervenir en principe qu'à défaut de celle d'Unions constituées à cet effet entre les associations. Les comptes de toutes les sociétés doivent être revisés et publiés au moins une fois par an. »

M. Margaine trouve dangereuse la confusion entre coopération et mutualité.

M. Méline. — La mutualité rentre dans la coopération.

M. Rieul Paisant. — Coopération est la traduction de « genosschaften ».

M. le Président. — La définition de M. Rieul Paisant a pour but de préciser le terrain des autres conclusions.

M. Aguet appuie la définition de M. Rieul Paisant.

M. le Président fait remarquer que le mot « société coopérative » en France et en Belgique a un sens plus restreint que coopération.

— La première conclusion proposée est adoptée.

Quant à la seconde conclusion,

M. Méline demande pourquoi on limite le taux de l'intérêt.

M. Rieul Paisant. — Le rôle de la coopération n'est pas de rechercher le profit : c'est pour cela qu'on limite le taux de l'intérêt, sinon la société s'écarte de son but.

M. Aguet. — En général, on limite le taux de l'intérêt. Mais la ristourne doit aller aux coopérateurs.

M. Rieul Paisant. — On peut ajouter les mots « ristournés ou » avant le mot « employés ».

— La seconde conclusion est adoptée avec cet amendement.

— La troisième est adoptée sans changement.

A propos de la quatrième, *M. Morcetti* demande quand aura lieu le contrôle de l'Etat.

M. Rieul Paisant. — L'inspection des coopératives est désirable pour leur développement.

M. Méline trouve dangereuse la formule générale; il craint de nouveaux fonctionnaires vinculant la liberté des coopératives.

Des sociétés non coopératives emploient abusivement la forme de la coopération : celles-ci, l'Etat doit les surveiller. Tant que les sociétés de coopération restent dans leur rôle, l'Etat ne doit pas intervenir.

M. Aguet n'est pas d'avis de déclarer que les coopératives doivent être instituées par les associations agricoles; il signale que la coopération a été instituée par les prêtres en Italie. Il ne faut pas paraître blâmer ce qui existe.

M. Rieul Paisant. — Il s'agit d'une question d'organisation agricole : l'initiative doit venir des sociétés agricoles.

M. Moretti appuie la thèse de M. Méline.

M. Rieul Paisant propose de supprimer dans la conclusion proposée la phrase : « L'inspection de l'Etat ne doit intervenir en principe qu'à défaut de celle d'Unions constituées à cet effet entre les associations. »

— La quatrième conclusion est adoptée avec cet amendement.

La séance est levée.

*
* *

Séance de l'après-midi

On continue la discussion du rapport de M. Rieul Paisant.

On adopte la cinquième des conclusions de ce rapport, ainsi conçue :

« 5° Les associations agricoles ont à décider, suivant les circonstances, s'il convient qu'elles assument elles-mêmes le rôle coopératif ou qu'elles constituent des organismes distincts. »

La sixième conclusion proposée par M. Rieul Paisant est la suivante :

« 6° L'intervention de l'Etat est légitime en vue de l'organisation de sociétés coopératives agricoles et peut rendre de très grands services. Mais l'aide financière de l'Etat ne doit être que subsidiaire et temporaire. Les sociétés coopératives de crédit doivent s'efforcer de trouver avant tout dans l'épargne agricole elle-même les capitaux nécessaires au fonctionnement de la coopération agricole. »

M. Rieul Paisant, d'accord avec M. de Hennet, demande qu'on réserve à demain la discussion sur la dernière phrase : « Les sociétés coopératives de crédit doivent s'efforcer..., etc. »

— Le vœu est adopté, sauf la dernière phrase, sur laquelle il sera statué demain.

Voici la septième conclusion de Rieul Paisant :

« 7. Les sociétés agricoles peuvent être divisées en cinq groupes :

» 1° Crédit mutuel agricole; 2° production culturale en commun ; 3° acquisition en commun des choses nécessaires à l'agriculture; 4° vente collective des produits agricoles, en nature ou après transformation ; 5° assurances mutuelles agricoles. »

M. Rieul Paisant expose les bases de la classification.

M. le Président demande s'il ne faudrait pas remplacer les mots « sociétés coopérative » par « coopération ».

M. Rieul Paisant répond que « société coopérative » a un sens restreint : il faut lui donner une portée plus large.

M. Méline. — Le mot coopération agricole est plus large et comprend les coopératives. Il vaut mieux employer ce terme.

M. Rieul Paisant propose de dire : « Sociétés de coopération agricoles ».

— La sixième conclusion est adoptée avec cet amendement.

M. le Président remercie le rapporteur. (*Applaudissements.*)

M. Bernier présente, au nom de M. Girola, professeur à l'université de La Plata, un travail sur la coopération agricole en Argentine. Il s'exprime en ces termes:

» La question « Sociétés coopératives agricoles », sous toutes ses formes, est à l'ordre du jour actuellement en Argentine. Tout le monde est d'accord pour reconnaître les avantages de la coopération, tant pour les agriculteurs que pour les éleveurs; mais jusque maintenant, peu de chose a été fait au point de vue pratique.

» Cela doit être attribué en grande partie à des difficultés spéciales au pays. Parmi les principales, il faut citer: la faible densité de la population rurale qu'on y rencontre, l'isolement qui en résulte, et dans lequel vivent les agriculteurs, la fréquence avec laquelle ils changent de ferme et transportent leur matériel d'une région agricole à une autre, le manque de préparation nécessaire pour rédiger les statuts et règlements.

» Malgré tout, des sociétés coopératives et des sociétés d'assurances se sont établies en Argentine. Quelques unes sont même très prospères. Les meilleurs résultats ont été obtenus par les coopératives d'assurances contre la grêle et contre les incendies en général, et en particulier les incendies provoqués par les machines à battre. Le nombre de ces coopératives tend à augmenter d'année en année, par suite des services immédiats qu'en retirent les associés. Il en existe en pleine prospérité, et qui fournissent des dividendes très élevés.

» Il faut bien reconnaître que si toutes les tentatives n'ont pas donné les résultats qu'on était en droit d'espérer, il faut l'attribuer surtout à une mauvaise administration, ou à un manque de constance et de fermeté de la part des organisateurs, qualités qui sont indispensables pour créer et faire triompher de telles institutions.

» Il faut aussi mettre en ligne de compte le discrédit jeté sur les sociétés coopératives par des commerçants intéressés, qui, se voyant lésés dans leur commerce, par l'établissement de ces institutions, qui pouvaient absorber une partie importante de leurs bénéfices, avaient tout intérêt à les faire disparaître.

» Dans ces dernières années, certaines circonstances particulières ont obligé les agriculteurs à se rapprocher, à se grouper dans le but de s'entendre pour la défense de leurs intérêts menacés, et il paraît aujourd'hui bien certain que, dans le mouvement, le rôle joué et les excellents résultats obtenus par plusieurs sociétés coopératives ne sont pas passés inaperçus et contribueront, pour beaucoup, au développement de ces institutions dans le pays, et cela, à n'en pas douter, pour le plus grand bien et la prospérité de l'agriculture nationale.

» De ces sociétés dépend, en effet, dans une proportion considérable, le progrès et la prospérité des cultivateurs et de l'agriculture en Argentine.

» L'utilité de la fondation des coopératives avait été pressentie depuis quelque temps déjà par de bons esprits. En 1905, feu le sénateur Uriburu présenta aux Chambres un projet de loi sur les « Caisses rurales coopératives ». Ce projet ne fut pas discuté. En 1911, surgit un autre projet dû à l'initiative de M. Lobos, alors Ministre de l'Agriculture. Ce dernier créait une *Banque agricole de la Nation* ayant pour but de surveiller l'organisation et les opérations ultérieures des coopératives, de même que de favoriser par leur intermédiaire, le crédit agricole.

» La Banque agricole de la Nation avait en plus l'avantage de servir à la colonisation et à augmenter la population de l'Argentine, questions de haute importance pour le pays.

» La démission de l'ancien Ministre de l'Agriculture vint différer la discussion par les Chambres, du projet de loi qu'il avait formulé.

» Enfin, en 1912, l'actuel Ministre de l'Agriculture a soumis à la considération de la législature un projet de loi sur les coopératives agricoles. Dans ce nouveau projet de loi, les avances aux sociétés coopératives seront faites par l'intermédiaire d'une section de la Banque de la Nation, système que le projet de M. Lobos ne considérait pas réalisable, en raison des statuts de la Banque de la Nation argentine.

» Depuis quelque temps déjà, la direction de la Statistique agricole et Economie rurale du Ministère de l'Agriculture s'occupe de favoriser la fondation des coopératives agricoles et d'éclairer les cultivateurs sur les avantages que ces associations présentent. Dans ce but, elle a même fondé une section spéciale pour aider à leur établissement. Il paraît que les résultats obtenus, depuis qu'elle fonctionne, encouragent à persévérer dans cette voie; depuis que son action s'est manifestée, plusieurs coopératives agricoles se sont fondées.

» Cette même direction a formulé un projet général de statuts pour les coopératives qui s'établissent d'accord avec les dispositions contenues dans le code de commerce argentin.

» Il n'existe pas encore en Argentine de législation spéciale pour les coopératives agricoles. Celles qui sont établies sont régies d'après les dispositions appliquées aux sociétés anonymes par le Code de commerce, auquel ont été empruntés les principaux articles ayant trait aux statuts et règlements des sociétés coopératives et des sociétés d'assurances mutuelles en Argentine.

» En général, les coopératives fondées en Argentine ont adopté la responsabilité limitée, mais il y en a qui n'ont pas fait la déclaration et dont les statuts ont été approuvés, ce qui prouve que la législation actuelle ne s'oppose en aucune façon à leur constitution et à leur adaptation aux milieux et aux conditions dans lesquelles elles doivent exercer leur action. Les coopératives actuellement existantes se sont constituées pour la plupart d'après la forme de société anonyme.

» Un grand rôle est réservé, en Argentine, aux coopératives agricoles.

» La population rurale, eu égard à l'extension de l'immense territoire de la République Argentine, est très restreinte, les centres de population sont éloignés les uns des autres, les voies de communication sont souvent difficiles et les moyens de transport sont peu nombreux et coûteux. En plus, par le fait que l'agriculteur se trouve isolé, il aime peu les réunions, et partant de là ne tient pas à former des associations, car peu habitué à recevoir l'aide des autres, il a appris à compter surtout et avant tout sur lui-même et sur ses propres forces.

» Mais le jour, où par des exemples et des explications, on lui aura montré l'utilité des coopératives, la force de l'union, cimentée par la mutualité, qu'on lui aura fait comprendre ce qu'il est en droit d'attendre d'elles, et les bienfaits qu'il pourra en retirer, en apportant son contingent à leur formation, il est indéniable que la formation de ces sociétés changera du tout au tout les conditions de son existence actuelle.

» M. Girola est plein de confiance dans l'avenir des coopératives de son pays : « Je tiens à exprimer dès à présent ma ferme conviction, dit-il, que les sociétés coopératives agricoles ne tarderont pas à prendre un grand développement en Argentine, aussitôt que leur organisation aura été bien comprise, que leurs bienfaits moraux et leurs résultats matériels auront été constatés, et que dès lors elles constitueront une force très importante dans les mains des cultivateurs, ainsi qu'un puissant facteur de progrès.

» Si cette initiative prend l'essor qui est à souhaiter et qu'elle atteigne toutes les manifestations de la vie agricole en Argentine, où en quelques années on est arrivé à cultiver plus de 23 millions d'hectares avec une population de moins de 8 millions d'habitants (dont la moitié à peu près dans les campagnes) — où l'on est arrivé à transformer dans l'espace de 30 ans le pays, d'importateur de blé qu'il était, en exportateur, pour des quantités annuelles de 4 millions de tonnes de blé, plus de 5 millions de tonnes de maïs et 1 million de tonnes d'avoine, — où la culture du lin entreprise il y a 30 ans environ donne maintenant plus de 1 million de tonnes de graines à l'exportation, rangeant l'Argentine au premier rang parmi les exportateurs de graines de lin de l'univers, — si les coopératives et les mutualités se développent dans les mêmes proportions, on est en droit d'attendre un progrès considérable, immense. »

M. le comte de Vogüé demande à M. Bernier comment fonctionnent les coopératives d'assurances mutuelles qui distribuent des dividendes. Il semble qu'il y ait là une contradiction.

M. Bernier. — Ce ne sont pas des coopératives proprement dites, mais plutôt des sociétés commerciales.

SIXIÈME QUESTION.

Assurances mutuelles agricoles.

M. le comte de Vogüé résumant son rapport indique qu'il faut distinguer entre les sociétés d'assurances mutuelles ordinaires et celles qui sont vraiment coopératives. Il signale les avantages résultant de la coopération appliquée à l'assurance. Il indique les limites de l'intervention de l'Etat dans la propagation des mutuelles agricoles et leur fonctionnement dans les divers pays.

M. de Vogüé propose la conclusion suivante à la section:

« L'application de la coopération à l'assurance contre tous les risques agricoles se recommande à la fois par les économies qu'elle permet de réaliser et par les effets d'ordre moral qu'elle produit chez les assurés.

» Il est à désirer que l'intervention de l'Etat dans le fonctionnement des sociétés d'assurances mutuelles soit réglée de manière à ne pas leur faire perdre le caractère véritablement coopératif, en qui résident leur force et leur valeur sociale. »

— Cette conclusion est adoptée.

SEPTIÈME QUESTION.

Organisation du commerce des produits agricoles.

M. Albert Henry résume son rapport:

Il indique les moyens de réaliser les desiderata qu'il a exposés.

« Publication de statistiques des prix de gros et de détails pour chaque endroit, afin de connaître exactement les débouchés.

» L'Institut International d'Agriculture le fait partiellement, mais ne peut répondre aux nécessités locales.

» Les pouvoirs locaux doivent donc étudier : 1° Les moyens d'approvisionnement ; 2° Les prix réalisés.

» Les pouvoirs renseignés pourront prendre des mesures, par exemple agir au Département des chemins de fer.

» Il faut souhaiter la suppression d'une partie des petits détaillants par l'accord avec le producteur et, le cas échéant, par intervention directe de l'Etat et des pouvoirs publics. Ceci afin de combattre la spéculation ».

M. Méline. — La question posée par M. Henry est très importante.

En France les marchés à terme sur le blé prennent une extension énorme.

A la Chambre de France il a été présenté une proposition de loi tendant à limiter le temps de spéculation.

Mais la liberté du commerce est nécessaire et l'on ne peut aller trop loin.

L'intermédiaire peut abuser de sa situation.

En matière de blé on pourrait limiter le prix du pain d'après le prix du blé.

On peut faire des coopératives boulangères.

Mais en boucherie? Il n'y pas une coopérative qui ait réussi.

M. Dupont a fondé une coopérative d'abattage et de vente. Cette affaire n'a pas réussi parce que le choix des morceaux est délicat et il faut l'œil du maître.

M. Méline approuve le premier moyen préconisé par M. Henry : publication de statistiques.

Il suggère le moyen employé aux Etats-Unis : la ligue des consommateurs qui luttent contre les producteurs et intermédiaires.

En résumé: pareille question devrait être étudiée par toutes les grandes sociétés d'agriculture qui représentent le producteur aussi bien que le consommateur.

M. Hector Lambrechts dépose les vœux suivants:

« 1. L'organisation normale la plus favorable à tous les intéressés tendra à produire dans une région voisine les aliments usités et à rapprocher l'agent producteur de l'agent distributeur.

» 2. L'hypothèse anormale de l'agglomération de masses considérables d'hommes dans certaines villes exige et justifie l'intervention des pouvoirs publics en vue d'assurer le ravitaillement.

» 3. Cette intervention sera toujours documentaire et accidentellement impérative. Elle a pour corollaire le groupement des agents producteurs et des agents distributeurs.

» 4. L'action documentaire comprendra l'étude permanente : a) de l'état actuel de la production de chacune des denrées essentielles, de l'état actuel de leur consommation dans l'agglomération en question, de l'état actuel des méthodes d'importation; b) des tendances et des éventualités possibles dans chacun des ordres ci-dessus énumérés, notamment des dangers de défaut de la production, de coalition entre les importateurs ou les distributeurs, de suspension dans le fonctionnement du transport (grèves, accidents).

» 5. L'action impérative comprendra : a) la publication officielle des faits propres à éclairer les producteurs et les consommateurs, notamment sur les points énumérés; a) la répression des actes qui seraient de nature à mettre en péril l'approvisionnement en denrées essentielles; c) l'action économique en vue d'amener la cessation des causes de perturbation survenues ou imminentes. »

Il en explique le but et la portée. Les conclusions du rapport peuvent donner lieu à malentendu ; il ne s'agit pas, n'est-ce pas, de prêcher la guerre des classes, et de demander l'aide de l'Etat pour écraser le petit commerce? Les temps sont passés où l'on excitait les bourgeois des villes contre les campagnards, et les agriculteurs contre les citadins.

Il y avait aussi dans ces conclusions une lacune : c'est que seules les situations anormales semblaient appeler le besoin d'une organisation.

Le premier vœu est destiné à combler cette lacune. Il y est dit d'abord que l'idéal organique, c'est la production sur place, c'est-à-dire dans le rayon le plus restreint possible. L'Angleterre est à la merci d'un blocus de 15 jours; l'alimentation en seuls produits de conserve à froid, dépend de l'étranger pour 100 millions de francs par mois! L'Empereur allemand, parlant à la grande semaine agricole, le 8 février dernier, proclama la vérité économique qu'exprime cette première partie du vœu n° 1.

Il y est dit encore que l'idéal organique, c'est le rapprochement du producteur et du distributeur.

Il faut se méfier de l'erreur à laquelle prête l'expression courante de suppression des intermédiaires. « L'agent distributeur n'est pas un intermédiaire, c'est l'aboutissant normal dans toute société basée sur la division du travail. Dire que la coopération des consommateurs, que la régie supprime l'agent distributeur est une erreur manifeste; elle remplace l'agent autonome, libre, par un agent irresponsable, à gages. Le travail de la distribution des produits agricoles est aussi indispensable que celui de leur production. Parfois il arrive qu'un même individu exerce les deux modes de travail : union personnelle, mais non fusion! Pendant qu'il ira au marché vendre des produits, le producteur suspend son travail de producteur. Mettons donc, en tête de ces vœux, l'hypothèse normale, de relations libres entre agents producteurs et distributeurs, soit isolés, soit en groupes professionnels.

Le trouble est apporté dans cette situation logique par les villes tentaculaires, contre lesquelles le Congrès a voté des mesures si sagement décentralisatrices dans ses séances précédentes. Cette hypothèse anormale justifie suffisamment l'intervention des pouvoirs publics sans qu'il faille attendre la crise envisagée par M. Henry. C'est le principe posé dans le vœu n° 2.

Ce qui est exact, c'est que l'appel à l'*imperium* du pouvoir public, à la restriction de la liberté privée, ne doit être qu'un fait extraordinaire, transitoire. L'approvisionnement par l'Etat a été pratiqué par les sociétés antiques, et a conduit à leur perte, Rome et les cités grecques, après les empires orientaux. Là il n'y avait plus de commerce, plus de petites classes moyennes bienfaisantes, pour maintenir la paix entre les riches et les pauvres : l'expérience n'est pas si recommandable pour qu'on la refasse !

Cette considération justifie aussi la seconde partie du vœu n° 3. En effet la force de la collectivité organique qu'on nomme l'Etat ou les pouvoirs publics, est toute hors de proportion avec les individus isolés. Il faut pour établir un certain équilibre, pour mettre de l'harmonie dans cette action, que les pouvoirs ne traitent qu'avec des groupements professionnels, et si possible, par leur canal, avec leur collaboration.

Il ne sera guère besoin de justifier le vœu n° 4 par des considérations différentes de celles du rapport de M. Henry, et au sujet desquelles nous avions, lui et moi, fait des communications à la Société Centrale d'agriculture de Belgique, à l'époque où la crise des prix de 1911 attirait l'attention. Une phrase à souligner est celle qui concerne les méthodes d'importation, c'est-à-dire le commerce de gros dans les villes. Voilà où il faut porter la lumière, et au besoin le fer rouge. Dans la distribution des produits de l'agriculture, il s'est installé des parasites, gens de finance dangereux, qui ont tracé un cercle infranchissable aux producteurs, rançonnant, après avoir opéré la concentration, et sans merci, aussi bien les détaillants que les producteurs.

Nous avons la bonne fortune de posséder parmi nous en ce moment, M. le chevalier de Ertl: il pourra vous raconter des traits édifiants de la lutte de M. Lueger avec le consortium juif, qui avait accaparé l'approvisionnement de la ville de Vienne !

Cependant la statistique ne doit pas être la science abstraite, le musée où les faits viennent s'endormir sous la cloche de verre du conservateur-fonctionnaire. Le Vœu n° 4, appliquant l'adage que gouverner c'est prévoir, demande que la connaissance de la situation actuelle de l'approvisionnement serve immédiatement de base à un travail positif de prévision. Les pouvoirs doivent se poser, en temps normal, cette question : qu'arriverait-il si telle voie d'importation était barrée, par une grève par exemple?

Et après s'être posé la question, lui donner la suite qu'elle comporte de même qu'on se prépare, en temps de paix, à l'éventualité de la guerre.

Telle est la transition normale qui amène le vœu n° 5, dont le litt. a vise l'action éducative, préventive, tandis que les litt. b et c traitent l'action répressive et économique, dont parlait M. Henry. Il entre bien dans l'esprit du vœu n° 5 de voir réprimer avec la même vigueur les menées des alarmistes, qui par les nouvelles tendancieuses ont aggravé la crise de 1911, que les menées des accapareurs intermédiaires.

Si l'organisation syndicale, patiemment élaborée en temps normal, n'a pas réussi à mettre agents producteurs et agents distributeurs en relations assez étroites, assez stables, pour paralyser les fauteurs des crises, qu'alors, armés de toute la force collective, les pouvoirs interviennent, non pour frapper le pauvre diable de détaillant, qui n'est pas en cause, mais pour l'affranchir. Les municipalités allemandes en 1911-12 nous ont donné des exemples très multiples, tous intéressants, et le rapporteur a eu tort de ne retenir que l'approvisionnement en régie. Il faut prévoir les trois hypothèses marquées dans le vœu n° 4. S'agit-il d'un déficit réel dans la production : on peut comme le fit la Municipalité d'Ulm, stimuler par des capitaux une production sur place, dans des conditions anormales sans doute, onéreuses pour la caisse communale, mais justifiées par le danger pressant.

S'agit-il de manœuvre de coalition? Il faut comme Nuremberg, Wilmersdorf, Rheine, Halle, Bamberg, etc., établir un contrôle, concerter les prix de vente et au besoin supplanter les importateurs néfastes, coupables, par l'importation en régie, comme le firent une centaine de municipalités allemandes.

Seulement, et ceci confirme ce que j'ai dit plus haut, de l'indispensabilité de l'agent distributeur, partout les municipalités ont été amenées à user des commerçants de détail, après avoir concerté avec eux la juste indemnisation de leur travail.

S'agit-il d'une interruption dans un mode de transport? Il faudra recourir à des sources différentes, à des voies nouvelles.

Le problème de l'organisation de la vente des produits agricoles est, on le voit, un peu plus compliqué que ne le feraient supposer les propositions du rapporteur officiel de cette section.

M. Albert Henry demande à la section de se prononcer sur les vœux qui forment la conclusion de son rapport; il est loisible à M. Lambrechts de les amender et de les compléter selon ses vues. Il fait remarquer que s'il n'a pas donné à la question toute l'étendue que lui a attribuée le précédent orateur, c'est qu'il a voulu provoquer l'avis du Congrès sur une question d'une actualité incontestable : le droit et même le devoir d'intervention des pouvoirs publics dans l'organisation du commerce des produits agricoles, abandonnée trop fréquemment au hasard. M. Henry constate avec satisfaction que M. Lambrechts admet le principe de cette intervention ; le mode et l'étendue de cette intervention sont précisés dans les conclusions du rapport.

— La première conclusion proposée par M. Henry est adoptée. La voici :

« 1. Il est désirable que les pouvoirs publics publient régulièrement des statistiques détaillées et unifiées de la consommation, des approvisionnements et des prix de gros et de détail ».

La seconde conclusion proposée est la suivante :

« 2. Qu'ils étudient les conditions d'approvisionnement des grands centres en vue de prendre les mesures destinées à faciliter celui-ci; par exemple la création de nouvelles voies de communication ».

— Adopté.

On aborde la discussion du 3e.

« 3. Dans le cas où la comparaison des prix de gros et de détail révélerait un écart trop considérable, les pouvoirs publics locaux devraient provoquer la création de groupements de producteurs en vue soit de combler le déficit de l'approvisionnement soit de provoquer la réduction des prix des intermédiaires.

M. Vander Cruyssen demande de compléter le 3e vœu ou de le commenter de manière à ce qu'il soit bien entendu que l'on ne supprime pas l'intermédiaire.

M. Albert Henry reconnaît la nécessité de l'agent distributeur, de l'intermédiaire entre le producteur et le consommateur. M. Lambrechts a raison de signaler l'action nuisible des accapareurs, mais il a tort d'omettre une importante cause de renchérissement des denrées alimentaires : les bénéfices prélevés par certaines catégories de détaillants qui font payer le service réel qu'ils rendent à un taux absolument exagéré. Cette exploitation est surtout condamnable dans les quartiers habités par les classes les moins fortunées.

La portée du troisième vœu est de faire sortir les statistiques prévues au premier vœu de la cloche de verre du musée où il craint de les voir ensevelir; le jour où l'écart des prix de gros et de détail paraîtra excessif, le devoir de l'autorité sera de provoquer un accroissement d'offre pour combler le déficit éventuel ou pour amener une baisse des prix, si la hausse est due à l'accaparement. Il ne s'agit pas de toucher aux intermédiaires utiles, mais simplement de stimuler la production, par exemple en faisant connaître le débouché ouvert.

M. Méline signale que les mots « provoquer la réduction des prix des intermédiaires » prêtent à des interprétations fâcheuses. Il demande s'il ne vaudrait pas mieux de les supprimer.

M. Albert Henry se rallie à cet amendement, l'augmentation de l'offre devant entraîner par elle-même l'abaissement des prix.

M. Morcrette-Ledieu pense que la municipalité peut intervenir en cas graves dans la taxation des produits agricoles.

M. Guarini. — Le troisième vœu se rapporte aux moyens de transport.

M. Méline déclare que ce vœu a une étendue complètement générale.

— La troisième conclusion est adoptée avec l'amendement de M. Méline.

La quatrième conclusion est ainsi conçue :

« En cas d'échec de ces tentatives, les pouvoirs publics ne devraient pas hésiter à intervenir directement et à prendre provisoirement les mesures nécessaires pour assurer l'approvisionnement en denrées alimentaires. »

— Adopté.

Séance du mercredi 11 juin 1913

Au bureau : M. le baron d'Otreppe de Bouvette, président ; Prince de Lobkowitz, M. Méline, présidents d'honneur ; M. De Caluwe, agronome de l'Etat, à Gand, vice-président ; M. Albert Henry, directeur au Ministère de l'Agriculture, secrétaire ; MM. Armand Speeckaert et Ryziger, ingénieurs agricoles, membres.

Crédit agricole.

M. le baron de Hennet (Autriche). — Pour le crédit, la coopération en vue de l'achat et de la vente et pour l'assurance, la Commission internationale a nommé trois rapporteurs généraux. Ces dernières deux années la Commission a procédé à une enquête sur différentes questions, entre autres sur la coopération et le crédit. Le résultat de cette enquête, comprenant un grand nombre de pays, a été résumé d'une façon magistrale par mon ami Paisant, qui, au surplus, nous donne dans son rapport sur la coopération, présenté à votre Congrès même, des informations très précises sur le crédit mutuel. Ma tâche est donc assez restreinte, d'autant plus que — et je le déplore — les rapports sur le crédit envoyés à votre Congrès sont, en vue de la dite enquête, très peu nombreux. Aucun de ces rapports d'ailleurs ne contient des vœux qui pourraient être soumis à votre approbation. Comme M. Paisant vous propose une série de vœux généraux, concernant la coopération et le crédit, au sujet desquels je suis parfaitement d'accord, je ne trouve aucune nécessité d'en augmenter le nombre. En effet, comme j'aurai encore l'honneur de vous l'expliquer, nous sommes d'un côté sans doute d'accord sur l'utilité du crédit agricole et sur certains principes fondamentaux à l'égard desquels il n'y a pas à revenir. D'autre part, l'organisation dans les différents Etats présente tant de différences, s'adaptant aux conditions et à la mentalité de la population, qu'il serait délicat de pénétrer dans trop de détails. Ainsi, il y a deux ans, au Congrès de Madrid, on a adopté toute une série de conclusions qui n'auraient, avec la meilleure volonté du monde, pas pu être appliquées dans tous les pays. Les Congrès internationaux, me semble-t-il, devraient accepter seulement des vœux sur quelques principes qui sont l'expression de l'opinion des représentants les plus compétents. Il n'en est pas ainsi dans le cas concret. L'autre avantage des Congrès consistant à donner des renseignements et des indications sur la situation dans d'autres pays et sur les expériences recueillies, profitera à tous ceux qui s'y intéressent.

M. J. Nugent Harris, secrétaire de l'A.O.S., nous a envoyé un rapport sur le crédit agricole en Angleterre. La A.O.S., comme les sociétés correspondantes d'Ecosse et d'Irlande, a, ces derniers temps, exercé une grande influence sur le développement de la coopération en général. En Angleterre, le crédit mutuel est moins développé qu'en Irlande. Comme dans d'autres pays d'ailleurs, le crédit rural trouve plus difficilement le terrain propice à son développement à mesure que la situation générale économique est plus prospère. Il n'y a, en Angleterre, que 46 caisses locales de crédit, toutes du type Raiffeisen; leur chiffre d'affaires est très restreint; elles ont été fondées surtout depuis 1906, alors que la A.O.S. a créé une caisse centrale pour leur fournir les fonds destinés à compléter leurs dépôts insuffisants. Il y a plusieurs raisons pour lesquelles le mouvement a été plus lent que dans d'autres pays. D'abord, il existe, depuis longtemps, même dans les plus petites villes, un grand nombre de banques qui pourraient, comme en Suisse, par exemple, suffire au moins à beaucoup de fermiers dignes de crédit. Il est vrai d'ailleurs que la concentration des banques, bien qu'elles aient partout des filiales et des succursales, n'a pas facilité l'accès des agriculteurs au crédit. Les fermiers d'ailleurs cherchent plutôt le crédit dans l'achat de matériel que dans l'emprunt d'argent comptant;

l'usure est d'ailleurs beaucoup plus rare que dans d'autres pays. Il est certain aussi que le développement du crédit mutuel est plus difficile entre fermiers qu'entre agriculteurs-propriétaires. La responsabilité illimitée n'est pas acceptée facilement par les fermiers anglais, entre lesquels il existe plus de différences sociales et économiques qu'entre les paysans d'autres pays. Cependant, pour les petits agriculteurs, la nécessité de se procurer de l'argent à de bonnes conditions se fait sentir de plus en plus. Le gouvernement s'est occupé de cette question d'autant plus que la création de nouvelles petites propriétés, d'après le Small Holdings Act, dont vous avez pu constater les grands succès par des rapports présentés à notre Congrès, a sensiblement augmenté le nombre des petites exploitations. Comme il n'y a pas de doute que le bien-être et la prospérité des Small Holders dépendent en grande partie de la coopération, le Gouvernement a encouragé par des subventions la A.O.S. et a fait aussi des efforts pour mettre des sommes plus importantes à la disposition des caisses rurales. Plusieurs projets de loi soumis à la Chambre n'ont pas été discutés, mais le Ministère de l'Agriculture s'est mis en rapport avec vingt grandes banques qui ont des succursales dans tout le pays ; celles-ci ont déclaré vouloir fournir les sommes nécessaires aux caisses locales offrant certaines garanties et faciliter aussi la création de nouvelles caisses et assurer leur bonne marche par des conseils et la revision de leur comptabilité. Le temps écoulé depuis cet arrangement est trop court pour pouvoir juger de son effet. En tout cas, le rapporteur insiste sur ce point qu'il est très désirable et nécessaire de trouver un système complet qui, d'un côté, facilite l'emprunt aux agriculteurs et, d'autre part, fasse que les sommes épargnées par les agriculteurs, les dépôts, reviennent de nouveau à l'agriculture et ne s'en aillent pas, comme c'est le cas maintenant, par la voie des grandes banques, à des entreprises qui n'ont aucune relation avec l'agriculture.

Je suis très heureux de signaler que deux rapports des plus intéressants envoyés au Congrès proviennent de la monarchie austro-hongroise. M. le baron de Koranyi, directeur de la caisse coopérative centrale de Hongrie, nous explique d'abord le développement du crédit foncier, pour lequel a été créée d'abord une banque dont le bénéfice revient aux membres ; une première banque a été fondée pour les grands propriétaires, plus tard une autre pour les propriétaires de la petite et de la moyenne culture. Malgré les grands succès obtenus par ces institutions, des sommes beaucoup plus fortes ont été prêtées, sous forme de crédit hypothécaire, par des banques par actions. En ce qui concerne le crédit personnel et mutuel, nous sommes heureux d'entendre que cette forme de crédit a pu prendre un développement et un essor aussi grands, par suite des délibérations prises au Congrès international réuni à Budapest en 1895. On aurait ainsi la preuve — soit dit en passant — de l'utilité de ces manifestations internationales; nous y croyons, quant à nous, fermement Notre présence et notre collaboration à ce Congrès en sont une attestation formelle. Les idées des mutualistes qui assistaient au Congrès de Budapest, ont été acceptées avec joie dans les sphères agricoles de Hongrie et ont été alors appliquées avec énergie. Un grand nombre de caisses locales ont été créées et se sont groupées plus tard en fédérations. Pourtant, divers inconvénients se sont produits à la suite : les caisses manquaient de capital et souvent de confiance. Le besoin d'une réglementation législative s'est fait sentir de plus en plus et a amené le vote de la loi de 1898, qui est le code fondamental de l'organisation présente. Mais cette loi n'a pas seulement statué le dégrèvement d'impôts et de taxes en faveur des caisses remplissant les conditions légales, elle a aussi institué la caisse coopérative centrale. Celle-ci s'occupe de la revision de la comptabilité des caisses et leur fournit aussi les capitaux nécessaires pour leur fonctionnement. Ces capitaux proviennent des parts des fondateurs, parmi lesquels l'Etat figure avec une somme considérable. La caisse centrale constitue aussi l'intermédiaire entre les caisses et les grandes banques, en première ligne la banque austro-hongroise, qui font le réescompte; enfin, elle peut émettre des obligations. La création de la caisse centrale a eu un effet inespéré : en 1912, après 14 ans d'existence, 2,412 caisses comprenant 665,300 membres profitaient des bénéfices assurés par l'institution. Dans cette même année, la caisse centrale a mis plus de 100 millions à la disposition de ses membres; 172 millions provenaient des propres ressources des caisses locales, qui possédaient un capital social de 63 millions, et accusaient pour 119 millions de dépôts et pour 11 millions de réserves. Le succès s'affirme aussi par le fait qu'aucune des caisses n'a fait faillite et n'a eu recours à la responsabilité de ses membres.

Cette organisation a trouvé dans ces derniers temps un vaste champ d'action dans la politique foncière. Nous insistons sur ce fait, qui est de toute importance. Fait heureux pour le développement économique du pays, le désir d'acquérir de petites propriétés se manifeste d'une manière très marquée. Une grande partie de la superficie totale, consistant en majorats, en propriétés paroissiales, de couvents ou de fondations, ne pouvant être vendue, la conséquence en est que lorsqu'une grande propriété est à vendre, la concurrence pour l'achat est très grande. Des banques, comme aussi des spéculateurs privés, ont gagné de fortes sommes en achetant la propriété entière et en la revendant plus tard morcelée à des prix très élevés. De cette façon, les petits agriculteurs payaient beaucoup trop cher l'exploitation acquise et étaient dès le début assujettis à des dettes sous des conditions très défavorables. L'organisation du crédit a été utilisée pour remédier à cet état de choses; la caisse locale en rapport avec la caisse centrale peut donner un crédit à l'acquéreur jusqu'à 75 p. c. de la valeur. Une somme égale à la moitié de la valeur est alors cédée à une banque foncière et le reste de l'emprunt à la caisse centrale qui, en vue de ce crédit hypothécaire et en même temps personnel, peut émettre des obligations. Basé sur ces mesures qui datent de 1905, on a fait plus de 66 millions de prêts amortissables à 12,700 agriculteurs qui ont acquis environ 70,000 hectares. En 1911, une nouvelle instiution privilégiée a été créée pour acquérir de grandes propriétés et pour les morceler, non seulement en petites exploitations, mais aussi en propriétés de grandeur moyenne; elle sert aussi d'intermédiaire dans le fermage de propriétés de main-morte, l'acquisition de pâturages en commun et d'habitations pour les ouvriers agricoles. Dans ce domaine aussi, l'appui de la caisse centrale est assurée dans une large mesure.

Malgré ces succès indubitables, l'œuvre n'est pas parfaite; ce sont surtout les propriétaires moyens qui se plaignent du fait que, pour eux, l'emprunt des sommes nécessaires en vue d'une exploitation plus intensive est plus difficile et plus onéreux que pour les petits cultivateurs. Cette question est à l'ordre du jour et un congrès récemment réuni s'est montré favorable à un système pareil à celui appliqué en France où, par l'intermédiaire de l'Etat, les fonds si considérables dont dispose la Banque de France, sont mis à la disposition des agriculteurs. Pourtant le rapporteur nous dit que ce projet n'est pas réalisable pour la Hongrie et qu'il faut chercher une autre voie.

C'est certainement en Autriche que les caisses de crédit, presque toutes du type Raiffeisen, ont pris le plus grand développement. Il y a 25 ans, le crédit mutuel n'était pas connu et l'usure dans les campagnes était si intolérable que dans certaines régions de l'Est et du Sud, les agriculteurs ont dû payer pour leurs emprunts des intérêts de 12 à 20 p. c. Vers 1890, on commençait à créer des caisses de crédit en Basse-Autriche et en Bohême et pour anticiper, je vais vous montrer tout de suite, par quelques chiffres, la situation actuelle. Il y a, en 1913, plus de 8,000 caisses de crédit. En 1910, dont on connaît les chiffres exacts, pour 7,200 caisses qui existaient alors, les crédits ont atteint le chiffre de 585 millions, les dépôts 762 millions tandis que le chiffre total d'affaires était de 1,727 millions. Ces caisses comprenaient 944,526 membres, dont plus de la moitié se trouvent en Bohême et en Galicie. Aujourd'hui sans doute, le nombre de membres a dépassé le million et le chiffre d'affaires deux milliards, bientôt le réseau des caisses sur tout le territoire sera complet. Mais ce qu'il y a de plus remarquable dans ce développement, c'est que toutes les sommes mises à la disposition des agriculteurs proviennent exclusivement de l'agriculture même, c'est-à-dire des épargnes faites dans les bonnes années. Ainsi les fruits du travail agricole reviennent de nouveau à l'agriculture et la fructifient. Il est vrai d'ajouter que, tandis que les prêts ne peuvent être consentis qu'aux membres, les dépôts proviennent de toute la population; mais, dirons-nous, les artisans et les petits commerçants ruraux, qui placent leurs dépôts et leurs épargnes dans les caisses Raiffeisen, ne sont-ils pas intimement liés au sort des agriculteurs? C'est un mérite spécial des caisses, qu'elle babituent les ouvriers et les enfants à l'économie, en leur offrant des avantages particuliers. Ainsi, ce n'est pas seulement le petit propriétaire, mais aussi le valet de ferme et la servante qui placent leurs épargnes à la caisse rurale, argent qu'ils tenaient auparavant caché dans un bas. Un exemple : dans la partie allemande de la Bohême, sur 130,000 dépôts, plus de 50,000, ou un tiers, provenaient d'ouvriers, de domestiques et d'enfants. L'influence féconde des caisses de crédit sur la vie rurale est encore beaucoup plus grande. C'est par elles qu'un lien plus étroit se forme entre les grands et les petits cultivateurs, le curé et le maître d'école prennent part à l'administration de la caisse. Celle-ci s'occupe de l'achat en commun, contribue au perfectionnement de la culture, devient la base des autres formes de la coopération et le centre des intérêts agricoles ; elle permet à la commune d'entreprendre différents travaux d'intérêt public, s'occupe de la conversion des hypothèques à taux élevés, fonctionnant comme intermédiaire entre les banques hypothécaires officielles et les intéressés ; enfin, elle intervient contre le morcellement des propriétés et la spéculation.

L'importance individuelle des caisses est très différente : ainsi il y en a qui comptent moins de 100 membres, d'autres qui en ont plus de 1,000 ; les parts sont en moyenne de 15 à 20 K. ; les fonds de réserve dépendent surtout de l'ancienneté de la caisse ; ils dépassent en moyenne 2,000 couronnes, soit 16 K. par membre ; leur bénéfice net est de 393 K. par caisse ou de 3 K. par membre ; les frais d'administration sont très minimes, ils sont d'environ 3.40 K. par membre. Bien que ces caisses, en principe, n'accordent des crédits à courts termes et pour des affaires spéciales agricoles que contre signature et caution, les prêts hypothécaires augmentent de plus en plus ces dernières années. La situation du marché a pour conséquence que les banques hypothécaires officielles qui donnent des prêts contre lettres de gage, sont obligées de restreindre leurs prêts. Ainsi les caisses de crédit se sentent portées à appliquer cette sorte de crédit de plus en plus.

Les caisses de crédit Raiffeisen sont basées sur la loi de 1873, qui prochainement sera remplacée par une autre. Les coopératives de production et de vente, comme aussi d'autres caisses, du système Schultze-Delitzsch, sont créées d'après cette loi. Cette dernière catégorie de caisses de crédit est plus fréquente dans les villes, mais on peut dire que 500 environ sont plutôt de caractère rural.

Partout les caisses de crédit sont groupées en caisses centrales, le plus souvent avec les coopératives de production et de vente. Cependant, dans quelques pays de la Couronne, il y a des unions spéciales pour chacune des deux branches. Les unions sont formées surtout d'après la nationalité des membres, ainsi que dans les pays tels que la Bohême, la Moravie, le Tyrol, habités par deux nationalités, il y a deux unions, dans lesquelles d'ailleurs aucune rivalité nuisible ne se fait sentir et qui travaillent dans la paix et dans l'accord parfait.

L'Union la plus importante est celle des coopératives tchèques de Bohême, qui compte plus de 2,000 membres et accuse 28 millions de dépôts et 24 millions de prêts et un chiffre d'affaires de 318 millions. La tâche de ces unions est très multiple : d'abord la défense des intérêts de ses membres en général, l'appui dans les questions commerciales et judiciaires, l'intervention dans la création de nouvelles caisses, l'organisation de cours et de conférences pour les administrateurs et les secrétaires des caisses, l'achat en commun pour ses membres. Le revision de la comptabilité des caisses affiliées par les unions, fondée sur la loi de 1903, est obligatoire, elle donne aussi l'occasion aux unions d'exercer une influence sur les caisses. En tout cas, la tâche la plus importante consiste dans l'attribution aux caisses locales, des sommes nécessaires et la mise en dépôt des sommes dont les caisses locales n'ont pas besoin pour le moment. Chaque union est autonome concernant la somme qu'elle met à la disposition des caisses, en général on fixe une somme de 250 à 600 K. par membre de la caisse locale. C'est un devoir aussi délicat que difficile des unions de placer les sommes disponibles pour le moment. Les unions se sont groupés presque toutes dans l'Union Générale.

Déjà, les chiffres mentionnés ci-dessus montrent que la somme des dépôts est essentiellement plus grande que celle des prêts. En effet, surtout dans les contrées plus riches, en Basse-Autriche, en Bohême et en Moravie, on utilise ces caisses comme des caisses d'épargne, tandis que dans les régions plus pauvres de l'Est et du Sud, les prêts sont plus élevés que les dépôts. C'est aussi dans ces contrées, où les unions sont forcées de recourir aux financiers, que le taux d'intérêt est maintenant très onéreux pour les emprunteurs, tandis que dans les unions plus riches, le chiffre très élevé des dépôts a pour conséquence que le relèvement du taux d'intérêt est relativement peu sensible et qu'ainsi précisément dans la présente époque où l'argent est si cher, les agriculteurs tirent le plus grand profit de leur organisation.

Le fait qu'une grande partie des unions est forcée de placer les disponibilités dans des instituts financiers et qu'ainsi les sommes provenant de l'agriculture ne sont pas exclusivement employées pour elle et que d'autres unions sont obligées de recourir aussi aux prêts des grandes banques, a conduit à un projet de loi, soumis au Parlement, d'après lequel une caisse centrale pour tout l'Empire, qui serait le dernier degré et le couronnement de l'organisation, doit être créée. Elle pourrait non seulement repartir les sommes en vue de la nécessité différente des contrées et ainsi rendre de grands services par un meilleur emploi à toute l'agriculture, mais aussi réaliser plus facilement un accès favorable et des conditions bien meilleures au marché financier en général.

Conclusions :

Nous trouvons vraiment partout un essor très réjouissant du crédit mutuel. C'est surtout pour les cultivateurs, petits et moyens, qu'il présente la plus grande importance. Certainement, il y a aussi des pays dont l'agriculture ainsi que d'autres branches de la coopération sont très développées, par exemple le Danemark et la Suisse. Partout où un grand réseau de petites et de grandes banques existe, et où l'usure n'est pas si fréquente, il est toujours plus difficile pour le crédit de se propager. Pourtant, on trouve qu'avec la création des caisses de crédit on fait provoquer des besoins très légitimes de la part de la catégorie la plus intéressante d'agriculteurs, c'est-à-dire de ceux dont les banques ne s'occupent pas. La caisse locale est à la portée de tous, son utilité est incontestable et sa création a d'autres conséquences heureuses, matérielles par l'achat en commun et morales par le lien nouveau qu'elle crée entre toutes les classes rurales. Quels avantages n'y a-t-il pas, si toutes les sommes que les agriculteurs peuvent donner en dépôts, reviennent à l'agriculture, servent de nouveau au développement et à l'intensité de la production et ne s'en vont pas dans des affaires aléatoires et de chance incertaine. Chaque pays a des vœux spéciaux. Nous avons vu qu'en Autriche on cherche la création d'une caisse centrale; que, dans d'autres pays, des questions encore plus élémentaires n'ont pas encore trouvé leur solution. Dans ceux-ci, l'appui de l'Etat est un facteur important dans toute l'organisation, on peut même dire que le crédit est basé en grande partie sur les avances de l'Etat; dans d'autres fonds, assez remarquables en diverses caisses centrales, sans qu'on pourrait dire que c'est la source principale des sommes nécessaires; dans une troisième catégorie de pays, l'influence de l'Etat se borne au contrôle et à quelques subventions en faveur de l'administration des unions.

Faut-il vous proposer quelques résolutions? J'ai hésité à le faire. Aucun rapport parvenu au Congrès n'a désiré un vœu qui pourrait être discuté par une assemblée internationale. Il serait superflu de vouloir émettre le désir que des progrès plus accentués soient encore acquis, chacun sait que nous sommes tous d'accord sur ce point et que nous estimons tous la grande utilité du crédit mutuel agricole. J'étais tenté pourtant de proposer un vœu en faveur de la responsabilité illimitée, car en effet, partout où celle-ci existe, le développement a encore été plus brillant. Toutefois, il est préférable de ne pas vous le soumettre. Le point le plus important que je vois dans l'étude du crédit d'un grand nombre de pays, est, qu'on tâche de plus en plus d'encourager les agriculteurs de faire des dépôts et d'utiliser ces dépôts pour l'essor de l'agriculture, pour que les épargnes rurales fécondent le travail agricole. C'est dans cet ordre d'idées qu'on est, en beaucoup de pays, en train de créer des caisses centrales de crédit, qui donnent un centre plus influent à toute organisation et auront une influence incomparablement plus grande sur le marché financier.

M. Hector Lambrechts. — Les rapports qui nous ont été distribués ne contenant pas de conclusions, j'ai déposé la série de propositions que voici:

« 1. L'agriculture en général et principalement les classes moyennes agricoles ont un besoin pressant d'une organisation de crédit approprié.

» 2. L'observation des faits et l'expérience de diverses organitions permettent de dégager, dans les adaptations aux conditions de chaque pays, certains principes directeurs qui peuvent être qualifiés d'essentiels:

» A. Le petit crédit doit être organique : comprendre une multiplicité d'établissements distributeurs, un nombre suffisant d'organes de contrôle, un établissement de crédit central.

» B. Cette organisation doit être autonome, c'est-à-dire pouvoir vivre dans l'indépendance financière, d'une part des gouvernements et des partis politiques, d'autre part de l'organisation du grand crédit.

» C. Cette organisation doit fonctionner en vue de l'accomplissement d'un but social et avec l'aide des pouvoirs publics. »

Comme je suis adversaire en principe du vote de vœux, qui n'ont ni portée, ni sanction, je suis plus à l'aise que l'honorable rapporteur M. de Hennet pour défendre mes propositions dans leur intégralité. Je considère que l'échange des arguments et des expériences est la partie la plus intéressante d'une réunion internationale.

La proposition n° 1 établit le principe de la spécialisation: il faut une organisation de crédit capable de rendre à l'agriculture les services financiers sous la forme et dans les modalités qui lui conviennent. L'outil doit être adopté au travail qu'on en attend.

La proposition a pour but de poser ce principe général, non pas d'apprécier si, en fait, il est n'est pas réalisé dans les pays qui sont représentés ici.

La proposition n° 2 contient l'affirmation que, comme conséquence de la loi précédente, on sera justifié de donner à l'adaptation des expressions variées, répondant à des situations locales différentes.

Mais de même que, à travers la diversité des mœurs et des langues, la nature humaine conserve certains traits essentiels communs, ainsi, à cause de la similitude des tendances économiques et des éléments techniques, l'expérience de 50 années a dégagé des conditions de succès qui se retrouvent partout et peuvent être considérés comme la base d'une organisation rationnelle.

La démonstration sera aisée à faire par chacun de vous. Si vous trouvez quelque lacune dans les services rendus par une organisation déterminée, voyez si elle répond à tous égards aux trois lois que je vais exposer, et supputez ce qu'il en adviendrait si elle était complétée sous l'un ou l'autre aspect.

La première nécessité établie par l'expérience, c'est que l'organisation du petit crédit a besoin d'une série d'institutions coordonnées, en vue de l'accomplissement des trois actes essentiels : la distribution, le contrôle, la compensation.

Les petites caisses locales répondront le mieux au travail de la distribution du crédit, les fédérations s'occupent en ordre principal du contrôle, l'établissement central fera de la compensation l'objet de son action ordinaire.

S'il est un point sur lequel l'expérience de Raiffeisen et celle de Schulze Delitsch concordent, c'est bien sur la nécessité de l'accomplissement simultané, coordonné, de certaines fonctions.

Puisqu'aucun rapporteur belge n'a informé le Congrès de la situation en Belgique, laissez-moi vous dire que le petit crédit rural chez nous pèche à tous égards contre cette loi organique.

Au bout de 30 années de propagande, il n'existe que 738 Caisses Raffcisen pour 2,623 communes ; de ce nombre, 363 sont affiliées à la Caisse fédérale du *Boerenbond* de Louvain. Encore le rapport de cette fédération (25 mars 1913, p. 4) n'ose pas affirmer que « toutes fonctionnent bien réellement ».

Ceci vous apprend en outre que le contrôle, dépourvu d'ailleurs de toute sanction, ne fonctionne que médiocrement. Enfin, comme le projet de loi soumis au Parlement par MM. Dallemagne et consorts n'est pas encore voté, nous n'avons pas de Caisse centrale où l'Etat affranchirait le petit crédit rural et urbain de la domination de la Finance, en même temps qu'il organiserait le service de compensation et de virements. Comme une conséquence réflexe, nous souffrons du même mal que déplore, pour l'Angleterre, le rapporteur M. Harris (p. 4) : chez nous aussi la Caisse d'Epargne postale anémie les campagnes pour concentrer l'argent à Bruxelles et le refouler dans la finance internationale.

L'autonomie est un autre élément qu'on peut qualifier d'essentiel. Elle se justifie à priori, parce qu'il est irrationnel que les causes qui influent sur la présence et le coût des disponibilités-espèces dans le commerce, l'industrie et la Banque, dominent encore la production agricole. Elle se justifie encore par le caractère social du petit crédit coopératif, lequel est en opposition avec l'esprit de lucre des autres institutions. Il n'est pas nécessaire d'insister sur les inconvénients que ferait courir la dépendance des gouvernements ou des partis.

MM. les délégués français qui sont ici pourraient nous dire si les reproches de partialité faits à leur système d'intervention gouvernementale tel qu'il résulte des nombreuses lois depuis 1899, sont fondés.

Toujours est-il que les 100 millions mis par l'Etat à la disposition du petit crédit agricole tendent singulièrement à l'affranchir du grand crédit bancaire. Je constate aussi que le projet du gouvernement français, en étendant cette intervention au petit commerce urbain, prévoit la création d'une caisse centrale presque autonome.

C'est ici l'endroit de souligner les passages de votre rapporteur, M. le baron Vroanzi, (p. 627) constatant que la loi hongroise de 1898 organique du petit crédit et constitutive d'une caisse centrale autonome a ouvert « une ère nouvelle pour le petit crédit, que son succès a dépassé toute attente ».

J'en viens alors à notre troisième loi. L'expérience de tous les pays confirme que toutes les fois que les institutions de crédit coopératif ont perdu de vue le but social de leur institution, et se sont laissé tenter par l'appât du lucre, elles ont cessé de rendre les services qu'on en attendait et souvent à leur plus grand détriment. Cependant la tentation est forte et, sans l'intervention énergique des fédérations, stimulées par les Pouvoirs publics, la chute est fatale. L'aide des Pouvoirs publics doit être à la fois éducative, pour que les preneurs comme les donneurs de crédit restent dans les limites sociales, pour que le réseau des institutions soit complété par une propagande, onéreuse et fastidieuse aux particuliers. Elle doit être tutélaire, parce que seuls les Pouvoirs publics peuvent se laisser mouvoir par l'intérêt général, elle doit nommer des contrôleurs dégagés de tout esprit de clan et de tout intérêt, poursuivre l'œuvre à travers le temps et les vicissitudes d'enthousiasme ou de découragement. L'intervention doit être encore financière, parce que seuls les Pouvoirs publics ont une richesse soustraite aux fluctuations du marché de l'argent, et que la sanction résultant de cette forme d'intervention est la plus puissante qui soit, pour toutes les autres prescriptions organiques.

Le rapporteur à la Chambre belge, M. Francotte, ancien ministre de l'Industrie et du Travail, a pu résumer en ces termes sa documentation comparée : « L'état de développement, de sécurité et de généralisation du petit crédit correspond à la modalité d'intervention des Pouvoirs publics. »

M. le conseiller de Schullern (Autriche). — En vous priant d'excuser mon français extrêmement mauvais, je prends la liberté de revenir sur une observation de M. le baron de Hennet concernant mon rapport présenté au Congrès et publié par erreur sous le nom de la Société d'Agriculture de la Basse-Autriche.

J'ai exposé, dans ce rapport, que la question du crédit agricole a pris aujourd'hui aussi un caractère international dans le sens que les capitaux s'internationalisent toujours de plus en plus.

Les épargnes des paysans aussi sont de plus en plus absorbées par les banques, qui les attirent au moyen de leurs livrets d'épargne.

Il faudrait le plus possible les conserver aux pays d'origine et à l'agriculture.

Pour cela il faudrait restreindre le droit des banques d'émettre de ces livrets, sans empêcher qu'il en existe. En Autriche, les statuts des banques les plus récemment créées, ont presque toujours fixé un rapport entre le maximum des livrets émis et le capital en actions, mais cette mesure ne suffit pas ; il faudrait la rendre plus effective et pour cela des accords internationaux sont nécessaires, les grandes banques ayant presque toutes un caractère international. C'est la raison pour laquelle je prie le Congrès de s'intéresser à cette question si importante pour l'agriculture.

M. Ryziger (Belgique) voudrait que l'on fasse une distinction entre les pays possédant une caisse d'épargne et ceux n'en possédant pas, parce que les agriculteurs devraient avoir un plus grand capital d'exploitation, se servir au mieux des assurances et déposer moins dans les caisses de crédit. Il émet un vœu en ce sens.

Amendement au vœu B de M. Lambrechts.

M. le comte de Vogüé (France). — Nous nous trouvons en présence de deux propositions contradictoires. D'une part, M. Lambrechts condamne l'intervention de l'Etat dans le crédit mutuel, en s'appuyant sur des critiques qu'il adresse au fonctionnement du crédit agricole en France. D'autre part, M. Ryziger estime qu'il n'est pas désirable que les caisses de crédit recherchent l'épargne locale quand elles sont alimentées par l'argent de l'Etat. Il me semble que, comme toujours, la vérité est au milieu.

Il n'est venu à l'idée de personne, en France, que l'organisation actuelle du crédit agricole puisse être considérée comme définitive. L'Etat fait aux caisses régionales des avances remboursables; il donne ainsi l'impulsion au crédit agricole, mais son intervention n'est que transitoire.

C'est pour cette raison même que je m'élève contre la proposition de M. Ryziger. De toutes les discussions qui ont eu lieu à ce Congrès se dégagent nettement les mérites de la coopération : c'est à son développement que nous devons travailler, pour le plus grand bien des agriculteurs. Si nous pouvons admettre comme très légitime l'intervention de l'Etat, c'est seulement à titre d'encouragement initial, qui doit cesser quand l'initiative privée a acquis assez de forces pour se diriger seule.

Je me permettrai de faire observer que le système français, critiqué par M. Lambrechts, a pourtant mieux ce caractère que celui qu'il préconise, d'une caisse centrale dont une partie du capital est fournie par l'Etat.

Je demande instamment au Congrès de rejeter les deux amendements contradictoires qui lui sont soumis, et de s'en tenir aux conclusions très sages du rapporteur.

M. le baron de Hennet (Autriche) pense que l'organisation du crédit doit être autonome.

Sir J. Wilson (Angleterre). — It may interest the Conference to hear something of the Cooperative Credit movement in India, where it is at the present moment making greater progress than perhaps in any other country in the world.

India is a continent of peasant proprietors, of whom there are probably a larger number in India than in the whole of Europe, if Russia be excluded. Until recently those peasants depended for the loans of capital necessary for their agricultural operations almost entirely upon the village money-lender and had to pay on such loans interest at a rate averaging about 20 per cent per annum, but often much higher.

In 1904 the Government of India, after studying the working of the systems of Cooperative Credit in various countries, passed an Act for the encouragement of such societies in India and appointed an officer in each province to foster their formation with the result that last year, after eight years of propaganda, there were at work in India altogether 8,000 cooperative credit societies with 400,000 members, almost all of whom were small peasants. The amount issued in loans to members during the previous year was over £1,000,000, which means much more in India, where the average daily wage of an unskilled agricultural labourer is about 3d., than it does in Europe. The rate of interest charged by the societies on loans to their members averaged for the whole of India approximately 12 per cent, which, though it sounds high to a European ear, is only about half what the borrowers previously had to pay to the money-lender. These societies have been able to secure the capital they required at an average of about 7 per cent per annum, so that they have a margin of profit of nearly 5 per cent, out of which they are rapidly building up large reserve funds, now amounting altogether to £140,000; and many of the most successful societies are now in a position to reduce the rate of interest charged to their members on loans.

The movement has rapidly spread and promises to revolutionise village economy throughout the country by increasing the welfare and raising the intellectual and moral standard of the masses of the people. It seems quite possible that within the next twenty years there may be something like 50,000 credit societies in India, and there is good reason to think that we have, by following the example of Europe, introduced into India a movement which will confer untold benefits on the millions of its agricultural population.

M. Mocrette-Ledieu (France) déclare qu'en France il faut d'abord avoir un certain capital fourni par la coopération agricole, pour que l'Etat avance gratuitement de l'argent aux sociétés de crédit ; cette gratuité permet de prêter de l'argent à la culture, à un taux peu élevé, et de faire des réserves de sorte que le jour où l'Etat retirerait sa mise, ces sociétés pourraient voler de leurs propres actes.

M. Ryziger expose qu'il existe en Belgique un organisme indépendant et voudrait que l'on ne confonde pas l'épargne avec le crédit ; il désire que les caisses centrales s'en inspirent dans leur action administrative.

M. le baron d'Otreppe explique qu'il faut l'épargne des agriculteurs, parce que la caisse d'épargne ne prête que 300 francs par membre. Il faudrait que la caisse ne cherche pas à obtenir des dépôts inutiles.

M. le comte de Vogüé expose qu'en France les quarante millions que prête l'Etat français ne suffisent pas ; il faut les dépôts des cultivateurs pour pouvoir agir.

M. Lambrechts défend ses vœux et préfère que l'Etat prête de l'argent au crédit agricole plutôt qu'à la caisse d'épargne.

M. von Ertl (Autriche). — Il faut que les dépôts continuent à subsister, parce qu'il faut l'appui de l'Etat, mais cela ne suffit pas, le crédit agricole doit exister par les dépôts des agriculteurs. L'argent de l'agriculture sera déposé dans des caisses Raiffeisen et retournera à des prêts agricoles. Il faut trouver un moyen financier le moins onéreux, mais pas des banquiers qui ne connaissent pas les nécessités de l'agriculture.

M. Aguet (Italie) déclare que les caisses d'épargne et le crédit agricole doivent se développer sans demander un capital à l'Etat, c'est-à-dire par la coopération. A propos de la formule mise en avant par l'assemblée : « L'argent des agriculteurs à l'agriculture », il fait observer que les caisses d'épargne devant en tout temps être en mesure de faire face aux demandes des déposants, ne doivent employer qu'une partie de leurs dépôts en prêts agricoles, opérations toujours de longue durée. Il faut pour une partie des dépôts acheter des fonds publics, de réalisation facile en cas de besoin.

M. Boué (France) croit devoir défendre l'organisation du crédit en France contre les critiques qui ont été proférées notamment par M. Lambrechts, mais M. de Vogüé l'a déjà fait en excellents termes. Comme lui, il pense que l'appui de l'Etat ne doit pas être éternel.

» En attendant, nous pouvons avoir la plus entière confiance dans la Commission de répartition, en raison de la grande notoriété des hommes qui la constituent.

» Dans un avenir plus ou moins lointain, nous nous passerons des fonds de l'Etat. **Mais nous devons** préparer la situation par la formation d'un capital provenant des réserves et des apports de fonds.

» Pourquoi, sur ce dernier point, ne pas faire comme le veut M. le baron de Hennet, un appel pressant aux économies réalisées par les Agriculteurs.

» Vaut-il mieux les laisser tenter par la spéculation et leur permettre d'engager leurs fonds dans des mines imaginaires ouvertes dans des montagnes plus imaginaires encore.

» Non, c'est à l'agriculture que doivent rester le plus possible les bénéfices nets des opérations agricoles, ce qui ne nous empêchera point de recevoir également les dépôts que le commerce ou l'industrie voudront également nous confier.

» Aussi je demande que le vœu présenté soit voté sans aucune réserve. »

M. de Boham (France) explique que les caisses de crédit sont des œuvres sociales agricoles.

M. de Georgy (Hongrie). — Pendant la crise de la guerre des Balkans, aucune société n'a péri, grâce à l'aide de l'Etat. De plus, il faut l'inspection de l'Etat pour aider les cultivateurs peu instruits.

M. de Georgy voudrait que l'on supprimât les paragraphes B et C du deuxième vœu, si on ne peut se mettre d'accord.

M. Louis Tardy (France) explique que le gouvernement français n'est pas opposé aux divers systèmes de crédit.

M. de Vogüé explique que l'intervention de l'Etat ne s'exerce que sous forme d'avances et non de prêts.

M. Rieul Paisant (France) voudrait que l'intervention de l'Etat soit limitée et donne des explications concernant le premier vœu amendé par l'orateur et M. de Hennet.

L'assemblée adopte ce vœu, ainsi que le premier vœu de M. Lambrechts.

Voici le texte :

« L'agriculture en général et principalement les classes moyennes agricoles ont un besoin pressant d'une organisation de crédit approprié.

» Le crédit agricole est assuré dans les meilleures conditions par de petites caisses mutuelles à circonscription restreinte, fortement groupées et contrôlées.

» Il est à recommander aux agriculteurs de déposer leurs fonds dans les caisses de crédit agricole, l'épargne des agriculteurs devant servir en première ligne à féconder le travail de la terre. »

M. le baron d'Otroppe, en terminant, remercie les rapporteurs et le vénérable président d'honneur, M. Jules Méline, et exprime le désir de se réunir encore dans quelque temps.

La séance est levée.

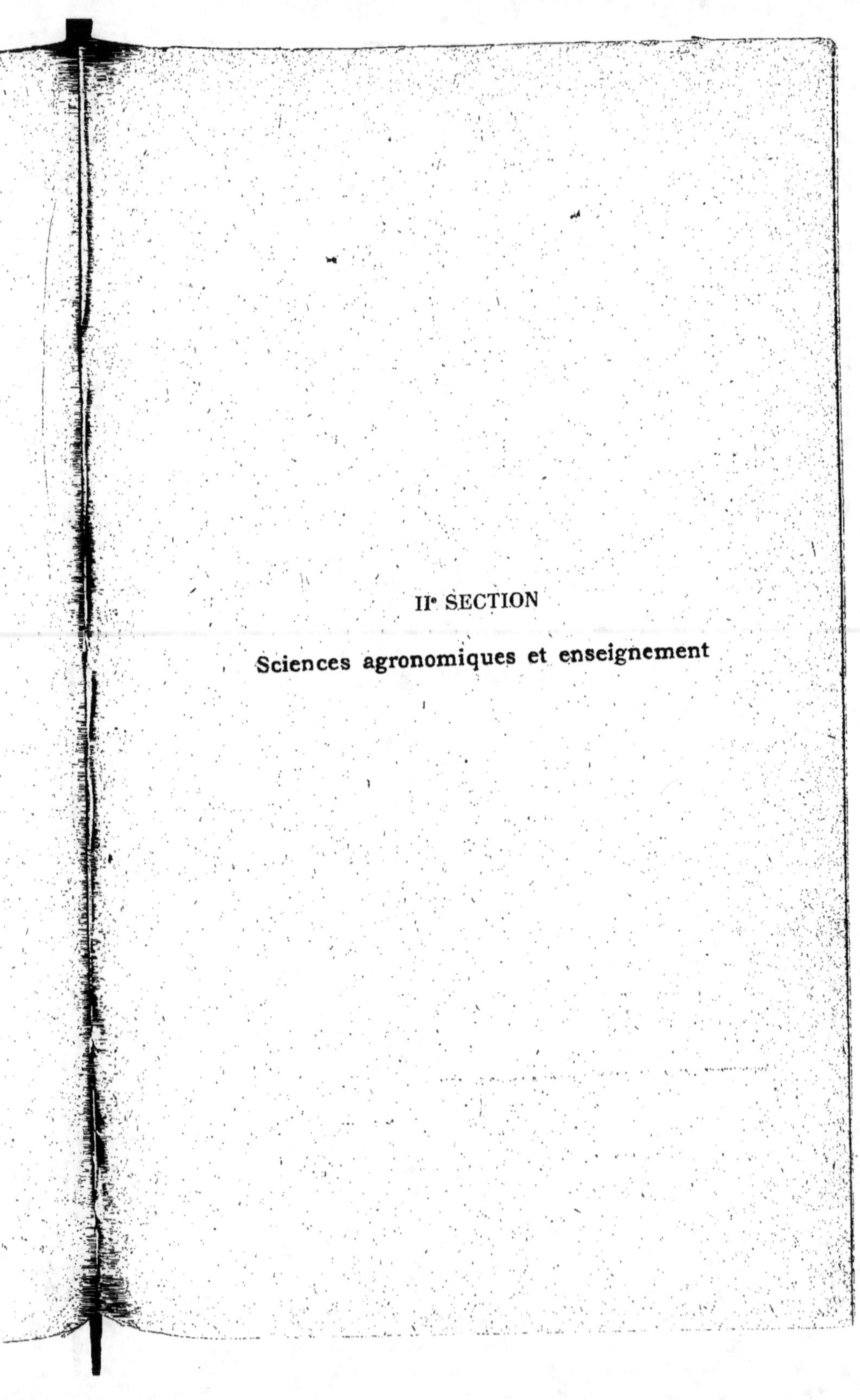

IIᵉ SECTION

Sciences agronomiques et enseignement

COMITE ORGANISATEUR DE LA SECTION.

Président :

M.

Proost, A., directeur général de l'agriculture, à Céroux-Mousty.

Vice-Présidents :

MM.

De Wildeman, directeur du Jardin botanique de l'Etat, à Bruxelles;

Everard, secrétaire du Conseil supérieur de l'agriculture, à Jemelle;

Marcas, professeur à l'Institut agricole de l'Etat, à Gembloux;

Theunis, professeur à l'Université de Louvain.

Secrétaires :

MM.

L'abbé Commeyne, ingénieur agricole, à Thielt;

Toussaint, chimiste au Laboratoire d'analyses de l'Etat, à Liége;

Warnants, agronome de l'Etat, à Louvain.

Membres :

MM.

de Molinari, directeur du Laboratoire d'analyses de l'Etat, à Liége;

Gesché, chef de division au Ministère de l'Agriculture et des Travaux Publics, à Bruxelles;

Grégoire, directeur de l'Institut de chimie et de physique agricoles, à Gembloux;

Nyssens, directeur du Laboratoire d'analyses de l'Etat à Gand;

Vanderkam, directeur de l'Ecole d'horticulture de l'Etat, à Vilvorde;

Wauters, inspecteur-adjoint à l'Office rural, à Bruxelles.

Séance du lundi 9 juin 1913

M. Berthault préside.

Il propose les nominations suivantes :

Présidents d'honneur : MM. François Serthault, directeur de l'Enseignement et des services agricoles au Ministère de l'Agriculture de France; Nicoleanu, directeur général de l'Agriculture au Ministère de l'Agriculture et des Domaines de Roumanie; Juhlin Dannfelt, secrétaire de l'Académie Royale d'Agriculture de Stockholm (Suède); Bartolomeo Moreschi, directeur général de l'Agriculture du Ministère de l'Agriculture d'Italie.

Vice-Présidents d'honneur : MM. Lohnis, inspecteur de l'Agriculture (Pays-Bas); le baron de Hennet, attaché à la Légation d'Autriche-Hongrie, à Berne; Prosper Gervais, vice-président de la Société des viticulteurs de France; le marquis Alfonso Martinez, directeur de l'Institut Agricole Alphonse XII, à Madrid.

Recherches agricoles.

M. Toussaint, rapporteur. — J'adresse l'expression de tous mes remercîments aux honorables rapporteurs qui ont assuré le succès de la deuxième section en nous envoyant le fruit de leurs travaux et de leur expérience.

Les rapports reçus par le bureau sur la question des recherches agricoles sont tous très importants. Tous émanent de personnalités dont l'autorité en cette matière est incontestable, ce qui donne aux conclusions un poids et une portée considérables; ils constituent dans leur ensemble des documents d'une valeur de tout premier ordre.

Ces rapports sont de MM. A. Grégoire, sur l'interprétation des résultats de champs d'expériences; Wittmack, sur les recherches agricoles et les stations agronomiques; von Rumker, sur les recherches agricoles; Médina, sur les stations agronomiques par rapport aux sols de la zone tropicale de l'Amérique du Sud; Knuttel et de Ruyter de Wildt, sur le service hollandais des stations agronomiques; Dorph Petersen, sur les stations de recherches au Danemark.

Les établissements de recherches peuvent se rapporter à trois types différents :

1° Les laboratoires de recherches annexés aux établissements d'enseignement agricole supérieur qui s'occupent des principes généraux et scientifiques de l'agriculture et concourent à l'enseignement.

2° Les stations agronomiques qui s'occupent surtout de l'application de ces principes généraux aux conditions de la pratique agricole.

3° Les stations spéciales, telles que les stations laitières, sucrières, herbagères, etc., qui répondent à des besoins particuliers.

Cette classification repose sur la distinction qu'il convient d'établir entre le travail de contrôle et le travail de recherche.

Les établissements de contrôle ont rendu à l'agriculture les plus grands services en moralisant le commerce des engrais et des aliments et en secondant l'œuvre des stations agronomiques.

Se basant sur les données des rapports de MM. Wittmack, Bruno, de Ruyter, Knuttel, Petersen et True, le rapporteur passe en revue les organisations de recherches en Allemagne, en France, en Hollande, en Danemark et aux Etats-Unis; il signale la supériorité de certaines organisations, celle du Danemark entre autres, puis celles, plus récentes, de la Hongrie et du Japon et surtout celle des Etats-Unis, où tous les éléments constitutifs ont été étudiés avec le plus grand soin. L'organisation des Etats-Unis est un modèle du genre, qui paraît avoir inspiré toutes les organisations récentes ; comme le dit M. von Rumker dans son mémoire, l'Allemagne elle-même en subit l'influence.

Les bases qui assurent le succès du système américain sont les trois suivantes :

1° La spécialisation administrative des services du Département de l'Agriculture, qui assure à chacun d'eux une direction particulièrement compétente et une grande intensité d'action.

2° La dotation généreuse des nombreux établissements de recherches et l'affectation à chacun d'eux d'un fonds spécial (Adams Act), destiné aux recherches originales présentant un caractère strictement personnel.

3° La collaboration de l'initiative privée par les groupements ou sociétés où se rencontrent les agriculteurs et les spécialistes des sciences agronomiques.

M. Toussaint aborde ensuite l'étude des questions suivantes auxquelles il ramène la substance de plusieurs rapports :

1° La formation scientifique du personnel des établissements de recherches.

Cette formation doit s'adapter d'une manière plus adéquate aux nécessités actuelles, la sphère d'activité des établissements de recherches s'étant considérablement accrue depuis quelques années. Pour M. Wittmack, cette formation peut se faire dans les Instituts agricoles supérieurs à la condition que le programme scientifique y soit équivalent à celui des Universités.

M. Lemmermann voudrait voir créer des sections spéciales avec un programme approprié, qui prépareraient les assistants aux stations d'essais, les chimistes des laboratoires de contrôle et les chimistes des denrées alimentaires. De plus, les étudiants des écoles supérieures d'agriculture pourraient également devenir assistants dans les stations d'essais, où ils pourraient être des éléments très utiles, en suivant un programme d'études de huit semestres, dont quatre seraient consacrés à l'étude de l'agriculture et quatre à la chimie.

M. von Rumker estime, en outre, que les directeurs des stations agronomiques devraient justifier d'un séjour suffisant (2 ans) dans la pratique agricole.

2° *Le travail de recherches et le travail de contrôle peuvent-ils s'harmoniser dans un même établissement?*

Le travail de recherche est essentiellement différent du travail de contrôle. De la coexistence de ces deux genres de travaux dans le même établissement résultent des inconvénients si nombreux et si graves que l'on peut en principe les considérer comme incompatibles. Tous les rapporteurs qui ont examiné cette question, MM. True, Wittmack, von Rumker, Lemmermann, Knuttel et de Ruyter de Wildt, sont unanimes à réclamer la séparation nette, absolue, de ces travaux, dont chacun exige non seulement des locaux séparés, mais une direction particulière.

3° *Les publications.*

a) Les publications se multipliant de toute part, en vue de permettre leur examen rapide par les initiés, M. Wittmack propose aux auteurs d'accompagner la relation de leurs travaux d'un court résumé de ceux-ci.

a) Dans chaque pays, le Département de l'Agriculture devrait assurer la publication dans un seul recueil de toutes les recherches faites sur tout le territoire.

c) Pour assurer au personnel des stations le bénéfice d'une information rapide et sûre, l'Institut international d'agriculture de Rome devrait publier un compte rendu de l'ensemble des recherches faites dans le monde entier.

d) M. von Rümker voudrait voir créer auprès des Départements de l'Agriculture des différents pays, des bureaux spéciaux pour les publications. Leur mission serait d'examiner et de publier les résultats des recherches utilisables et de les transmettre gratuitement à toutes les exploitations rurales. Il faut remarquer qu'un système analogue fonctionne aux Etats-Unis. Il présente l'avantage d'être pour les bonnes publications un encouragement qui résulte de la sanction morale qu'il exerce. Il ne s'agit donc pas, il importe de le remarquer, d'une réglementation des publications, — le terme serait impropre —, mais d'une organisation qui viserait à la création d'une littérature contrôlée par l'Etat et qui servirait de base à la vulgarisation.

4° *De la meilleure méthode de notation* (M. Bruno).

Les règles posées par la conférence internationale pour l'unification des méthodes d'analyses, réusie à Paris en 1910, et l'adoption de la formule conventionnelle C I peuvent s'appliquer à la presque totalité des déterminations des laboratoires de recherches agricoles. Les lettres C I indiquent que les résultats analytiques sont donnés conformément aux règles prescrites par la *Conférence internationale*.

M. Grégoire montre que l'expérimentation en pleine terre peut facilement conduire à égarer la pratique agricole, si les auteurs manquent de soins dans l'organisation de leurs essais et de circonspection dans l'interprétation des résultats.

Les conclusions de M. Grégoire s'imposent à l'attention de tous ceux qui s'occupent de recherches agricoles.

M. Médina démontre par l'exposé de résultats d'essais pratiqués au Brésil que ce pays peut retirer de grands avantages de l'intervention des méthodes de culture rationnelles. Il montre que l'altitude a une grande influence sur l'utilisation agricole de ces régions tropicales, où à 1,000 mètres l'on voit prospérer les cultures typiques des zones tempérées et froides. Il préconise pour ces pays la diffusion de l'instruction agricole et l'institution de stations agronomiques.

Il résulte de l'ensemble des rapports que si, dans la plupart des pays du monde, le caractère urgent des recherches agricoles n'a pas échappé à l'attention des pouvoirs publics, on peut dire que trop souvent l'on ne paraît pas leur accorder toute l'attention qu'ils méritent.

Dans un pays donné, le service des recherches doit viser à constituer un véritable réseau dont l'action enferme dans ses mailles toute la surface du territoire, de manière qu'il n'y ait aucune région qui puisse échapper à ses investigations.

Les vœux émis par les honorables rapporteurs prouvent que cette question de l'organisation des recherches agricoles est loin d'avoir reçu partout une solution satisfaisante; leur nature indique que presque toujours c'est la base même de cette organisation qui est défectueuse.

C'est à l'Etat, gardien des grands intérêts vitaux du pays,

qu'incombe en principe le devoir d'organiser les recherches agricoles.

De cette obligation fondamentale en dérive une autre, qui est celle d'assurer à ce service important entre tous, des moyens d'action suffisants pour lui permettre de réaliser complètement son but, qui est d'intérêt général.

L'initiative privée doit être encouragée et soutenue, mais elle ne peut prétendre, en cette matière, à se substituer à l'Etat pour monopoliser en quelque sorte les recherches agricoles ; ce serait détourner l'œuvre de la situation qu'elle doit logiquement occuper et compromettre le but qu'elle poursuit. L'initiative privée est d'ailleurs impuissante à faire face aux nécessités toujours croissantes de ce service.

Les avantages de la centralisation du service des recherches par l'Etat sont : une plus grande extension du travail, le renforcement des aptitudes du personnel, une meilleure adaptation des institutions, l'unité de plan, l'unité de méthode et la permanence de vues.

Il est permis de dégager de tout ce qui précède les conclusions suivantes :

1° a) L'organisation du service des recherches incombe en principe à l'Etat qui doit non seulement lui garantir les moyens d'action suffisants, mais qui doit de plus en conserver la haute direction et le contrôle.

b) La direction supérieure doit être compétente et entièrement responsable. (M. True.)

2° a) La direction des établissements doit être confiée à des hommes de capacités reconnues et aptes à conduire le travail dans tous les domaines que comporte l'expérimentation agricole moderne. Ils seront au courant de la pratique agricole.

b) Le personnel subalterne doit être choisi judicieusement et répondre à des conditions déterminées et rationnellement établies. (MM. Wittmack et von Rümker.)

c) Il est à désirer qu'à chaque station, outre les chimistes, soient adjoints au moins un botaniste et un agriculteur. (Ingénieur agronome, ingénieur agricole.)

3° La sphère d'activité des établissements de recherches s'étant développée, il est nécessaire que les établissements d'enseignement supérieur créent des sections spéciales pour la préparation du personnel des stations d'après le plan-programme dressé par M. le professeur Lemmermann ou un plan analogue. (MM. von Rümker, Wittmack et Lemmermann.)

4° Le travail de recherches doit être entièrement indépendant et entièrement séparé, comme local et direction, du travail de contrôle. (MM. True, von Rümker, Wittmack, Lemmermann, Knuttel et de Ruyter de Wildt.)

5° L'organisation doit respecter l'indépendance absolue du travail de recherches.

6° L'action des établissements de recherches doit se développer en harmonie avec les aspirations de la patrique agricole.

Elle doit donc, autant que possible, prendre contact avec les praticiens et les associations agricoles. Dans ce but, la constitution d'une association englobant dans chaque pays le personnel des stations d'essais et les praticiens est à recommander.

7° Le service des recherches de chaque pays doit pouvoir être rapidement informé des travaux originaux importants effectués dans tous les pays du monde.

A cet effet, il est à souhaiter :

a) Que les auteurs des recherches accompagnent la relation de leurs travaux d'un court résumé de ceux-ci.

b) Que le Département de l'Agriculture assure dans chaque pays la publication des recherches faites sur tout le territoire dans un seul recueil dont il transmettrait un exemplaire à l'Institut international d'agriculture de Rome.

c) Que l'Institut international d'agriculture de Rome publie en plusieurs langues, un compte rendu de l'ensemble des recherches effectuées dans tous les pays du monde.

8° Afin d'assurer à toutes les exploitations agricoles le bénéfice d'une connaissance rapide et complète des résultats utilisables des recherches, le Congrès propose la création au sein des Départements de l'Agriculture de chaque pays de sections compétentes dont la mission serait la publication de ces résultats et leur vulgarisation. (M. von Rümker.).

9° Le Congrès émet le vœu :

1° De voir proscrire d'une manière absolue l'établissement de champs d'expériences ne comprenant qu'une parcelle par essai, et adopter d'une manière générale au moins trois parcelles par essai.

b) De voir déterminer pour tous les résultats expérimentaux l'erreur probable dont ils sont affectés, et la probabilité d'exactitude que présente la conclusion formulée. (M. Grégoire.)

10° Les pays tropicaux pouvant en de nombreux cas devenir des régions agricoles très prospères, il y a lieu d'attirer l'attention des gouvernements intéressés sur la nécessité d'intervenir par la diffusion de l'enseignement agricole et la création d'un service de recherches agricoles. (M. Médina.)

11° Le Congrès émet le vœu que les établissements de recherches élaborent des notices dont l'ensemble constituera le « Livre d'or » des stations agronomiques. (MM. Vivier et Bruno.)

12° Il est à souhaiter que la notation C. I. soit adoptée par tous les laboratoires pour éviter toute méprise dans la comparaison des documents et dans l'usage de la littérature scienfique internationale. (M. Bruno.)

13° Le Congrès émet le vœu de voir porter à l'étude la question d'une nouvelle classification des zones agricoles du monde, basée sur l'altitude comme facteur principal et la latitude comme élément secondaire. (M. Médina.)

Vœux relatifs aux recherches des établissements d'enseignement :

14° Dans les instituts supérieurs d'enseignement agricole, la station y annexée devrait se confiner uniquement dans le travail des recherches. (M. True.)

15° Chaque établissement agricole, qu'il soit du degré inférieur, moyen ou supérieur, doit, s'il veut prospérer et rendre des services, disposer d'un champ d'essais dont l'étendue sera en rapport avec la nécessité. Ce champ doit servir d'élément de recherches et de démonstration. (M. von Rümker.)

Vœux se rapportant au travail de contrôle :

1° Les établissements officiels de l'Etat avec unité de méthodes et de tarifs en ce qui concerne le contrôle des matières alimentaires, engrais, semences et la recherche des falsifications, donnent seuls toute garantie d'indépendance, (MM. Knuttel et de Ruyter de Wildt.)

2° Pour avoir un bon service de recherche des falsifications, il est nécessaire qu'une loi sur les falsifications existe. (MM. Knuttel et de Ruyter de Wildt.)

3° Il est désirable que des enquêtes méthodiques soient entreprises sur la composition des produits naturels normaux ou non, et plus spécialement sur les caractères des produits anormaux. (M. Bruno). *(Applaudissements).*

M. le Président remercie M. Toussaint ; il le félicite de la clarté de son rapport et de la compétence remarquable avec laquelle il a traité des matières si variées.

On passe à l'examen de la première série des conclusions proposées par M. Toussaint :

Le *a* du primo est adopté sans observations.

A propos du *b*, *M. Toussaint*, répondant à une objection, fait observer l'utilité d'une direction responsable, en vue d'éviter la constitution de Commissions qui, comme moyen administratif, sont souvent inefficaces et toujours irresponsables.

— Le *b* est adopté.

— Le 2° et le 3° sont adoptés.

A propos du 4°, sur demande de M. le Président, *M. Toussaint* souligne la distinction entre le travail de recherche et le travail de contrôle. Il fait ressortir encore leur incompatibilité.

— Le 4° est adopté.

— Le 5° et le 6° sont adoptés.

A propos du 7°, *M. Grégoire*, de Gembloux, fait remarquer que la publication dont il s'agit dans le *b* est faite par le Ministre de l'Agriculture des Etats-Unis.

M. Toussaint fait observer qu'elle est faite en anglais tandis que le vœu réclame une publication en plusieurs langues.

Sir George Fordham demande que le vote soit remis à demain afin que les membres étrangers puissent en prendre préalablement connaissance dans le compte rendu analytique.

Le 7° est adopté. Mais il est entendu que des observations pourront être présentées au début de la séance de mardi après-midi à son sujet.

— Le 8° est adopté.

A propos du 9°, *M. Van Godtsenhoven* de Bruges, dit que l'idée de M. Grégoire d'adopter trois parcelles pour chaque essai est très séduisante en théorie; mais en pratique, les difficultés sont presque insurmontables. Il n'y a pas de difficulté à faire en triple les essais en pots. Mais en pleine terre, il n'en est plus de même.

Une des conditions essentielles d'exactitude est que le sol soit de composition homogène. Or, en Belgique, où le morcellement est poussé à l'extrême, il est presque impossible de trouver des terres à composition homogène comportant de 15 à 20 ares.

On sera donc amené à faire les essais dans des terres hétérogènes; dans ces conditions l'essai en triple sera une nouvelle causse d'erreur.

La pesée des récoltes amènera d'autres difficultés. La récolte et la pesée séparée de 15 parcelles en un seul jour sont impossibles. Les conditions climatériques de la récolte pourront être très différentes pour les diverses parcelles. Ensuite, on ne trouvera que de rares cultivateurs disposés à se charger d'expériences aussi compliquées.

Au reste, aucune conclusion n'étant basée sur une seule expérience, le vœu de M. Grégoire est réalisé en fait.

Plus de 15,000 expériences ont été faites jusqu'ici en Belgique, avec une seule parcelle par essai dans la plupart des cas, et les résultats sont indéniables.

M. Van Godtsenhoven demande qu'on modifie le vœu de M. Grégoire, de façon à lui donner un sens moins absolu.

M. Grégoire répond qu'avec le système de champs d'expériences à une seule série de parcelles, on peut démontrer tout ce que l'on veut, et lancer dans l'agriculture des produits sans valeur.

Les difficultés de son système ne sont pas aussi grandes qu'on le croit. Les produits sont desséchés pour éliminer l'influence des conditions de la récolte.

D'autre part, il est démontré que l'erreur probable est presque annulée quand le champ atteint 15 à 20 parcelles.

Il s'agit d'éliminer les résultats douteux et de n'adopter que des conclusions positives.

M. Medina dit que pour le nitrate de soude les essais ont porté sur une seule parcelle, mais c'est la méthode habituelle, et ces essais ont été faits dans le monde entier.

M. le professeur Juhlin Dannfelt (Suède) appuie les conclusions de M. Grégoire. En Suède le minimum de parcelles soumises à l'expérience est de trois.

M. Van Godtsenhoven insiste sur l'hétérogénité des terres soumises à l'expérience.

M H Van Loo, président du Comice agricole de Gand, déclare qu'à Gand on a trouvé difficilement des agriculteurs se prêtant à ces expériences.

M. le Président observe qu'il faut établir une distinction entre le travail expérimental et la démonstration.

M. Grégoire répond que l'erreur probable grandit très vite quand la parcelle se réduit, mais qu'elle ne change guère quand on dépasse un are.

Quant à la distinction entre les champs de démonstrations et les champs d'expériences, elle est nuisible à la recherche de la vérité et on devrait la supprimer. Les expériences de démonstration sont un leurre pour le cultivateur.

M. Warnants reconnaît les difficultés du travail de la part du cultivateur. L'expérimentateur devrait disposer d'un crédit lui permettant de faire lui-même la récolte.

M. Grégoire. — La besogne de recherche n'est pas le fait du cultivateur, qui ne devrait pas y mettre la main. Les recherches doivent être faites avec un personnel spécial.

M. Everard, vice-président, appuie les conclusions de M. Grégoire, en tant qu'elles se rapportent aux champs d'expériences. Mais il croit que les champs de démonstrations doivent être maintenus. Dans ceux-ci on évitera de multiplier les parcelles.

M. Toussaint demande de consulter à ce sujet M. True, directeur de l'Office des stations agronomiques aux Etats-Unis, où cette distinction est admise.

M. Grégoire déclare que dans les champs d'expériences les erreurs atteignent 15 p. c. ; ils n'ont donc de valeur démonstrative que s'ils établissent des différences dépassant ce chiffre.

M. De Corte dit que les résultats établis par les stations agronomiques doivent être démontrés chez les cultivateurs.

M. le Président admet que les essais en plein champ sont sujets à erreur. Ils n'ont pas le caractère d'expériences rigoureusement scientifiques.

M. Grégoire. — Il suffit que la limite d'erreur soit bien déterminée. Mais la fixation de cette limite est indispensable.

M. Van Godtsenhoven dit que ses objections se rapportent plutôt à la Belgique, en tenant compte du morcellement des terres.

L'examen de ce vœu est réservé.

— Les 10°, 11°, 12°, 13° sont adoptés.

A propos du 14°, *M. Grégoire* fait observer que le service de contrôle avait l'avantage de mettre le monde scientifique en rapport avec les praticiens. Toutefois certains services, comme le contrôle des engrais, seraient détachés sans inconvénients.

— Ce vœu sera réexaminé.

M. Grégoire, revenant au texte du 9°, dit qu'il doit être maintenu textuellement. Le champ d'expériences à une parcelle sert à faire des démonstrations en faveur de produits peu recommandables. Des expériences de ce genre ont été faites en Allemagne en faveur de la Phonolithe, contre laquelle tout le monde scientifique doit lutter.

M. Bauwens demande à M. Grégoire s'il voit un inconvénient à ce que les essais soient répétés de façon à instruire les cultivateurs des résultats obtenus par les stations agronomiques.

M. Everard insiste sur le mot « proscrire » qui est trop absolu. Le mieux est l'ennemi du bien.

M. Grégoire. — Il s'agit là d'un travail de statistique, qui a été apprécié autrefois. On escompte que les erreurs d'expériences multiples se compensent dans une certaine mesure, mais l'erreur probable est si grande que ces expériences sont sans valeur.

M. le Président propose de voter un texte ainsi modifié :

« Il y a lieu d'abandonner les champs d'expériences ne comportant qu'une parcelle par essai et d'adopter d'une manière générale au moins trois parcelles par essai. »

— Adopté.

— Le 15° est adopté.

*

Séance de l'après-midi.

La séance est ouverte à 2 h. 1/2, sous la présidence de Sir George Fordham.

Météorologie agricole

M. E. Vanderlinden fait rapport :

Les communications que j'avais à résumer, dit-il, sont les suivantes :

William Marriott : « English Climate and some of its variations » Manuel Franzo Beneditto : « Météorologie agricole » ; José Pedro Gil : « La station météorologique de Riudabella » ; E. Vanderlinden : « Sur une initiative à prendre en météorologie agricole ».

Dans sa note, M. Marriott donne un aperçu historique de l'organisation en 1874 par la Société météorologique de Londres de stations climatologiques, où les observations se font à 9 h. du matin et à 9 h. du soir. A cette série de postes ont été ajoutées d'autres stations, où l'on fait une observation à 9 h. du matin. L'auteur a condensé les résultats généraux de ces observations pour la période 1881-1910 en une série de tableaux qui constituent un excellent résumé climatologique pour l'Angleterre et le pays de Galles. On y trouve des indications sur les éléments climatériques les plus essentiels : température, précipitations, vent, nébulosité, humidité relative de l'air, insolation, — telles qu'elles résultent des constatations faites aux postes de Falmouth, Hastings, Kew, Oxford et York.

Le travail de M. Benedito a pour objet d'apporter une contribution à l'amélioration des prévisions météorologiques en général, et particulièrement de celles destinées aux agriculteurs.

Je souligne avec plaisir le passage où l'auteur insiste sur l'influence des facteurs locaux dans la genèse des phénomènes climatiques qui intéressent le plus l'agriculture. M. Benedito préconise la création d'un réseau mondial de stations et le dressement journalier d'une carte synoptique embrassant tout le globe. Cette carte serait communiquée aux divers Instituts météorologiques régionaux et complétée pour chaque contrée par les indications fournies par les postes secondaires. La carte mondiale ne constituerait donc qu'un document préliminaire ou outil pour la prévision locale. L'idée est certes bonne et, si elle pouvait être réalisée, on obtiendrait des résultats intéressants au point de vue de la météorologie dynamique. Aussi fut-elle proposée autrefois par divers auteurs. Mais nous sommes loin de sa réalisation. L'auteur attend beaucoup de la télégraphie sans fil pour l'acquisition des indications sur la situation atmosphérique en mer. Pour faciliter l'émission des prévisions, il recommande la détermination des régimes types ou Wetter-typen des Allemands. On sait que feu le professeur Van Bebber, de la Deutsche Seewarte, s'est spécialisé dans cette question et y a consacré plusieurs travaux devenus classiques. M. Benedito attache une grande importance aux règles de prévision de M. Guilbert. Je ne le suivrai pas sur ce terrain. Ces règles ont fait l'objet de nombreuses controverses et l'accord sur leur efficacité est loin d'être fait.

M. José Pedro Gil a donné une description de la station météorologique agricole de Riudabella (Tarragone) et un résumé des observations y faites pendant le lustre 1908-1912. Celles-ci sont bien combinées et les tableaux donnent une bonne indication sur le climat de la région. Puisque la station a été établie spécialement au point de vue agricole, il est désirable de voir son équipement se compléter par l'adjonction de quelques appareils, notamment un pluviographe, un lucimètre de Bellani, des thermomètres dans le sol et à sa surface, une collection phénologique.

Je serai très bref sur la note que j'ai présentée et qui est intitulée : « Sur une initiative à prendre en météorologie agricole ». J'y attire l'attention sur la nécessité qu'il y a de répandre dans le public, et spécialement dans les populations agricoles, quelques notions de météorologie et notamment celles indispensables à l'interprétation raisonnée des cartes du temps. L'ignorance en météorologie est, à mon avis, le grand obstacle que rencontreront toutes les initiatives prises pour rendre utiles les indications fournies par les Instituts météorologiques. Cette remarque s'applique d'une façon toute spéciale à la Belgique. J'ai exposé les causes de cet état d'ignorance et pour y remédier, je propose la vulgarisation de la météorologie par :

1º Son introduction dans l'enseignement ;
2º Des conférences ;
3º La publication de tracts ;
4º La création de postes secondaires dans les écoles. Il importe en effet d'apprendre aux élèves à observer.

La publication de cartes climatologiques est aussi à recommander, car leur interprétation doit marcher de pair avec celle des cartes synoptiques.

Avant de terminer, je tiens à réparer ici une omission que j'ai faite involontairement dans ma rédaction. J'ai dit que la météorologie n'est pas enseignée dans les universités belges. Cela est inexact en ce qui concerne Gand. Je sais que M. le professeur Van de Vyver a dans ses attributions un cours de météorologie et qu'il dispose en outre d'une station bien équipée, où diverses recherches et observations sont effectuées avec succès. L'omission est due à ce qu'une note annexée à une épreuve s'est égarée.

M. Vanderlinden fait encore mention d'une communication de M. Guerry sur l'emploi d'enregistreurs d'orages pour la prévision de ces phénomènes. Cette communication est arrivée trop tard pour être jointe aux rapports.

J'ai entrepris en Belgique, ajoute le rapporteur, une enquête sur la grêle au point de vue agricole et météorologique. L'assurance contre la grêle est en vogue ; mais la fixation des primes est arbitraire, car la fréquence de la grêle dans les différentes régions n'est pas connue. Je publie depuis quelques années une statistique à ce sujet, et j'espère que cette étude poursuivie pendant plusieurs années contribuera à rendre plus logique la fixation des primes.

M. *Everard* fait observer que le Ministère s'est occupé d'un travail analogue et publiera même une carte enregistrant les résultats.

M. *Vanderlinden* félicite l'Administration de l'Agriculture des efforts qu'elle a faits récemment pour l'établissement de stations météorologiques dans le pays.

M. *le Président*. — Une coordination entre les recherches entreprises dans les divers continents donnerait peut-être des résultats intéressants au point de vue de la prévision du temps. Je propose donc comme base de la discussion, outre le développement de l'enseignement de notions météorologiques dans les écoles primaires et secondaires à la campagne, l'étude de la prévision du temps dans les différents continents.

M. *Everard* donne lecture des vœux, qui sont la conclusion des divers rapports présentés.

Conclusions de M. Vanderlinden :

« 1° Que les agriculteurs possèdent au moins quelques notions de météorologie scientifique et notamment celles qui permettent l'interprétation raisonnée des cartes du temps;

« 2° Qu'on répande dans le public le goût des observations météorologiques et qu'on multiplie les stations secondaires. »

— Adopté.

M. *Everard* propose d'émettre le vœu de voir dresser une statistique générale des chutes de grêle, en notant l'importance et l'étendue des dégâts.

M. *Vanderlinden* propose de spécifier l'heure et la durée de la chute de la grêle.

— Adopté.

M. *Everard* donne lecture des conclusions du rapport de M. Manuel Yranzo.

M. *Vanderlinden*. — Pour vérifier les règles de Guilbert, on devrait notamment avoir des indications sur le vent, prises partout au moyen d'appareils semblables et installés dans de bonnes conditions. Jusqu'à ce jour ces éléments ont fait défaut.

M. Everard rédige le vœu comme suit :

Il est désirable que la prévision du temps puisse être basée sur des observations faites simultanément sur toute la surface du globe.

M. Grégoire. — Un point est souvent laissé de côté. On se rend compte des dépressions, mais on n'en prévoit pas les résultats. L'observation devrait porter sur les centres de régularisation des régions tempérées: pour nosu, l'Avant-Sibérie; pour les Etats-Unis, le Canada.

A la suite de cette observation, on ajoute au texte de M. Everard « et spécialement dans les centres continentaux septentrionaux ».

— Le vœu ainsi complété est adopté.

Les autres rapports ne comportant aucun vœu, la séance est levée à 3 h. 1/2.

Séance du mardi 10 juin 1913

Séance du matin

M. G. Nicoleanu, Directeur de l'Agriculture et de la Viticulture à Budapest, préside.

Principales découvertes scientifiques

M. *Warnants*, secrétaire, donne lecture d'une note envoyée par M. Proost.

M. Proost prie la deuxième section de vouloir bien l'excuser. Son état de santé l'empêche d'assister à la séance de ce jour, à laquelle il aurait voulu présenter quelques considérations fort importantes relatives : 1° *aux décisions se rapportant à la météorologie agricole* prises par la Commission de surveillance de l'Observatoire qui, sur les instances de MM. Proost et du général Leman, a adopté des conclusions conformes aux vœux émis par le rapport de M. Louis Dop, vice-président de l'Institut international d'agriculture de Rome; 2° *à l'enseignement agricole primaire*, que M. Proost voudrait voir développer en mettant mieux à profit la bonne volonté que manifestent tous les instituteurs de la campagne; 3° *aux excursions agricoles* pour jeunes filles des pensionnats et des écoles ménagères agricoles, auxquelles M. Proost s'est attaché à donner de l'extension en ces derniers temps.

M. *Grégoire* résume les rapports sur les découvertes scientifiques.

Le premier rapport a pour objet la détermination de l'acidité et de la basicité du sol. Ce rapport est présenté par M. Christensen.

Celui-ci s'est préoccupé de rechercher, par des essais rapides, si un sol avait besoin de chaux ou non. Il a fait, en même temps que les essais de laboratoire, une centaine d'essais en plein champ.

On a classé les terrains d'après la flore, l'acidité, la teneur en acide carbonique, en chaux et en chaux soluble dans le chlorure d'ammonium. On a reconnu qu'aucune des méthodes n'était certaine. Il y a des terrains alcalins qui ont besoin de chaux ; par contre, certains sols, qui portent la petite oseille, n'ont pas besoin de chaux.

Deux méthodes ont conduit aux meilleurs résultats : 1° la réaction au tournesol ; 2° l'essai de culture de la l'azotobactèr. Ils donnent des résultats probants dans 90 % des cas.

Le second rapport est de M. Stocklasa, sur les méthodes ayant trait à l'étude de la biochimie relative à l'examen des sols. Ces méthodes étudient les rapports du sol avec l'eau, l'air, les substances minérales, la substance organique ; ensuite, figure la nomenclature des méthodes se rapportant à l'étude des micro-organismes et moisissures se développant dans le sol.

Vient ensuite un travail de M. Russell.

On a remarqué que dans les champs d'épandages des eaux résiduaires des villes, l'épuration se faisait pendant quelque temps, puis le sol s'y refusait.

En même temps, M. Russell, étudiant le sol des serres, très abondamment fumé, qui, après deux ans, refuse toute végétation, a conclu que cet empoisonnement était dû à un organisme vivant. Le sol usé ne produit plus d'ammoniaque ni d'acide nitrique. Des essais de régénération ont été faits par le sulfure de carbone, par le soluol, par le formol, par le chauffage à une température déterminée. La chaux s'est montrée inefficace. Le rapporteur a conclu à la présence dans ces sols d'un micro-organisme.

M. Grégoire croyait précédemment que l'empoisonnement était dû à l'absence de lavage par les pluies. Mais ses expériences lui ont démontré qu'il n'en était pas ainsi.

M. Grégoire arrive à la question des cartes agronomiques.

Il a en vue de corriger les méthodes irrationnelles employées.

Les sources auxquelles l'agriculture recourt pour se renseigner sur la valeur du sol sont :

1° La tradition, dont les règles sont très étendues, mais ne sont valables que sur le terrain où cette pratique s'est établie;

2° L'examen scientifique du sol. Dans ces travaux, si importants que soient les résultats, ils sont isolés et il reste à les intégrer dans la pratique courante.

Il n'est pas possible d'établir une méthode purement théorique de culture du sol. Il faut tenir compte des résultats pratiques, puisque ici ces études ont été faites de différentes manières, entre autres par les cartes agronomiques.

Pour l'établissement de ces cartes, les méthodes sont très variées. On n'est pas arrivé, comme en géologie, à recourir à un système unique. En France, on emploie la méthode de Rissler; c'est la carte géologique à grande échelle avec des indications relatives à la composition chimique du sol. Ces cartes sont très sommaires.

En Allemagne du Nord, les cartes comprennent l'étude chimique, géologique, etc., jusqu'à une profondeur de 2 mètres. La lecture de ces cartes est pénible, et il est impossible d'en déduire des conclusions : elles ne peuvent renseigner qu'un spécialiste.

En Russie, la carte est à petite échelle. C'est une carte génétique. Le sol est la résultante des conditions climatériques qui l'ont influencé, et qui est elle-même plus importante que la constitution primitive de la roche. Cette carte repose sur une donnée absolument juste. Mais l'échelle est si petite qu'elle ne peut constituer qu'un bon guide pour les travaux ultérieurs.

La carte des Etats-Unis se rapproche plus des données de l'agriculture. Elle est basée sur la végétation de la région. Ici encore l'échelle est très petite.

En somme, nulle part on ne trouve une carte pratique.

La carte doit être à très grande échelle. L'agriculteur doit avoir une carte sur laquelle il reconnaisse chacun de ses terrains. Il n'a pas besoin de moyennes, qui ne peuvent que le tromper.

La carte doit être synthétique et donner une indication pratique.

La base de la carte doit être la pratique agricole. On doit se borner à introduire dans cette pratique les améliorations scientifiques certaines.

Parmi les facteurs que la science étudie, il en est sur lesquels nous n'avons pas d'action : la teneur en eau, l'insolation, l'épaisseur de la couche arable. Il en est d'autres sur lesquels l'homme a une certaine influence, et il faut les amener à leur optimum ; enfin, il y a ceux qui sont totalement dans nos mains, tels que l'alimentation des plantes. Ces derniers facteurs sont variables dans le temps, et ne doivent donc pas être portés sur la carte. Il faut donc écarter l'analyse des terres de la carte. Ils peuvent être consignés dans un rapport à reviser périodiquement.

De tous ces caractères, il faut faire une synthèse. Hasard caractérise les terres par la végétation. Il divise ainsi les sols en dix catégories.

La carte, établie dans ces conditions, est immédiatement lisible par le cultivateur.

Voilà la théorie. Voyons la réalisation pratique. On ne peut songer à faire cinq ou six sondages par hectare. Le mieux est d'établir un service établissant le plan avec une faible rémunération.

M. le Président remercie M. Grégoire de la conférence si documentée qu'il vient de faire.

On passe au vote sur les conclusions de son rapport. Les voici :

« 1° La carte agronomique doit condenser les données relatives au sol fournies par la pratique agricole et par les sciences naturelles ;

» 2° Pour être réellement utile, elle doit être synthétique ;

» 3° Elle doit être à très grande échelle ;

» 4° Son exécution ne peut être confiée qu'à un spécialiste, c'est-à-dire à un véritable agrologiste ;

» 5° Le moyen de réalisation qui paraît le plus pratique consiste à n'entreprendre le travail que sur la demande des agriculteurs intéressés et moyennant une indemnité modérée. »

— Adopté.

— La conclusion du rapport de M. Christensen, ainsi formulée: « La détermination de la réaction de la basicité du sol est à même de fournir des indications très précises au point de vue cultural et, dès lors, elle devrait être faite plus fréquemment qu'elle ne l'a été jusqu'ici. » est également adoptée.

Nouvelles méthodes de sélection.

M. de Vilmorin présente le rapport général.

« En réponse à la quatrième question de la deuxième section, dit-il, quatre rapports ont été présentés que nous allons examiner dans l'ordre où ils ont été imprimés dans les travaux préliminaires du Congrès.

» 1° Le premier, présenté par moi-même et M. A. Meunissier, envisage la question au point de vue le plus général. On y trouve une explication, que nous avons la fatuité de croire assez claire, de la théorie des facteurs héréditaires, base fondamentale du Mendelisme. C'est sur cette théorie que nous nous appuyons dans les expériences que nous avons entreprises. Ces expériences nous démontrent que, seuls, ces facteurs héréditaires sont transmissibles, que les facteurs du milieu sont des forces extérieures qui peuvent modifier considérablement l'apparence ou la valeur des individus, mais n'ont aucune influence sur sa descendance. Ces facteurs de milieu sont de la plus grande importance pour le cultivateur, mais, ils sont troublants pour le biologiste, qui doit s'efforcer de les supprimer ou du moins de les rendre comparables dans leur action vis-à-vis des différents individus qu'il étudie.

» En résumé, la stabilité des races cultivées dépend uniquement de la conservation des lignées pures.

» 2° M. Blaringhem traite plus spécialement de l'isolement de ces mêmes lignées, de leur culture comparative et du choix à faire entre elles. Il préconise l'emploi de procédés d'examen permettant une comparaison des descendances aussi rigoureuse que possible, d'après les principes de Quetelet Galton et Pearson pour l'étude des caractères dits « fluctuants », et il cite en exemple la sélection généalogique du blé telle qu'elle se pratique au domaine de Bourdon et celle de l'orge, par les soins de la Société d'Encouragement à la culture des orges de brasserie en France.

» 3° M. le Dr Ritter von Weinzieil nous dit, dans son mémoire, avoir constaté l'apparition de nouvelles formes de plantes fourragères sous l'influence du climat alpin.

» Dans ce cas, il nous semble que, contrairement à une opinion trop généralement acceptée, le climat ne provoque pas réellement l'apparition de certaines formes, mais que, dans des conditions changées, ces formes se manifestent et deviennent notables.

» 4° Enfin, M. le Dr O. Pitsch passe en revue le rôle important que joue l'Institut de Wageningen pour l'amélioration des plantes agricoles aux Pays-Bas.

» De la lecture de ces quatre rapports nous pouvons dégager cette idée générale : l'importance primordiale de la sélection des lignées pures. On attache maintenant à la sélection, faite dans ce sens, un intérêt croissant, et l'on comprend la valeur du mot biotype (expression inventée par Johannsen), soit que l'on isole une lignée pure dans une soi-disant variété composée d'un mélange de lignées diverses, soit que l'on obtienne cette lignée pure dans la descendance d'un croisement.

» De cette conception dépend l'amélioration des plantes et des animaux. S'il était possible d'émettre un vœu à ce sujet, ce serait que les praticiens et les savants se comprennent mieux et s'entr'aident davantage.

» En effet, lorsque le « génétiste » est au courant des besoins de la pratique, il peut presque à volonté créer des formes nouvelles; mais alors c'est de nouveau au praticien à faire un essai comparatif de ces nouvelles combinaisons et de choisir pour luimême celles qui sont le mieux adaptées aux circonstances extérieures locales et par conséquent, les plus profitables. »

M. le Président remercie chaleureusement M. de Vilmorin.

La séance est levée à 11 heures.

* *

Séance de l'après-midi.

Le bureau est occupé par M. Cartuyvels, inspecteur général honoraire de l'Agriculture, et S. Exc. Basile Taïroff, délégué officiel du Gouvernement Russe.

M. Toussaint soumet à nouveau à la section les vœux relatifs à la première question, sur lesquels il avait été admis, hier, que les observations pourraient être présentées au début de cette séance.

M. Martens. — MM. Grégoire et Van Godtsenhoven paraissent s'être placés à des points de vue très différents, le premier envisageant le côté scientifique, le second le point de vue pratique. Pour éclairer la question, nous nous permettons de demander à M. True quelques détails sur l'organisation des recherches et des expériences aux Etats-Unis.

M. True (en anglais). — Il y a chez nous des spécialistes, bien documentés et armés de notions scientifiques, qui organisent les champs d'expériences.

On se trouve en face de deux tendances : l'une veut de très nombreux petits champs d'expérience; l'autre en veut peu, mais de très grands.

Les partisans de la première méthode font valoir l'avantage de pouvoir faire porter leurs expériences sur tous les points du pays.

On commence par une expérience purement scientifique, qui ne se fait pas en plein champs, mais dans des serres ou dans des terrains spéciaux. On fait ensuite des essais en pleine terre, puis chez l'agriculteur.

Mais l'agriculteur ne doit pas admettre aveuglement le résultat de ces expériences, il doit les contrôler dans ses terres. Pour qu'il soit à même de le faire, il faut qu'il ait reçu un enseignement approprié.

M. Martens traduit les observations de M. True.

M. Cartuyvels remercie M. True de son intéressant exposé.

Culture du houblon.

M. le baron de Hennet, docteur en droit, délégué permanent du Ministère d'Agriculture de l'Autriche en Suisse, en France et en Grande-Bretagne, fait rapport.

« C'est, dit-il, sur ma proposition que la Commission internationale d'Agriculture a inséré au programme la question du houblon. Cette question intéresse la Belgique au plus haut chef, comme elle intéresse d'autres pays représentés au Congrès, tels l'Allemagne, l'Autriche, la Hongrie, l'Angleterre et la France.

» En ma qualité d'ancien président d'un des syndicats les plus importants de producteurs de houblon de la fédération de Saaz, je n'ignore pas que la prospérité de cette culture exige des rapports étroits entre les producteurs des différents pays. En effet, la crise qui a sévi pendant de longues années sur la culture du houblon, était causée en grande partie par le manque d'orientation des producteurs sur l'importance de la récolte; ceux-ci n'étant pas assez renseignés sur la situation, la conséquence fut trop souvent qu'ils vendaient leurs produits à des prix dérisoires. Aujourd'hui, la situation s'est un peu améliorée. Grâce à l'initiative privée et surtout à l'activité déployée par les syndicats, comme aussi au concours apporté par les Gouvernements par la publication de données statistiques et de divers renseignements recueillis par leurs organes, il est plus facile aux producteurs de s'orienter sur les besoins du marché pendant la saison. Et cependant, il y aurait encore beaucoup à faire dans cette direction. C'est sur ce point précisément que je désirerais appeler votre attention un instant. Je vous signalerai tout à l'heure les améliorations qui devraient, selon moi, être apportées dans ce domaine et vous soumettrai quelques résolutions.

» Le Congrès a reçu quatre rapports sur la question du houblon. Deux ont comme auteur M. H. Miserez, Ingénieur agronome à Alost. Un troisième émane de M. Bartok, Inspecteur au Ministère Royal d'Agriculture de Hongrie. Enfin, MM. Gauba, Directeur de l'Union des producteurs de houblon, à Saaz, et Bauer, Inspecteur à la même ville, nous ont envoyé un rapport magistral, qui nous montre les efforts déployés par l'organisation des producteurs de Saaz, ces dernières années, et les succès enregistrés.

» M. Miserez nous décrit la crise dont a souffert la production du houblon belge vers le commencement de ce siècle. Une dépression générale, qui se manifestait par des prix en grande partie au-dessous des frais de production, a particulièrement atteint les planteurs de houblon belges. Une commission, instituée à l'effet de rechercher les raisons de ces crises et les moyens d'y remédier, est arrivée à la conclusion que l'amélioration du produit était le seul moyen d'obtenir des prix plus élevés et d'améliorer ainsi la situation peu prospère des planteurs. Les brasseurs se plaignaient de se voir forcés d'acheter en grande partie des houblons étrangers. Le houblon indigène n'avait ni l'arome fin d'autres produits, ni d'autres qualités, qui distinguaient la marchandise provenant des pays qui font la plus grande concurrence au houblon belge.

» Au point de vue de la qualité du houblon, la Belgique se trouve presque au dernier rang. Pour obtenir des prix plus favorables et amener les brasseurs à faire de plus grands achats au pays, il était donc nécessaire de faire des efforts pour améliorer la culture. Les brasseurs belges, en effet, estimaient que le houblon du pays était inutilisable pour la fabrication de certaines bières et devait être complété par des houblons étrangers dans la fabrication des autres bières.

» Le rapporteur constate que les efforts ont été couronnés de succès.

» Le temps est trop court pour résumer, même brièvement, le second rapport de M. Miserez sur les variétés des houblons belges. Il appuie sur le fait que, par la sélection systématique et bien entendue des variétés de houblon, on peut arriver à produire — conditions du climat et du sol réservées — tous les produits désirés par la brasserie. Mais il ajoute que, pour le moment, les planteurs ne sont pas suffisamment renseignés sur ce que les brasseurs désirent avoir et que les producteurs tendent naturellement à cultiver les variétés qui rapportent le plus. Le rapporteur nous propose deux résolutions. J'estime cependant, vu le caractère spécial de la question, qu'il n'est guère admissible de provoquer à ce sujet un vote de la part d'un congrès international. »

M. Miserez remercie M. le baron de Hennet d'avoir fait porter la question du houblon à l'ordre du jour du Congrès. Il n'insiste pas sur ses conclusions, ses rapports étant présentés à titre purement documentaire.

M. le baron de Hennet. — M. G. Bartok nous montre le développement de la culture du houblon en Hongrie, qui, à partir de 1906, est très remarquable. Dans cet espace d'environ sept ans, la superficie des houblonnières a augmenté considérablement, savoir de 700 hectares environ à plus de 2,000 hectares. Il y a aussi augmentation absolue du rendement et de la récolte totale, ainsi que de la valeur du produit, tout en tenant compte des différences et des variations énormes de rendement de cette culture difficile et délicate.

Nous distinguons, en Hongrie, deux zones principales de production, assez éloignées l'une de l'autre, l'une dans le sud, l'autre en Transylvanie, très différentes d'ailleurs l'une de l'autre au point de vue du climat et du sol. Le rendement est plus grand dans celle du Sud ; ainsi, en 1912, il était de 9.73 q. à l'ha., tandis que dans les autres contrées, il variait entre 4 et 6 q. Cette différence s'explique d'abord par le fait que beaucoup de producteurs abandonnent les variétés tardives qui donnent un rendement supérieur, mais dont le produit est moins fin et moins recherché. Cette amélioration est très désirable et a pour effet que les houblons sont moins vendus sous le nom d'autres provenances et tendent de plus en plus à être connus sur le marché sous le nom de houblon hongrois. Néanmoins, le rapporteur se plaint du fait que la brasserie hongroise ne tient pas assez compte de cette amélioration des produits et achète encore trop peu au pays même. Un tableau nous montre les chiffres de l'importation et de l'exportation. Il en appert que, bien que dans les dernières années la quantité exportée fût plus grande que celle importée, la valeur de l'importation est remarquablement plus forte que celle de l'exportation. La valeur du quintal de houblon importé est donc bien supérieure à celle du produit envoyé aux marchés hors du pays. En tout cas, il est nécessaire de perfectionner encore le produit et il est intéressant à noter que différents efforts sont faits dans ce sens. Avec l'appui du Gouvernement et de ses organes spéciaux, on a créé des champs d'expériences, organisé l'enseignement, créé des expositions et un service de renseignements périodiques sur la situation du marché. L'organisation est encore trop peu complète ; signalons toutefois l'existence, en Transylvanie, d'un syndicat qui s'occupe des intérêts des producteurs, en facilitant entre autres à ses membres la vente du produit.

» MM. Gauba et Bauer nous montrent le développement de la superficie, du rendement, de la récolte mondiale et de la consommation dans les dix dernières années. Il ressort de ces chiffres que la superficie a augmenté jusqu'en 1906, à partir de 1908, année dans laquelle les prix sont descendus à un niveau très bas, la superficie à sensiblement diminué, pour augmenter de nouveau de

1911 à 1912. On voit par là que les prix ont une influence très grande et plus immédiate sur la superficie, qu'on ne pourrait le croire. Nous ne pouvons, à notre grand regret, reproduire, ici, les chiffres intéressants que contient ce rapport. Je ne voudrais toutefois pas passer sur quelques informations des plus intéressantes concernant l'Autriche et particulièrement le rayon de Saaz. En Autriche aussi, la superficie a augmenté jusqu'en 1908; aujourd'hui, elle est à peu près égale à celle de 1904. Les rendements accusent des variations beaucoup plus grandes que dans d'autres pays. En Autriche, le houblon est cultivé en Galicie, en Styrie, en Haute-Autriche et en Moravie, mais la Bohême occupe à elle seule à peu près 70 % de la superficie totale, le rayon de Saaz seul, 58 % (1912 : 11,837 ha.). Contrairement aux autres régions, la superficie des houblonnières à Saaz n'accuse pas de grandes variations, mais, vu la finesse et la délicatesse des variétés, le rendement est extrêmement variable; un tableau très intéressant nous montre les prix des dernières années, dont les différences — 40 couronnes en 1908 et 430 couronnes les 50 kilos en 1911 — sont vraiment frappantes.

» Le rapporteur insiste sur l'œuvre accomplie par la Fédération des Producteurs de Houblon de l'arrondissement de Saaz. La grande valeur du produit de Saaz, payé presque toujours par les brasseurs à des prix supérieurs à ceux des autres provenances, a eu pour résultat que des marchands vendaient, sous la marque d'origine de Saaz, des produits d'autres contrées. Une des tâches les plus urgentes de la Fédération consistait donc à empêcher des falsifications de ce genre. C'est ainsi qu'on a créé la « Hopfensignierhalle », propriété par moitié de la municipalité de Saaz et de la Fédération, établissement dans lequel les producteurs de Saaz font constater l'authenticité de leurs produits. Il ne faut pas oublier d'ailleurs que la législation aussi s'est occupée des marques d'origine des houblons et bien que tous les désirs des planteurs de Bohême n'aient pas été réalisés, entre autres celui d'avoir des marques d'origine obligatoires, la loi de 1907 sur la délimitation des marques d'origine, exerce une influence heureuse dans la lutte contre la fraude de la provenance.

» L'association des producteurs de Saaz a aussi exercé une action énergique dans tout ce qui peut améliorer et perfectionner la culture et le traitement du houblon. Nous ne pouvons pas mentionner en détail ici tout ce qui a été fait en matière d'expériences, mais il y a un point cependant qui présente certainement un intérêt international et qui nous conduit à vous soumettre la résolution dont je vous propose l'acceptation. La raison pour laquelle les prix étaient très souvent dérisoires, est, comme on le voit toujours, que les producteurs sont trop peu orientés sur le marché. Dans ce sens, notre association a aussi obtenu les plus grands succès. L'association est à même de donner des renseignements exacts à ses membres par le fait que ses représentants dans toutes les communes et ses correspondants dans les autres régions où l'on cultive le houblon, présentent des rapports réguliers. C'est un grand progrès, mais il faudrait faire encore plus, et comme dans cette matière tous les producteurs sont également intéressés, l'on a cherché à créer une organisation internationale pour l'orientation sur le marché. »

« En septembre 1911 déjà, on commença à réunir les différentes fédérations nationales dans une association internationale, dont le seul but serait l'échange de nouvelles périodiques sur la superficie, la récolte, la production, les prix, la consommation, enfin sur tout ce qui a une influence sur le marché et donne une orientation pendant la saison principale. En 1912, toutes les fédérations de l'Autriche, de la Hongrie et de l'Allemagne, ont donné leur adhésion à cette nouvelle organisation. Le but de cette association n'est nullement dirigé contre les commerçants ou les brasseries, elle n'exerce naturellement aucune influence directe sur la vente des produits, elle cherche seulement à donner des nouvelles justes et objectives pour orienter les producteurs, surtout dans la saison critique, où les prix varient sensiblement de jour en jour. Déjà l'année passée, pendant la saison, l'Association a pu publier et insérer dans divers journaux les rapports très appréciés des cultivateurs, et donner en même temps des renseignements impartiaux à la brasserie et aux commerçants. Mais l'organisation est encore incomplète, les fédérations de beaucoup de pays qui cultivent le houblon, comme la Belgique, l'Angleterre, la France, la Russie, les Etats-Unis, n'ont pas encore pris de décisions. L'adhésion de ceux-ci serait très désirable et utile pour tous les cultivateurs unis par les mêmes intérêts. C'est pour ces raisons que je me permets de vous recommander l'adoption du vœu suivant :

« 1. Les représentants des pays dans lesquels la statistique officielle n'est pas encore organisée suffisamment, sont priés d'insister auprès des gouvernements de leurs pays pour que ceux-ci accordent plus d'intérêts à la statistique de la culture du houblon, et comme en Autriche-Hongrie, en Allemagne et en Angleterre, fassent paraître à des dates fixes des avis sur l'état des cultures et les estimations de la récolte; et ils demandent à ce que l'on communique en temps utile tous les autres renseignements exerçant quelque influence sur le commerce et le marché du houblon.

« 2. Que dans chaque pays houblonnier où n'existe pas encore des organisations de producteurs de houblon, on encourage la création des associations et des fédérations de cultivateurs, grands et petits houblonniers.

» 3. Que tous les organismes des producteurs de houblon soient affiliés à la Société centrale des producteurs de houblon du centre de l'Europe, dont la tâche est de donner des renseignements continuels sur la situation de la récolte, la production et tous les autres facteurs qui influencent le marché, d'évaluer la production de houblon du monde entier, et de défendre ainsi les intérêts de la culture houblonnière. »

— Ces vœux sont adoptés.

M. le Président félicite et remercie le rapporteur de la précision et de la concision de son exposé très documenté.

M. Gervais fait une communication sur la culture de la vigne. (Voir les rapports imprimés du Congrès.)

On passe au vote sur les conclusions de ce rapport, ainsi rédigées :

« 1° L'établissement des vignobles septentrionaux est singulièrement facilité par l'appoint des porte-greffes américains ou de leurs hybrides, à raison des avantages indéniables qui découlent du greffage : avance sensible de la maturité, abondance, développement et amélioration des fruits.

» 2° Ces conséquences bienfaisantes du greffage doivent être secondées et complétées par le choix des cépages-greffons; ceux-ci doivent être rigoureusement sélectionnés et de toute première époque de maturité. Il y aurait intérêt à se limiter plus spécialement aux cépages blancs.

» 3° Les porte-greffes qui paraissent le mieux convenir aux sols et aux climats visés sont : les hybrides de Berlandieri (Vinifera-Berlandieri, Berlandieri × Riparia); — les hybrides de Riparia (Solonis × Riparia, Riparia × Rupestris), — (les hybrides de Cordifolia (Cordifolia × Riparia, Riparia × Cordifolia-Rupestris, Solonis × Cordifolia-Rupestris), — de préférence au Rupestris du Lot et aux hybrides de Vinifera × Rupestris, que leurs défauts bien constatés doivent faire écarter.

» 4° L'établissement des forceries trouvera, de son côté, dans l'utilisation des porte-greffes américains ou hybrides, de précieuses ressources susceptibles d'apporter à cette industrie un élément de progrès réel, de développement et de prospérité continus. »

M. Sohier propose d'ajouter aux conclusions de M. Gervais les vœux suivants :

« Qu'il plaise aux pouvoirs publics de s'intéresser à la viticulture :

» 1° En étudiant les espèces de vignes les plus recommandables suivant les localités où elles doivent être plantées;

» 2° En surveillant leur degré de résistance, de fertilité et de rusticité;

» A. Des plants directs notamment issus d'anciens cépages;

» B. Des plants greffés sur hybrides franco-américains;

» C. Des vignes provenant des semis.

» 3° En encourageant les petits cultivateurs à s'intéresser à la culture du vignoble, en adjoignant quelques plants à leur exploitation, comme revenu secondaire. »

M. Gervais appuie les vœux de M. Sohier, sauf sur la question des semis; ceux-ci ne donnent, même aux professionnels les plus avertis, que des mécomptes.

M. Sohier se rallie à cette observation.

— Les vœux de M. Gervais sont adoptés. De même ceux de M. Sohier.

M. Taïroff rend hommage à M. Gervais. La France a sauvé la culture mondiale du phylloxera; et M. Gervais était à la tête de ceux qui accomplirent cette œuvre!

La séance est levée à 4 h. 1/2.

Séance du mercredi 11 juin 1913

M. Bauwens, inspecteur général du Ministère de l'Agriculture de Belgique, préside.

L'Enseignement agricole.

M. Pastur fait rapport. Nous avons à rechercher quelles sont les idées qui doivent présider à l'enseignement agricole à l'école.

L'école primaire est l'école de tous, et elle ne se spécialise pas.

L'école primaire a été jusqu'ici la voie à l'émigration et à l'exode rural. D'une part, l'écolage prolongé favorise l'exode rural; d'autre part, un enseignement plus prolongé est désirable.

Une troisième considération est que l'enseignement professionnel existant n'atteint qu'une infime minorité : 2 p. c. des hommes, 1 p. c. des femmes.

Des réformes s'imposent, d'autant plus que le travail agricole se perfectionne et réclame maintenant des connaissances plus approfondies.

Faisons un examen rapide des trois questions principales relatives à l'organisation de cet enseignement nouveau;

1° La question de l'âge.

A quel âge doit commencer l'enseignement professionnel agricole?

L'avis presque unanimement exprimé dans les rapports qui nous sont présentés est que cet enseignement doit se donner à partir de l'âge de 15 ans; jusque-là, l'enfant ne doit recevoir qu'un bon enseignement préparatoire.

D'autres rapporteurs, dont je suis, voudraient abaisser cet âge à 12 ans. On objecte que l'enfant de 12 ans n'est pas apte à recevoir l'enseignement agricole. Mais si l'on ne dirige pas l'enfant vers l'agriculture dès l'âge de 12 ans, il sera aiguillé vers d'autres enseignements spéciaux et par suite, vers les grandes villes.

Je suis d'accord avec ceux qui objectent qu'il est difficile de donner un enseignement spécial à l'école primaire, alors que les élèves ne se destinent pas tous à l'agriculture.

On évite cette difficulté en adoptant le système du demi-temps dans l'enseignement primaire au quatrième degré.

Le quatrième degré serait donc un enseignement primaire à tendances professionnelles. L'enseignement serait, par exemple, général pendant la matinée. Trois après-midi sur six seraient consacrés à un cours professionnel agricole. Les trois autres après-midi pourraient être consacrés à d'autres catégories professionnelles. Ce système procure des loisirs qui permettraient aux parents d'utiliser leurs enfants aux travaux de la récolte, etc.

2° La seconde ligne se rapporte à la méthode d'enseignement.

La méthode adoptée en vue de ce futur enseignement agricole doit être intuitive. Il faut mener à la pratique ceux que l'on veut enseigner. Il faut réagir contre la méthode pédagogique. C'est pourquoi nous demandons que la moitié des heures soit consacrée à la pratique.

Ces cours se donneraient en grande partie dans le jardin de l'école. Ils pourraient se continuer très utilement dans les fermes voisines. Enfin, il y aurait lieu d'organiser des excursions dans les campagnes, au cours desquelles on éveillera l'esprit d'observation de l'enfant.

Les sciences naturelles sont des sciences d'observation; leur étude est impossible si l'on ne rend pas les leçons vivantes en mettant en éveil l'esprit d'observation de l'enfant.

Notre but à tous est de rendre attrayant le métier de cultivateur; pour arriver à ce résultat, donnons une large part au côté pratique.

3° La troisième question, la plus importante, est la question du personnel enseignant.

Actuellement, notre personnel enseignant manque de pratique agricole.

Un des rapporteurs dit que l'instituteur est lui-même l'exemple d'un homme qui a fui les champs, et que souvent, quand il a dans les mains un enfant auquel il reconnaît des aptitudes spéciales, il lui donne des cours spéciaux et le détourne de la profession d'agriculteur en le dirigeant vers d'autres carrières.

M. Decorte. — Ces temps ont vécu..

M. Pastur. — Hélas! non; ils durent encore; car, comme député, je reçois fréquemment la visite de parents qui me disent : l'instituteur juge notre fils trop bon élève pour devenir agriculteur.

Il est nécessaire de former l'instituteur, de lui fournir les bases de l'enseignement que nous voulons lui faire donner.

Actuellement, dans nos écoles normales, l'enseignement général est appliqué à toutes les questions, mais non encore à l'enseignement professionnel agricole.

Que devons-nous faire pour remédier à cette situation? La solution devrait se trouver ainsi :

Le personnel en fonction recevrait des cours spéciaux donnés par des agronomes de l'Etat ou des ingénieurs agricoles.

Pour l'avenir, nous voudrions voir fonder des cours spéciaux dans les écoles normales, ajoutés à la quatrième année; les élèves devraient dire s'ils vont se consacrer à l'enseignement dans les campagnes. Ils recevraient alors un enseignement agricole étayé sur la pratique.

S'il ne sait pas d'avance à quelle région il se destine, il pourra suivre plusieurs cours spéciaux.

M. Gheysens. — Ajouterez-vous une année à l'école normale?

M. Pastur. — Non. Nous complétons le programme de la quatrième année.

On s'est préoccupé aussi, en ces derniers temps, de l'enseignement agricole pour jeunes filles; on a fondé les écoles ménagères et les cercles de fermières.

Il serait désirable que dans le futur enseignement au 4e degré, l'enseignement ménager agricole ait sa place.

M. Achille Claeys, inspecteur cantonal, n'est pas absolument d'accord, sur un point, avec M. Pastur.

A l'âge de 12 ans, les enfants ont généralement quitté l'enseignement primaire : l'enseignement primaire à tendances professionnelles doit donc commencer avant cet âge.

M. Pastur. — J'ai envisagé le nouveau régime, avec 4e degré; je me suis placé aussi au point de vue général, les rapports présentés discutant le choix entre l'âge de 12 ou de 15 ans.

M. Claeys fait observer aussi que l'on a commencé à donner un enseignement agricole dans les écoles normales. On y a organisé des cours de vacances.

A Gand, un tel cours existe.

70 élèves se sont présentés à l'examen, et 52 ont reçu le diplôme spécial. Je demande qu'aux seuls porteurs du diplôme soit confié l'enseignement à la campagne.

Sir George Fordham croit que les conclusions présentées ne sont pas suffisamment internationales. En Angleterre, nous ne pourrons pas arriver à consacrer la moitié du temps aux travaux pratiques. Mais d'abord, je désirerais que l'on précise ce qu'on entend par la pratique.

En Angleterre, nous disposons seulement de cinq jours de classe par semaine et non de six. La création du cours spécial à l'école normale rencontre aussi des difficultés. La durée des cours normaux est de quatre années en Belgique, mais de trois ans en France et de deux ans seulement en Angleterre.

Je ne puis donc me rallier, entièrement, sur ce point, aux conclusions proposées.

Ensuite, comme on se préoccupera certainement de la difficulté de trouver des hommes et des femmes capables de donner cette instruction spéciale, je tiens à faire ressortir malgré tout la nécessité de rattacher le cours nouveau à l'enseignement de l'instituteur lui-même. Je n'aime pas le spécialiste qui arrive en auto, donne quelques heures de cours et disparaît sans pénétrer la vie de l'école qu'il trouble toutefois profondément.

Enfin, chez nous, à la campagne, on quitte l'école à 13 ou 14 ans; après, il n'y a rien que l'école du soir, très peu fréquentée.

Nous voudrions voir établir des écoles utilisant les heures perdues de la saison d'hiver.

Mme Kiamil Perrissoud, délégué cantonal de Seine et Marne, émet le vœu « que dès la première enfance, on apprenne aux enfants à comprendre et à aimer la nature (notamment dans les classes enfantines et les écoles maternelles), afin de faire disparaître le mépris que d'aucuns nourrissent encore vis-à-vis de la profession d'agriculteur ».

— Ce vœu est adopté à l'unanimité.

Sir Baldwyn de F. Pugh estime qu'il ne faut pas donner à l'enfant un enseignement agricole avant d'avoir consulté ses goûts ; par exemple, en le plaçant dans une ferme pendant quelques semaines. S'il prend goût aux travaux des champs, donnez-lui ensuite l'enseignement agricole.

M. Pastur répond à sir George Fordham. — Si nous ne pouvons nous placer exclusivement au point de vue belge, nous ne devons pas toutefois envisager le seul point de vue anglais.

On me demande ce que j'entends par « la pratique ». Est-ce les travaux manuels ?

Oui, sans doute, mais aussi, l'étude de la pratique, ceci en opposition avec l'enseignement purement pédagogique. La pratique ainsi entendue, n'est donc pas exclusivement l'exécution des travaux manuels.

Mme Kiamil Perrissoud fait observer que les petits travaux, exécutés à l'école, donnent à l'enfant le goût du travail manuel et l'empêchent de considérer ce travail comme déshonorant.

M. Wagner, Professeur d'agriculture (Luxembourg), objecte aux conclusions de M. Pastur, que les écoles primaires sont tellement surchargées déjà, qu'il y a danger d'augmenter encore le programme. Si donc, vous voulez instituer un cours d'agriculture proprement dit, je ne puis vous approuver ; s'il s'agissait d'adultes ou d'enfants de 14 à 15 ans, je serais de votre avis. Mais à 12 ans, l'intelligence n'est pas assez développée pour profiter d'un tel enseignement.

M. Pastur. — Ce que nous voulons, ce n'est pas surcharger le programme, c'est le spécialiser.

M. le Chanoine Temmerman. — Il faut imprégner l'enseignement de notions agricoles, mais non pas créer un cours spécial.

D'ailleurs, l'instituteur ne pourrait donner un tel cours, ces matières lui sont étrangères.

M. Decorte estime que l'instituteur est à même de donner le cours désiré, pour autant qu'on lui donne les encouragements nécessaires.

M. Jules Gheysens. — Il s'agit simplement d'un cours à tendances professionnelles. Tous les instituteurs sont à même de donner le cours tel que nous le concevons.

On passe au vote sur les conclusions du rapport de M. Pastur :

« 1° L'organisation de l'enseignement professionnel agricole est hautement désirable pour tous les pays. »

— Adopté.

« La méthode utilisée sera intuitive, variant d'après les régions et s'adaptant aux conditions du milieu. Elle développera surtout l'esprit d'observation de l'enfant. La moitié du temps sera réservée à l'enseignement pratique. »

Sir George Fordham demande la suppression de la dernière phrase.

— Cet amendement est rejeté par 12 voix contre 3.

Le second vœu est adopté.

« 3° L'enseignement primaire à tendance professionnelle se donnera à partir de 12 ans. On consacrera les matinées à l'enseignement général. Trois après-midi par semaine seraient réservées pour les cours spéciaux aux enfants appelés au travail agricole (système du demi-temps). La loi accorderait aux communes le droit de suspendre momentanément les cours de l'après-midi dans les limites fixées et moyennant l'approbation de l'autorité supérieure. »

M. le chanoine Temmerman propose de centraliser les cours spéciaux des écoles d'une même commune, dans la mesure du possible.

M. Warnants. — Je crois qu'il y a lieu de faire une mise au point. L'objet qui nous occupe est l'enseignement primaire professionnel agricole. On a préconisé en plus, ici, la tendance professionnelle à l'école primaire.

M. le chanoine Temmerman. — Dans ce cas, il eût été préférable de dire « enseignement professionnel élémentaire » et non « enseignement primaire professionnel », ce qui prête d'autant plus à confusion, que nous parlons aussi des tendances professionnelles à l'école primaire.

M. De Barsy demande si les trois après-midi seront consacrés aux travaux intéressant l'agriculteur, ou occupés par l'étude raisonnée de la pratique des travaux à pied d'œuvre sans que l'on s'oppose à ce que les élèves exécutent les petits travaux.

M. Pastur. — C'est la seconde interprétation que nous proposons.

— Le troisième vœu est adopté à l'unanimité.

« 4° Momentanément, le cours spécial agricole serait confié à un professionnel de l'agriculture. Les instituteurs en fonctions suivront des cours de perfectionnement et recevront un diplôme spécial d'aptitude. Dans les écoles normales on donnerait aux élèves une formation professionnelle au début de la quatrième année en réservant une large part à la pratique agricole. »

M. Gheysens est opposé à l'introduction à l'école de professeurs spéciaux qui n'ont pas les notions pédagogiques nécessaires. Il s'agit ici d'éducateurs et non de professeurs.

M. Limpens. — D'autant plus qu'il ne s'agit que d'une éducation générale, et non d'un enseignement technique.

M. le Chanoine Temmerman croit que les instituteurs, qui ont le diplôme spécial, sont en réalité peu spécialistes. Tout doit se faire en bon accord, naturellement, mais au début au moins, il est désirable que les agronomes ne demeurent pas étrangers à l'organisation du nouveau cours.

M. Pastur ajoute en tête de sa conclusion le mot « momentanément »; qui y était du reste implicitement contenu.

M. De Barsy voit une contradiction entre ce vœu et le précédent: il ne s'agit pas de spécialiser les enfants qui n'ont pas encore choisi leur carrière.

— La première partie du texte est adoptée par 11 voix contre 7.

— La seconde partie est adoptée à l'unanimité.

M. le Président. — J'accorde la parole à M. Delos, ingénieur agronome de l'Etat, à Namur, pour une communication dont l'objet est connexe de la question traitée en ce moment.

M. Delos. — Mesdames, Messieurs, permettez-moi de vous entretenir quelques instants d'une question qui me paraît intimement liée à celle de l'enseignement agricole à l'école primaire que vient d'exposer excellemment *M. le Député Pastur*, rapporteur général. Je pense, avec mon honorable collègue, *M. Warnants* qu'il s'est produit, au cours de la discussion, quelque confusion entre l'enseignement primaire agricole et l'enseignement professionnel. Peut-être convient-il de préciser ces deux choses bien distinctes.

Nous avons entendu tantôt et unanimement approuvé la motion de *Mme Kiamil Perrissoud*, tendant à imprimer dès l'enfance le goût du travail manuel; nous avons suivi avec un vif intérêt l'exposé brillant et pratique de M. le Rapporteur général, s'occupant de la formation agricole de l'enfant à l'école primaire, le laissant à l'âge de 14 ans imprégné d'idées rurales, de l'amour des champs, et de connaissances agricoles élémentaires. Permettez-moi de reprendre ce jeune cultivateur en herbe, et d'essayer d'en faire un agriculteur *par les écoles temporaires ambulantes.*

Les progrès incessants constatés dans la production végétale et animale sont dus en grande partie à l'enseignement agricole à tous les degrés.

Mentionnons tout d'abord les études agricoles supérieures dans les établissements universitaires de Gembloux et de Louvain : elles ont été, en somme, la source et la base des écoles et institutions d'enseignement agricole moyen et professionnel. Ces dernières comportent : l'enseignement de l'agriculture dans les écoles et établissements d'enseignement général, les conférences spéciales et cours publics aux adultes, et depuis quelques années, l'enseignement professionnel populaire, autrement dit « ambulant » ou « temporaire ».

C'est cette dernière forme de l'enseignement que je désirerais faire connaître.

A côté des fils d'agriculteurs, qui pour des raisons que nous n'avons pas à discuter ici, désertent les campagnes, un certain nombre abordent des cours moyens ou humanitaires, parfois avec certaine velléité de poursuivre leurs études en vue d'une carrière non agricole, et reviennent finalement, quelque peu désappointés, vers la charrue paternelle; d'autres terminent leur instruction générale à l'école primaire. On peut dire que ces jeunes gens forment la majeure partie des futurs agriculteurs.

Dans notre pays de petite culture, d'ailleurs, l'exploitant agricole peut difficilement distraire une partie de ses ressources pour diriger ses enfants vers l'enseignement professionnel du degré supérieur et moyen; la main-d'œuvre rare — le principal aléa actuel de l'agriculture — l'incite au surplus à recourir aussitôt que possible à la collaboration de ses fils.

Dans ces conditions, quelle formation professionnelle possèdent ces jeunes gens, versés d'office pour ainsi dire dans le vaste et compliqué atelier agricole? L'école primaire n'a pu, nonobstant toute l'aptitude et les conseils de maîtres dévoués, en faire des agriculteurs modernes. Certes les cours d'agronomie aux adultes, d'aviculture, etc., leur sont accessibles et très utiles. Mais ils sont insuffisants, parce qu'ils ne peuvent en somme comporter qu'une partie des connaissances scientifiques, techniques et économiques nécessaires à la formation de cultivateurs instruits, aptes à raisonner les opérations d'une exploitation agricole; de même, les conférences spéciales leur sont trop peu fructueuses parce que s'adressant à des auditeurs trop peu préparés. Ces quelques considérations démontrent la nécessité des *écoles professionnelles ambulantes*.

Leurs bons résultats découlent d'ailleurs de ce fait qu'elles s'adressent à des jeunes gens définitivement acquis à la profession agricole : ayant été déjà aux prises avec les difficultés de la pratique, ils apprécient d'emblée la haute portée et la valeur de l'enseignement agricole.

En quoi consistent ces écoles? Il s'agit d'un enseignement suffisamment complet réparti sur une ou plusieurs périodes hivernales de trois mois. Les cours sont gratuits; ils sont donnés à raison d'environ trois heures par jour suivant un horaire adapté aux convenances de la majorité des élèves.

Les frais de cet enseignement sont supportés par l'Etat, la Province, la Commune, siège du cours, et les sociétés agricoles.

La direction en est confiée à l'agronome de l'Etat de la région.

Les écoles de ce genre sont établies dans des centres agricoles suffisamment desservis par des voies ferrées pour en permettre la fréquentation aux élèves les plus éloignés; elles sont « ambulantes », c'est-à-dire qu'elles s'établissent dans les localités où elles peuvent réunir un minimum de 15 élèves.

L'admission est subordonnée aux seules conditions : d'être âgé d'au moins 15 ans et d'avoir fait de bonnes études primaires. A ce point de vue, l'établissement du 4e degré à l'école primaire rurale, en augmentant les connaissances générales et les orientant vers l'agriculture, ne peut qu'assurer le succès et

mettre en relief la nécessité des écoles professionnelles temporaires, lesquelles constitueront souvent la suite naturelle et
logique du 4ᵉ degré primaire à la campagne (1).

Programme général.

D'une manière générale, ce programme est adapté aux nécessités réelles de la culture de la région. C'est dire que l'on veille
avant tout à n'enseigner que des notions *applicables* à la ferme;
hâtons-nous d'ajouter que nous attachons une grande importance

---

(1) Non pas que nous concevions le 4ᵉ degré dans les localités rurales
comme devant être *spécialement* agricole. Nous pensons au contraire
que le 4ᵉ degré ne peut être spécialisé, étant donné surtout que l'avenir
professionnel des élèves ne peut être prévu dès l'âge de 12 ou 13 ans.
Cet enseignement peut viser, à notre avis, à faire acquérir les connaissances nécessaires pour la préparation à un apprentissage technique de
divers métiers, et aussi une formation morale bien établie. Connaître
les bases de sa profession, aimer celle-ci, et s'élever moralement et
matériellement par son travail : tels sont les principes à inculquer au
jeune campagnard. Quant au mode d'organisation, il consisterait, en
ses grandes lignes, dans : 1° La fréquentation scolaire jusqu'à l'âge de
14 ans, avec vacances *saisonnières*, suivant les besoins régionaux de
l'agriculture; 2° L'adoption d'un *programme* bien étudié lequel comporterait : a) Une *partie générale*, s'inspirant des choses de l'agriculture : c'est-à-dire que les branches générales seraient données autant que
possible avec des applications ayant trait à l'agriculture (arithmétique
et calcul *appliqués*, système métrique, rédaction, géographie, dessin,
notions d'hygiène, *sciences naturelles*, comptabilité, correspondance,
documents commerciaux, notions relatives aux associations, mutualités,
droit usuel). Le matériel intuitif nécessaire peut être composé d'appareils
préparés entièrement par le maître, et de produits à la portée de tous :
l'originale et remarquable exposition de l'enseignement primaire au
Concours agricole régional de Namur en 1912, l'a fort bien démontré.
*Voir à ce sujet : Rapport sur le Concours régional agricole de Namur
1912, par Alb. Delos, agronome de l'Etat. Namur, imp. Lambert-De
Roisin. b) Une partie spéciale* : celle-ci comporterait la pratique proprement dite où, suivant une expression qui rend bien notre pensée, on « *se
ferait la main* » : travail élémentaire du bois, travaux de jardinage,
notions sur le matériel agricole élémentaire, etc., dont l'artisan, aussi
bien que le cultivateur, auront besoin.

Et lorsque après son 4ᵉ degré, une carrière, une profession se dessinera
pour l'élève de la campagne, le futur artisan ou cultivateur sera moralement et scientifiquement armé pour suivre les cours d'une école
spécialement adaptée à son métier : école industrielle, école d'apprentissage, *école professionnelle d'agriculture.*

aux connaissances *scientifiques* (2), c'est la base indispensable de tout enseignement raisonné. La formation professionnelle est complétée par des visites et excursions agricoles : fermes, expositions, concours d'animaux, ateliers de construction de machines agricoles, etc.

Les matières enseignées ont été jusqu'ici réparties sur deux périodes hivernales de trois mois; elles ont été partagées en deux écoles distinctes : A) l'école temporaire d'agriculture; B) l'école temporaire de mécanique agricole.

I. *Ecole temporaire d'agriculture.*

Le programme, essentiellement régional, est variable. Les points suivants peuvent servir de guide :
a) Notions d'agrologie: étude des sols de la région, origine,
b) Notions de météorologie et de climatologie.

II. *Exploitation de la plante.*

a) Notions d'agrologie : étude des sols de la région, origine, propriétés, conclusions pratiques;
b) Les labours;
c) Notions de physiologie végétale;
d) Etude de la graine, sélection, etc.;
e) L'alimentation de la plante, les engrais, etc.;
f) Les maladies des plantes — remèdes;
g) Les cultures de la région (sol, engrais, semailles, soins d'entretien pendant la croissance, récolte et conservation des produits).

III. *Exploitation des animaux.*

a) Notions d'anatomie et de physiologie animale;
b) Alimentation des animaux domestiques;
c) Hygiène;
d) Etude des différentes spéculations animales de la région;
e) L'amélioration des animaux; les syndicats d'élevage;
f) Les maladies contagieuses et la police sanitaire, etc.

---

(2) Après l'organisation du 4e degré, nous pourrons être plus concis sur ces points.

IV. *Divers.*

a) La comptabilité; les écrits que le cultivateur doit tenir; notions de droit rural; usages locaux;

b) Mécanique agricole : quelques conférences générales sur des sujets d'actualité: l'utilité des moteurs, l'eau à la ferme, les machines à traire; les hangars économiques, etc. (1).

c) La laiterie;

d) Législation et principales associations agricoles.

Corps enseignant.

On peut dire que dans les écoles de ce genre surtout, où l'on doit chercher par tous les moyens à développer chez le futur fermier l'initiative et l'esprit d'observation, *ce sont les professeurs qui font l'institution.*

Aussi est-il essentiel, pour chacune des branches, de confier l'enseignement à des spécialistes parfaitement au courant des spéculations et de l'économie rurale de la région et s'inspirant des nécessités de son agriculture. Le personnel enseignant peut comprendre : un ingénieur agronome spécialement préparé à cet enseignement, et plusieurs spécialistes, notamment pour la zootechnie, les spéculations animales, les conférences de mécanique, l'aviculture, etc.

L'enseignement à l'école temporaire d'agriculture de l'arrondissement de Namur est donné par six professeurs, agronomes, ingénieur, médecins-vétérinaires; les cours sont spécialement préparés et autographiés par leurs titulaires et remis aux élèves. L'école est pourvue d'un matériel intuitif approprié.

B. *Ecole de mécanique agricole.*

Montrer la nécessité de l'enseignement de la mécanique, me paraît chose superflue. Au début de l'institution des écoles temporaires, le besoin s'en faisait moins sentir : des confé-

---

(1) Ces sujets sont spécialement choisis dans le but d'attirer l'attention des élèves sur les questions de Mécanique agricole les plus intéressantes et de leur montrer ainsi la nécessité de compléter leur instruction professionnelle à *l'Ecole de Mécanique.*

rences et excursions étaient mises à profit pour donner aux élèves les indications pratiques au sujet des machines nouvelles.

Actuellement, cet enseignement s'impose dans la région : le machinisme s'étend de plus en plus sous l'influence de la pénurie de la main-d'œuvre et de l'économie résultant de ses applications dans nos fermes; les chefs-ouvriers et conducteurs expérimentés deviennent introuvables. D'autre part, les comices et les unions professionnelles agricoles possédant des machines en commun, éprouvent souvent des difficultés et des pertes par suite de la non-initiation des affiliés quant à l'emploi des machines. Notre but, suivant en cela le système suivi par l'école précédente, est donc de donner aux fils d'agriculteurs et aux conducteurs de machines, pendant la morte-saison agricole, les notions scientifiques indispensables en vue de la connaissance, l'emploi, la conduite, le montage, le réglage et l'entretien des instruments et appareils utilisés en agriculture. Les exercices pratiques à l'atelier et lors des excursions : démontages, réglages, réparations courantes, placement des pièces de rechange, constituent la partie essentielle de l'enseignement, partie vers laquelle convergent les cours théoriques. Chaque élève prend individuellement part à tous les exercices.

Faisons remarquer, chose importante, que cet enseignement doit logiquement devenir le complément du précédent; aussi, proposons-nous de n'y admettre à l'avenir que les jeunes gens ayant subi avec succès les examens de sortie de l'école d'agriculture; nous étudions même la question d'organiser tout l'enseignement professionnel temporaire *en cours concentriques*. De fait, durant les deux sessions qui ont fonctionné, à Namur, et sans aucun règlement relatif au recrutement, la population de l'école de mécanique a été composée, pour plus de la moitié, par les élèves des précédentes sessions agricoles qui sont d'ailleurs devenus les plus fervents propagandistes des institutions d'enseignement.

Organisation générale.

La fréquentation des cours est gratuite; les élèves doivent seulement se procurer à leurs frais, les objets nécessaires pour le cours. Pour être admis à l'école, il faut réunir les conditions suivantes : 1° être âgé d'au moins 16 ans; 2° posséder une bonne instruction primaire; 3° posséder la force physique nécessaire pour exécuter tous les travaux prévus au programme et prendre par écrit l'engagement de suivre régulièrement les cours.

Durée des cours: 3 mois à raison de trois jours par semaine. L'école dispose de deux locaux se prêtant à l'enseignement : a) un atelier comprenant: forgé, étaux, bancs, établis, etc., nécessaires pour le travail du fer et du bois; b) un vaste hall où se fait l'étude des machines et où s'exécutent les travaux pratiques relatifs aux appareils; ceux-ci sont prêtés par les divers constructeurs (voir règlement spécial joint au rapport). Pour ces raisons, il est utile de conserver l'école pendant plusieurs sessions dans une localité bien choisie au point de vue du recrutement des élèves.

Programme sommaire.

I. *Cours théoriques*. Ci-après le programme général des dits cours :

1° Notions de culture en rapport avec les machines;

2° Notions de mécanique agricole. Etude des forces, applications des leviers, manivelle et bielle, treuil, crics, poulies, freins, roues dentées, etc.;

3° Propriétés des matériaux entrant dans la construction des machines;

4° Combustibles et lubréfiants;

5° Cours de machines : de laiterie, d'intérieur de ferme, d'extérieur, appareils de sécurité;

6° Etude et conduite des moteurs inanimés : locomobiles et moteurs divers;

7° Etude de la loi sur les accidents du travail en rapport avec les machines;

8° Conférences sur les soins à donner en cas d'accident.

II. *Cours pratiques*. Se font sous la conduite de deux chefs d'atelier; ils comprennent :

a) Le travail du bois (travaux élémentaires suivant un plan arrêté; b) le travail d'ajustage; c) travaux de démontage, réglage des machines agricoles, manœuvre des leviers, recherche des défauts de fonctionnement et remèdes à y apporter.

Pour suivre les cours pratiques, chaque élève possède un costume en toile bleue, et sa trousse d'outils, qui est composée comme suit : burins et bec d'âne, marteaux, chasse-clou, clef anglaise réglable, jeu de limes, compas d'épaisseur, équerre, fil à plomb, niveau, rabots, etc.

Excursions. — Les excursions ont lieu à la fin des cours et avant l'examen, sous la conduite des professeurs; les élèves font un rapport sur chaque excursion et la cote attribuée aux rapports intervient pour l'examen final.

Personnel enseignant.

Le personnel enseignant se compose:

D'un ingénieur-mécanicien spécialiste (cours désignés aux 3°, 5°, 6° ci-dessus).

De deux chefs d'atelier-instructeurs (cours pratiques);

D'un docteur en droit (cours du 7°);

D'un ingénieur-agronome (cours désignés aux 3°, 5°, 6° ci-dessus);

D'un docteur en droit (cours du 7°);

D'un médecin (cours du 8°);

Comme pour l'école précédente, les divers professeurs ont publié à l'usage des élèves, des ouvrages spéciaux adaptés à cet enseignement nouveau (1).

L'école, placée sous la direction de l'agronome de l'Etat, est subsidiée par l'Etat, la Province et les sociétés agricoles.

Résultats.

Les écoles professionnelles agricoles établies dans la région depuis 1905 ont obtenu le plus vif succès. Le tableau ci-après donne quelques indications à cet égard.

---

(1) Signalons notamment les ouvrages de M. le Professeur Bouckaert sur les machines et moteurs agricoles, l'étude des matériaux, etc.

Ecoles temporaires d'agriculture.

		Nombre d'élèves inscrits.	Nombre d'élèves ayant subi avec succès l'examen de sortie.
1905	Saint-Gérard	24	21
1906	Hanret	25	23
1907	Ohey	25	23
1908	Thon-Samson	21	19
1909	Ermeton-sur-Biert	16	16
»	Florennes	39	23
1910	Namur	32	29
»	Philippeville	25	18
1911	Namur	36	33
»	Walcourt	24	20
1912	Namur	22	20
»	Mariembourg	25	17
	Totaux	314	262

Ecole professionnelle de mécanique agricole :

1911-12	Namur	23	20
1912-13	Namur	21	17
	Totaux	44	37

En ce qui concerne cette dernière institution qui fonctionnait pour la première fois sous forme temporaire, les examens et épreuves pratiques de sortie ont montré que trois mois de cours bien distribués permettent aux fermiers d'acquérir la formation mécanique nécessaire.

J'estime qu'il y aurait utilité, *pour la région namuroise*, de créer une troisième session spéciale, laquelle vraisemblablement pourrait ne comporter que deux mois: une *session spéciale d'élevage*. L'enseignement intégral de l'agriculture professionnelle serait de cette façon réparti en trois périodes hivernales: 1° Agriculture; 2° Mécanique agricole; 3° Elevage.

L'exposé qui précède — forcément condensé — et les résultats très encourageants obtenus, montrent que l'enseignement agricole temporaire apporte une contribution précieuse à la diffusion des connaissances professionnelles et qu'il y aurait lieu de *provoquer*

*la création, dans les localités judicieusement choisies, de ces
écoles populaires d'agriculture.* Tout ne doit-il pas être mis en
œuvre pour que la jeune génération agricole — les agriculteurs
de demain — n'échappe point à l'enseignement que sa profession
exige de plus en plus impérieusement?

C'est là le résultat qu'il importe d'atteindre pour le bien-être
des populations rurales et l'augmentation croissante de la production agricole.

Je propose le vœu suivant :

« Il serait désirable de provoquer la création dans des centres
agricoles judicieusement choisis, d'écoles temporaires professionnelles d'hiver, d'après un programme adapté à l'agriculture de
chaque région ; ce programme serait réparti sur plusieurs périodes
hivernales (école d'agriculture, de mécanique agricole, d'élevage).
Cet enseignement constituerait le complément nécessaire et logique du 4ᵉ degré rural. »

M. le Président. — Je remercie et félicite vivement au nom
de l'assemblée M. l'agronome Delos pour son intéressant rapport. J'ai pu apprécier sur place les écoles temporaires ; elles rendent de très grands services. Je crois répondre au vœu de l'assemblée en proposant l'insertion de la communication de M.
Delos au compte rendu du Congrès. (Applaudissements et assentiment unanime.)

Plusieurs membres. — Parfaitement. Nous le réclamons!

—L'assemblée adopte le vœu précité et décide d'insérer le
texte du rapport au compte rendu.

M. Toussaint donne lecture d'une communication de *Miss Courtauld,* déléguée de l'Union Internationale Agricole et Horticole
des Femmes, ayant trait à l'organisation et au fonctionnement
de cette association.

La séance est levée à 12 h. 45.

III° SECTION

Economie animale

COMITÉ ORGANISATEUR DE LA SECTION

Président :

M.

Degive, directeur honoraire de l'Ecole de médecine vétérinaire et directeur de l'Office vaccinogène de l'Etat, à Bruxelles.

Vice-Présidents :

MM.

Frateur, J.-L., professeur à l'Institut agronomique de l'Université, Institut de Zootechnie, à Louvain ;

le baron H. Della Faille d'Huysse, Sénateur, à Deurle (Flandre-Orientale);

le chevalier Hynderick de Theulegoet, à Bruxelles ;

Hubert, directeur honoraire de l'Institut agricole de l'Etat, à Braine-l'Alleud;

le baron de Steenhault, président de la société Belge de Zootechnie, à Vollezeele ;

De Roo, inspecteur vétérinaire principal au Ministère de l'Agriculture.

Secrétaires :

MM.

De Keyser, agronome de l'Etat, à Courtrai ;

Mullie, inspecteur vétérinaire honoraire, à Dottignies ;

Zwaencpoel, professeur à l'Ecole de médecine vétérinaire de l'Etat, rue Veeweide, 82, à Anderlecht;

Molhant, assistant à l'Institut de zootechnie de l'Université de Louvain.

Membres :

MM.

Pien, L., chef de division au Ministère de l'Agriculture et des travaux Publics, à Bruxelles;

Van Damme, C., chef de division au Ministère des Colonies, à Bruxelles ;

Van Iseghem, à Snaeskerke.

Séance du lundi 9 juin 1913.

———

Séance du matin.

M. le baron della Faille d'Huysse, sénateur, préside.

Il souhaite la bienvenue aux étrangers.

Sur la proposition du président, le bureau est ainsi constitué :

Présidents d'honneur : MM. Guillermo Pereira, délégué du Gouvernement du Chili; Nicolaïdes, délégué de la Grèce ; Miguel Casares, délégué de la République Argentine ; Michel Sarlund, délégué du Gouvernement de la Norvège.

Vice-Présidents d'honneur : MM. Decharme, chef de service au Ministère de l'Agriculture de France ; Juan Marsonnave, ancien président du Conseil d'Agriculture d'Espagne ; Granville, E. L. Baker.

Présidents : MM. A. Gouin, Kroon, de Malsbourg, M. Al. Douglas.

La valeur productive attribuée aux principaux aliments du bétail par Kellner correspond-elle aux observations de la pratique?

M. *Gouin* résume son rapport. Il conclut que pour le jeune âge tout au moins, les valeurs amidons de Kellner n'ont pas une valeur pratique.

M. *Dannfelt*, de Suède, prend la parole en place de M. Nils-Hansen, absent, pour faire le résumé du rapport de ce dernier.

M. *Charles Crowther* résume son rapport.

M. *Schirkirch* (Russie). — Les communications que nous venons d'entendre touchent au grand nom de Kellner.

On se prononce contre le principe fondamental de Kellner et ensuite contre ses normes. Dans l'expérimentation, le principe, là méthode de travail, c'est tout ; et les méthodes de Kellner et et d'Aronsby sont universellement connues. Donc sous ce rapport, nous n'avons pas de prétexte pour nous prononcer contre Kellner. Pour ce qui est des normes, Kellner lui-même indique les cas où l'on peut diminuer la quantité d'azote, mais pour la production intensive, il l'a gardée. C'est pourquoi je prie la section de ne pas se prononcer contre la méthode et les normes de Kellner.

M. Lucas demande à M. Gouin de bien vouloir exposer sa méthode de travail. On pourrait alors mieux discuter la valeur des résultats qu'il nous donne.

M. Gouin ne prétend pas, dit-il, vouloir combattre la théorie de Kellner ; il expose tout simplement les résultats que la pratique lui donne.

M. Frateur. — Il résulte de cette discussion que les expérimentateurs ne sont pas même d'accord ; il ne convient pas, dès lors, que notre congrès décide sur la valeur réelle de l'une ou de l'autre méthode.

Je propose le vœu suivant :

« La troisième section émet le vœu de voir poursuivre les études sur la valeur productive attribuée en pratique aux principaux aliments du bétail et de voir trancher, dans un prochain congrès, la question sur la valeur des méthodes employées dans ces expériences. »

Méthodes pratiques d'appréciation des animaux reproducteurs. — Moyens pratiques de contrôler la valeur économique des animaux domestiques.

M. Kroon: — Le jugement d'animaux reproducteurs n'est pas sans difficultés. Le travail qu'ils peuvent effectuer ne peut être jugé que fort incomplètement par des signes extérieurs. Pour le jugement d'animaux reproducteurs, il y a beaucoup d'autres facteurs dont il faut tenir compte.

On doit choisir comme animaux reproducteurs ceux qui sont bien pourvus de toutes les propriétés souhaitées chez les descendants, qui sont exempts des défauts qu'on n'aime pas à voir chez la progéniture.

Il ne suffit pas que les animaux reproducteurs aient des qualités excellentes; il faut aussi que celles-ci soient héréditaires.

Les propriétés d'un animal dépendent pour la plus grande partie des facteurs qui se trouvent dans les germes, dans les gamètes; mais elles dépendent aussi en une certaine mesure, des facteurs extérieurs.

Parmi les animaux ayant la disposition héréditaire aux mêmes qualités, on remarque plusieurs variantes ou modifications qui montrent des différences plus ou moins grandes.

L'animal est-il le produit de l'union de deux gamètes qui ont toutes les deux le facteur de cette qualité, il ne produira que des gamètes qui sont pourvues du facteur. Le dernier animal est ce que l'on appelle homozygote, et le premier est hétérozygote.

Le résultat de l'élevage avec des hétérozygotes est fort incertain. Il est de la plus haute importance de choisir des animaux reproducteurs qui sont homozygotes en ce qui concerne les qualités qu'on désire en premier lieu. En accouplant ces animaux, on obtient toujours des descendants avec ces mêmes qualités, du moins quand les facteurs extérieurs sont favorables; au contraire, en employant pour la reproduction des animaux hétérozygotes, on n'est aucunement certain d'avoir de bons résultats.

Le moyen le plus logique pour savoir si un animal est homozygote pour certaines qualités, s'il est pourvu des deux facteurs et s'il est certain qu'il transmettra ses qualités à ses descendants, c'est de faire usage d'accouplements d'essai.

Nous avons par ce moyen une épreuve pour la pureté de la race; mais elle n'a de la valeur que pour les qualités qui sont dominantes.

En général, on peut tirer beaucoup de profits de ces accouplements d'essai; les descendants directs peuvent nous apprendre beaucoup quant à l'hérédité d'un grand nombre de qualités.

Le but du « stud book » est de connaître un grand nombre d'ancêtres et de descendants et leurs qualités, afin d'avoir la certitude de l'hérédité, des qualités désirées.

La connaissance des pédigrées peut nous rendre de grands services pour choisir les animaux reproducteurs. L'élevage en famille plus étroite donne, d'après l'opinion générale, de mauvais résultats; mais on peut dire franchement que l'élevage en famille n'est pas si dangereux qu'on l'a pensé jusqu'ici.

M. Kroon démontre que les bons « stud books » peuvent nous fournir quelques données sur la puissance héréditaire. Il regrette de ne pouvoir indiquer des méthodes plus pratiques pour le jugement des animaux reproducteurs.

Séance de l'après-midi.

La séance est ouverte à 2 heures, sous la présidence de M. Hubert.

M. Kroon résume son exposé de ce matin.

Après quelques questions, posées par les membres de la section, *M. Mullie* propose d'émettre le vœu suivant :

« La troisième section émet le vœu de voir apprécier la valeur économique des animaux reproducteurs domestiques non exclusivement d'après la conformation et certains signes extérieurs, mais bien d'après les données de la biologie et le contrôle expérimental des aptitudes qui sont recherchées spécialement. »

Valeur zootechnique de la sélection.— Consanguinité.
Isolement des lignées pures. — Line-breeding.

M. Denayre étant absent, la parole est donnée à *M. Andrew Sloan* pour faire l'exposé de son rapport.

Voici ses conclusions :

« 1. Les signes extérieurs pour l'application des qualités du lait sont de très peu de valeur.

» 2. Les animaux de volume moyen ont un rendement supérieur et sont aussi plus faciles à entretenir que les grands.

» 3. Il existe dans la race Ayrshire un certain nombre de familles qui se caractérisent par un très haut rendement.

» 4. Les vaches dociles ont un rendement économique meilleur.

» 5. Il y a transmission héréditaire de la qualité laitière.

» 6. Les propriétés laitières sont plus facilement transmises par le taureau que par les vaches. »

M. De Keyser trouve la première conclusion un peu trop absolue.

M. Kroon. — J'étais auparavant de l'avis de M. De Keyser; mais l'expérimentation m'a prouvé peu après que je me trompais et que les signes extérieurs que l'on donne comme indices de bonnes vaches laitières nous trompent souvent.

M. Frateur insiste sur l'isolement des lignées à haute production préconisée par M. Sloan.

M. De Keyser soutient que les signes laitiers ont une valeur pour diviser les bêtes en bonnes ou mauvaises laitières.

M. Lucas. — En France, actuellement, on tend à ne plus attacher grande importance aux signes extérieurs, et, actuellement, dans les concours, on ne classe les animaux que d'après les résultats du contrôle.

M. Gouin. — Les signes extérieurs ont le grand avantage d'être rapides.

M. De Keyser revient à son idée et ne prétend pas qu'on attribue une valeur trop minime aux signes extérieurs, qui ont sans contredit une valeur pratique.

La discussion se poursuit sur la valeur à attribuer aux signes laitiers.

M. le Président croit pouvoir mettre tous les membres d'accord en proposant le vœu suivant :

« Le Congrès se rallie aux conclusions du rapporteur et admet que les signes extérieurs ne sont pas suffisants dans l'appréciation de la production laitière, le contrôle seul donnant des résultats complets et précis. »

Sur la valeur de la consanguinité, *M. Mullie* donne lecture de la communication que M. Gineis a fait parvenir à la section.

M. G. Gineis démontre dans son rapport l'influence de la consanguinité sur la fécondité et la résistance organique par quelques faits observés chez les porcs, les moutons, les bovins, les volailles et les lapins.

Observations sur les porcs. — Dans plusieurs porcheries bien tenues, M. Gineis a constaté une diminution de la fécondité lorsqu'on utilisait comme mâle un verrat proche parent de la femelle tandis qu'au contraire la même truie produisait des portées plus nombreuses quand elle était fécondée par un mâle étranger.

L'auteur relate quelques faits démonstratifs à cet égard dans son rapport.

Observations sur les moutons. — Sur des troupeaux de moutons entretenus pendant longtemps en consanguinité, on a constaté en premier lieu une diminution de la taille. En vue d'améliorer un troupeau de race Berrichonne par l'alimentation intensive, la sélection judicieuse et la consanguinité, on obtenait au bout de quelques générations des beaux animaux de valeur. Mais, èn continuant cette consanguinité, on observa, après quelques années, un abaissement de la taille et une diminution du poids, tout en conservant l'amélioration de leurs formes. Ne voulant pas lutter contre cette décroissance par une augmentation de nourriture, qui ne serait pas économique, et ne trouvant pas de mâles suffisamment beaux, l'éleveur dut vendre ce troupeau.

On a constaté en second lieu une diminution de la résistance organique. L'orateur l'explique par quelques faits.

Observations sur les bovins. — Les bovins paraissent, au moins pendant de longues générations, échapper à toute action malfaisante de la consanguinité. Les exemples que l'auteur cite, paraissent attester qu'une consanguinité étroite pendant bien des années n'amène aucune diminution de taille ni aucune défaillance organique. Mais cependant toutes les races bovines ne montrent pas une égale indifférence.

Observations sur les poules. — On observe parfois : *a)* un envahissement du blanc sur les houdans et les andalouses reproduites en consanguinité; *b)* une diminution de la fécondité sur la race houdan; les bêtes étant élevées en consanguinité, on constate bientôt une diminution dans le nombre des œufs pondus et aussi une plus faible proportion d'œufs fécondés.

Observations sur les lapins. — On a constaté dans une exploitation de l'Yonne, où l'on produisait des lapins depuis bientôt dix ans, dans une consanguinité très étroite, une diminution inquiétante dans le nombre des petits par portée. Aussi dut-on introduire un mâle étranger pour remédier à cette diminution de la fécondité.

Conclusions :

Bien que les effets bienfaisants de la consanguinité prouvent tous les jours le succès et les effets améliorateurs que l'on peut attendre d'une pareille méthode, il n'en est pas moins vrai que la consanguinité peut avoir une influence néfaste sur la fécondité et sur la résistance organique, comme le montrent les observations précédentes.

De plus, ils ne sont que la résultante de tendances cachées ou latentes qui ne se déclarent pas ouvertement chez chacun des reproducteurs, mais qui, à force de s'additionner, apparaissent, un moment, sur les produits.

M. Frateur. — Nous devons être très sceptiques à l'égard de ce qu'on avance sur le compte de la consanguinité ; aucune observation n'est suffisamment probante dans l'un ou l'autre sens. Nous engageons le congrès à émettre le vœu de voir des expériences se faire dans ce sens.

La séance est levée à 4 heures.

Séance du mardi 10 juin 1913.

Séance du matin.

M. Kroon préside.

Bases de la classification des races animales domestiques.

M. *de Malsbourg* nous fait une communication dont voici la conclusion :

« La section est d'avis que la systématique de nos animaux domestiques doit être soumise à une révision complète au point de vue de la science biologique moderne et que les investigations y relatives doivent s'étendre au caractère histobiologique des organismes en question. »

M. *Frateur*. — La communication que vient de nous faire M. de Malsbourg, marque un grand pas dans cette question si complexe de la classification de nos animaux domestiques. Je crois cependant que le système préconisé est incomplet; que c'est du côté des données de l'hérédité expérimentale que nous devons chercher la solution de cette question.

Sur cette même question, M. Frateur donne lecture de la communication que M. Dechambre a fait parvenir à la section.

En voici le résumé :

« Les races animales ont pris naissance sous l'influence de causes multiples dont les plus actives sont le polymorphisme sexuel, le milieu naturel, la variation progressive, la variation brusque ou mutation, le milieu artificiel et les diverses conditions de l'élevage. Mais en dépit de cette variété d'origine, les races conservent des caractères généraux dus précisément à l'action de causes identiques ayant provoqué des variations semblables dans les espèces naturelles.

» C'est donc en s'attachant aux caractères généraux, offerts par ces races de formation lointaine que nous avons le plus de chances de rencontrer les liens les plus étroits, en même temps que les différences les plus essentielles et par conséquent, les éléments les meilleurs pour une classification rationnelle.

» Les premières classifications destinées à l'étude des animaux domestiques ne reposaient sur aucune base précise et scientifique. Les unes étaient établies sur le voisinage géographique ou les divisions provinciales. (Grognaci-Mogne). Les autres partaient de l'aptitude dominante de chaque race : races bovines de travail, de boucherie ou de laiterie, moutons à laine, etc... Cette méthode est préférable à la première, mais elle oblige à ranger d'office dans telle ou telle catégorie, les individus de races non spécialisées ou ceux que des conditions économiques, successivement différentes, et les progrès zootechniques ont détourné d'une affection initiale devenue improductive ou insuffisamment rémunératrice.

» Les mensurations craniennes, inaugurées par Retzius en 1842, furent reprises par Broca et parurent donner une base solide à la classification des races humaines.

» Trois types étaient dégagés: le brachycéphale, à crâne court et arrondi ; le dolicocéphale, à crâne allongé et étroit ; le mésaticéphale, à crâne ovalaire intermédiaire aux deux précédents. Bien que ces types ne puissent représenter toute la morphologie cranienne, la craniométrie a donné l'expression d'une première classification scientifique.

» Sanson adapte à l'ethnologie animale les procédés de l'anthropologie. Mais la craniométrie ne peut suffire à toutes les différenciations ethniques. Elle n'est qu'un des aspects de la morphologie de la tête et ne précise qu'un cas particulier, bien que fort intéressant, des proportions générales. Sanson chercha ceux-ci dans la forme et les relations réciproques des os du crâne et de la face qu'il éleva au rang de « caractères spécifiques ». S'appuyant ensuite sur les caractères morphologiques du crâne et de la face, il est parvenu à dégager des formes qu'il considère comme des types naturels et auxquelles il assigne des centres d'apparition qui servent de base à la nomenclature géographique qu'il a adoptée.

» Les anthropologistes disciples de Broca se rendirent si bien compte du besoin d'adopter une méthode générale plus simple et reposant sur une base plus étendue que celle de Sanson, qu'ils ne tardèrent pas à reconnaître la nécessité de recourir à d'autres éléments que les indices céphaliques pour classer les races humaines. Topinard, puis Ch. Richet, puis Dénicker utilisent successivement les caractères morphologiques proprement dits. Les ethnographes y ajoutent les mœurs les costumes, le langage, etc.

» Le professeur Ch. Cornevin, dans sa zootechnie spéciale, a fait une application heureuse de l'utilisation de multiples caractères pour la classification méthodique de la race, en procédant par dichotomies successives permettant d'établir des subdivisions de plus en plus étroites. On remarquera toutefois que le point de départ des dichotomies varie avec chaque espèce et que les caractères utilisés pour les grandes subdivisions changent avec chacune de celles-là. Cela enlève à l'ethnologie de Cornevin l'ampleur que doit revêtir une méthode très générale susceptible de s'adapter néanmoins avec une souplesse suffisante à tous les sujets auxquels elle doit s'appliquer.

» C'est en s'inspirant de cette exigence que Baron a fondé son système des « coordonnées ethniques » dans lequel les races sont représentées par une association de caractères morphologiques et physiologiques qu'il nomme les coordonnées ethniques.

» Les coordonnées ethniques essentielles de Baron forment deux groupes : 1° la plastique et 2° la phanénoptique. Baron a conçu un troisième groupe, l'*Energétique*, dans lequel rentrent les caractères d'ordre physiologique.

» Dans cette méthode, les types ethniques sont essentiellement définis par leur silhouette corporelle et spécialement par leur profil céphalique, caractère le moins variable de tous.

» Des types naturels sont finalement dégagés, qui sont surtout définis par l'*harmonicité* de leurs caractères, cette harmonicité, sorte d'équilibre morphologique, étant révélatrice des races pures où les variations se sont effectuées suivant une convergence remarquable.

» Le système de Baron est le dernier venu dans l'ordre d'idées que nous exposons.

Ce qui se dégage à l'heure actuelle de l'évolution de l'ethnologie animale, au moins aussi nettement que de l'évolution de l'ethnologie humaine, c'est d'abord *la nécessité de recourir à un groupement de caractères*, afin de pouvoir dégager les races naturelles et les classes.

C'est ensuite *la notion de la hiérarchie des caractères ethniques*. Les meilleurs parmi ces derniers sont ceux sur lesquels les milieux naturels et l'animaliculture n'ont point de prise ou ne laissent qu'une empreinte relativement faible.

» C'est donc par l'association de toutes ces coordonnées que l'on peut espérer aboutir, sinon à une classification naturelle impeccable, tout au moins à des groupements établis sur un maximum d'affinités.

» L'adoption d'une méthode uniforme de classification des races est un de nos desiderata les plus chers. Aussi pensons-nous que le Congrès fera œuvre utile en conviant les zootechniciens à unir leurs efforts dans ce but. »

M. de Malsbourg. — M. Dechambre n'apporte aucune nouvelle donnée dans la question de la classification des animaux domestiques. Je propose donc à la section d'admettre la conclusion qui termine ma communication.

— La section adopte cette conclusion.

Variations-attributs acquis par la gymnastique fonctionnelle.

M. Frateur donne lecture des conclusions du rapport de M. J.-R. Ainsworth Davis. Les voici, traduites de l'anglais :

« 1° Tous les jumeaux, obtenus en 1910 et 1911, étaient produits par des brebis de jumeaux mixtes. Ce résultat n'a pas été confirmé en 1912;

» 2° Les jumeaux comprenaient généralement un mâle et une femelle et nous n'avons pas eu de cas de jumeaux de sexe mâle dans les trois années;

» 3° Les brebis du lot I (jumeaux mixtes), produisaient, en réunissant les naissances uniques et les jumeaux, un pourcentage plus élevé de jeunes femelles que de mâles;

» 4° Les brebis du lot II (jumeaux du sexe féminin), donnaient naissance à un pourcentage plus élevé de mâles.

» Afin de rendre les recherches plus concluantes, il est évidemment désirable d'organiser deux nouveaux troupeaux d'expérience. »

— Adopté.

Toutes les questions de l'ordre du jour ayant été examinées, *M. le Président* propose de lever la séance.

M. Frateur, en qualité de secrétaire de la Commission internationale des Congrès de Zootechnie, attire l'attention des membres de la section sur l'importance du prochain Congrès de zootechnie, qui se tiendra à Paris.

La séance est levée à 11 heures.

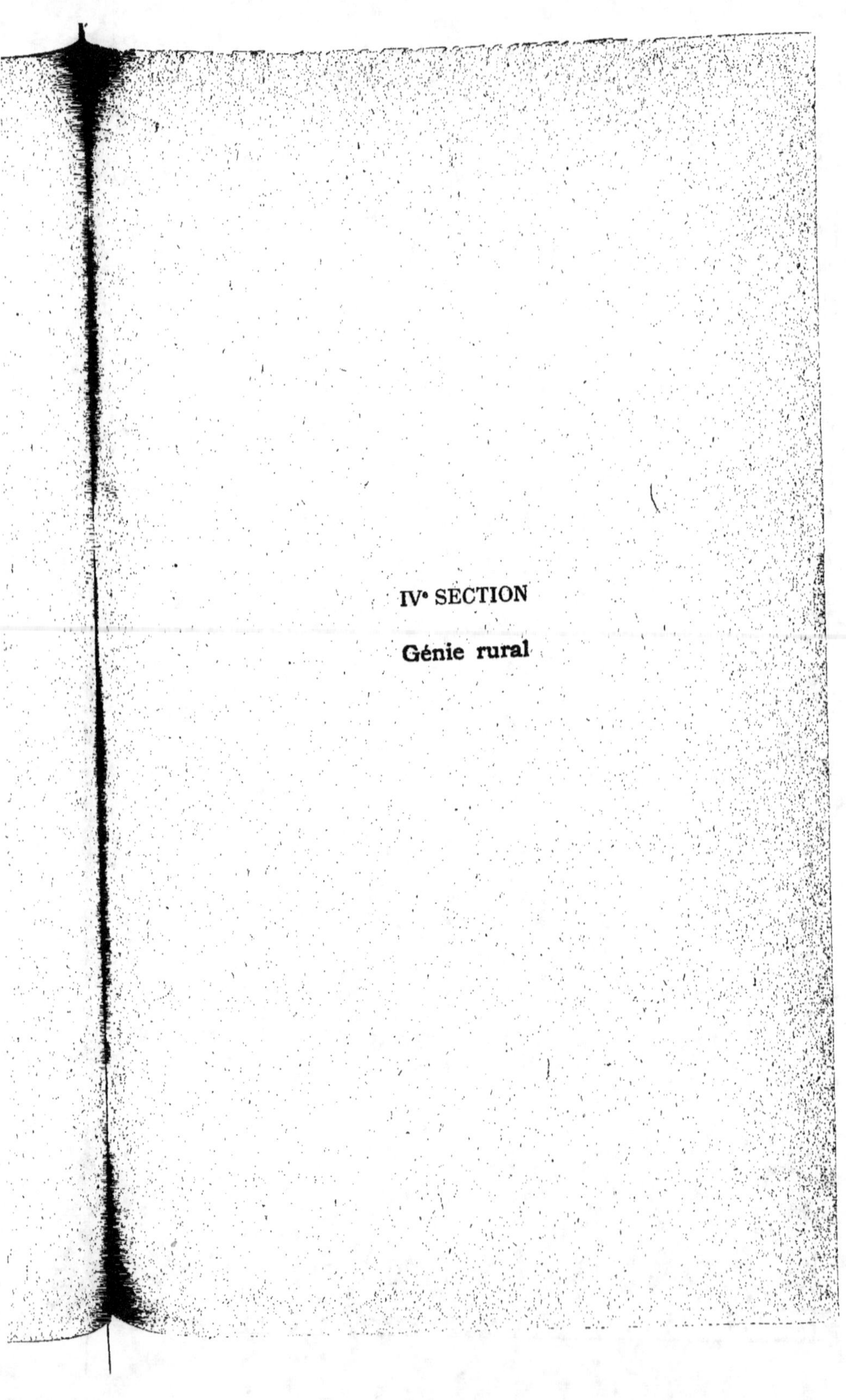

IVe SECTION

Génie rural

Gi

G

A

S
l
(

(

COMITE ORGANISATEUR DE LA SECTION

Président:

M.

Gillain, P., président de la Société de mécanique et d'industries agricoles, avenue du Commerce, 149, Anvers.

Secrétaires:

MM.

Bouckaert, G., professeur à l'Institut agricole de l'Etat, à Gembloux;

Gaspart, E., chef de division au Ministère de l'Agriculture et des Travaux publics, à Bruxelles.

Secrétaire adjoint:

M.

André, O., ingénieur agricole, 15, r. des Augustins, à Bruxelles.

Membres:

MM.

Boël, Louis, ingénieur, place Rogier, 16, à Bruxelles;

Smeyers, directeur au Ministère des Colonies, à Bruxelles;

Dierckx, Louis, commissaire d'arrondissement, à Anvers;

Gillekens, G., professeur à l'Institut agricole de l'Etat, à Gembloux;

Coppens, professeur à l'Institut agronomique de l'Université de Louvain;

Lonay, A., inspecteur de l'enseignement agricole du Hainaut, à Mons;

Maertens, directeur général au Ministère de l'Agriculture et des
Travaux publics, à Bruxelles;

Miserez, inspecteur-adjoint au Ministère de l'Agriculture et des
Travaux publics, à Alost;

Berger, à Enghien;

Polet, professeur, à Ath;

Neys, à Liége;

Sigart, rue de Laeken, 73, à Bruxelles;

de Saint-Hubert, G., constructeur, à Orp-le-Grand;

Persoons, constructeur, à Thildonck-Wespelaer.

Séance du lundi 10 juin 1913

M. Gillain, président de la société de mécanique et des Industries agricoles, préside.

Il propose les nominations suivantes:

Présidents d'honneur: MM. Carlos de Cunha Continho, délégué du Gouvernement du Portugal; Carlos Larrabrere y Corres, délégué officiel du Pérou; Ordinaire, commissaire général de Tunisie à l'Exposition de Gand; Riboul de Pescaij, délégué de la République de Haïti.

Vice-Présidents d'honneur: MM. Pélissier, inspecteur des améliorations agricoles au ministère de l'Agriculture de France; Jules Legros, délégué de l'Association de l'Industrie et de l'Agriculture françaises; von Rümcker, professeur à Berlin.

Bases pour les essais des instruments de travail mécanique du sol.

M. *Bouckaert*, professeur à l'Institut Agricole de l'Etat, à Gembloux, présente le rapport de M. Rezek, professeur à l'Institut Agronomique de Vienne (Autriche).

M. *le comte de Maupeou* (France) préconise à ce sujet l'emploi constant des ressorts amortisseurs. Il trouve que l'emploi des appareils hydrauliques est plus avantageux pour les grands efforts.

M. *le Président* remercie M. Rezek et exprime l'espoir de le voir continuer dans la voie des recherches où il s'est engagé.

M. *de Meaupeou* revient sur la question et estime que l'appareil hydraulique ne saura enregistrer des variations rapides de

M. Aulard, ingénieur, trouve que le dynamomètre hydraulique ne présente pas ces inconvénients à un si haut point.

M. Bouckaert estime que la variation des efforts se transmet avec une rapidité suffisante dans l'appareil hydraulique; il fait ressortir les difficultés que M. Rezek a rencontrées dans la construction de son appareil et les moyens employés pour les surmonter.

M. Jules Mélotte émet également quelques observations sur les erreurs probables pour les petites vitesses.

M. Giordano, de Milan, empêché au dernier moment d'assister aux séances du congrès, prie M. Bouckaert de bien vouloir présenter son rapport sur la détermination rationnelle des caractères physiques du sol.

M. le comte de Maupeou dit que M. Giordano a négligé de faire intervenir l'influence de l'humidité.

M. Bouckaert fait remarquer que le rapporteur parle de la détermination de la ténacité sans s'occuper actuellement des causes influençant la ténacité.

En ce qui concerne les conclusions du rapport de M. Giordano,

M. Aulard observe qu'il serait prématuré de nommer une commission avant que les essais soient poussés plus loin. La question n'est pas mûre.

M. de Maupeou appuie ces observations tout en félicitant M. Giordano de son travail.

Quant à la commission, dit *M. Aulard*, il faudrait la remettre à un autre congrès.

M. Bouckaert propose de modifier les conclusions en disant :

« La 4e section émet le vœu de voir entreprendre des études sur la détermination des caractères physiques du sol dans les divers pays, de façon à pouvoir comparer les résultats des recherches et d'en tirer des conséquences pratiques. »

— Adopté.

M. l'ingénieur *Roelandts* propose d'établir l'ordre dans lequel les rapports seront discutés.

M. le Président, vu l'absence de quelques rapporteurs, propose d'attendre avant de prendre une décision à ce sujet.

La séance est levée.

Séance de l'après-midi.

La séance est ouverte à 2 h. 1/2, sous la présidence de M. Gillain.

M. *Cornélis*, ingénieur du service de l'hydraulique agricole, à Gheel (Belgique), donne lecture d'un rapport flamand sur l'amélioration des sols de la Campine.

M. *le Président* remercie M. Cornélis de son beau travail.

M. *Limpens*, de Waesmunster, estime que les améliorations proposées par M. Cornélis n'ont pas toujours donné tous les avantages financiers qu'on en attendait. C'est l'apport d'humus au sol qui est surtout coûteux.

M. *Cornélis* fait observer qu'on peut fournir l'humus par la sidération des légumineuses.

M. *Aulard* fait ressortir l'imporance de l'irrigation par submersion et par imbibition latérale. Ces améliorations donnent de grands rendements, mais après un temps suffisamment long. En Italie, on a obtenu des résultats magnifiques; on peut appliquer le système en Campine à la condition de s'organiser.

M. *Hendrickx*, agronome de l'Etat à Hasselt, fait remarquer à M. Limpens que son objection est basée sur une amélioration faite en Belgique, dans de mauvaises conditions par des propriétaires isolés.

M. *Van Elst*, agronome de l'Etat à Rethy, appuie les développements de M. Cornélis. Il constate que l'eau disponible diminue en Campine par suite de l'extension de la navigation.

M. *Bouckaert*, secrétaire, résume, avant qu'on continue la discussion du rapport de M. Cornélis, le rapport de M. *Elema* (Hollande) sur l'exploitation des hautes tourbières dans les provinces de Groningue et de Dreuthe.

M. *Aulard* observe que M. Elema a traité une question particulière à l'exploitation des tourbières en Hollande.

M. *le Président* résume le rapport de la « Nederlandsche Heidemaatschappij » d'Utrecht sur le défrichement des terrains vagues aux Pays-Bas.

M. *Cornélis* donne ensuite les conclusions de son rapport :

« 1. Fertiliser est généralement une affaire rémunératrice;

» 2. L'amélioration des terres humides est à préférer à celle des terrains hauts;

» 3. Le défrichement des terres hautes doit se faire si possible par l'irrigation et à défaut d'eau par l'emploi d'engrais renfermant des matières organiques qui se maintiennent longtemps dans le sol;

» 4. L'intervention des pouvoirs publics a une influence heureuse sur l'amélioration des terrains humides.

M. Pellissier trouve que ces conclusions sont trop spéciales. L'intervention des pouvoirs publics seule est d'une portée générale.

M. Lonay, délégué de la province de Hainaut, préconise le défrichement en grand au moyen des procédés de la motoculture et par les soins de l'Etat.

M. Hendrickx propose le vœu suivant:

« Le X⁰ Congrès émet le vœu de voir les pouvoirs publics intervenir, dans une large mesure, dans la mise en culture des terrains incultes appartenant aux communes, aux administrations publiques, ainsi qu'aux petits cultivateurs. »

Adopté à l'unanimité.

M. Lonay présente son rapport sur la formation d'un mécanicien-conducteur de machines agricoles. Il se met à la disposition des congressistes pour leur donner tous les renseignements sur l'organisation des écoles de ce genre.

M. Davidson, professeur au Collège d'Iowa (Etats-Unis), a envoyé un rapport sur la même question. Ce rapport est résumé par *M. Bouckaert* et reproduit ci-contre.

Rapport de M. Davidson, d'Iowa :

Agricultural engineering as a branch of agricultural education in the state colleges in the United States

1. Engineering has been defined as "the art and science of directing the forces of nature to the work of man." Agricultural Engineering would therefore, include the art and science of engineering as far as it is identified with the great industry of agriculture. The writer at one time had occasion to define

Agricultural Engineering and did so as follows : Agricultural Engineering is a name given to the agricultural achievements which require for their execution scientific knowledge, mechanical training, and engineering skill.

2. A committee from the American Association of Agricultural Colleges and Experiment Stations on the methods of teaching agriculture, reported as follows in regard to rural engineering: "In its most comprehensive sense, rural engineering includes all the branches of civil and mechanical engineering relating to the location, arranging, and equipping of farms and the construction and operation of farm implements and machinery.

3. Agricultural Engineering and rural engineering are used in America in the same sense, but the former is in more general use. There seems to be little choice between the two terms Farm mechanics or agricultural mechanics is a term used to include a portion of the science of agricultural engineering.

As now outlined ans classified in America, Agricultural Engineering is divided into seven principle branches as follows:

1. Land drainage;
2. Irrigation;
3. Roads and Highways;
4. Farm Machinery;
5. Farm Power;
6. Rural Sanitation including the Heating, Lighting and Ventilating of Buildings;
7. Farm Structures including Rural Architecture.

4. It would seem that his a sufficiently comprehensive outline of agricultural engineering to fulfill the requirements of the definitions previously laid down. In educational work there are certain allied subjects offered with the general headsof agricultural engineering which are fundamental and closely related to the branches outlined. The allied subjects would include shop work, consisting of *blacksmithing, carpentry, and horse shoeing; drawing, both free hand and mechanical; agricultural surveying, and work with materials of construction including use of concrete.*

5. The importance of these branches must be appreciated upon considering that the agricultural land available for settlement demands further improvement and reclaimation by drainage irrigation. The improvement and maintainence of roads is a vital factor in the social and economic condition of rural life.

6. The extended use of power and machinery in agricultural production entitles these subjects to careful consideration. Farm structures not only represent a large investment of capital, but also furnish a splendid opportunity for skill in design for comfort, health, economy, and beauty. Proper rural sanitation including heating, lighting, and ventilating, guards the health of rural people and insures additional comforts and conveniences.

7. In general, the place occupied by agricultural engineering instruction in the corriculum of the agricultural school or college is supplementary to agronomy, animal husbandry, horticulture, dairying, and general science. The person who is to make the farm the object of his life's work, will find special use for training in agricultural engineering branches.

8. Perhaps there is no branch of agricultural education so little developed as agriculturalengineering. The committee previously referred to, reported in 1906, "that the amount and quality of this instruction varies widely, and that this branch of agricultural education is at present in an extremely unsystematic and unpedagogic state. There is no uniformity in the subjects taught, no common understanding of their scope or application." There are several contributing causes for the retarded development of this branch of education, but one the more important is the fact that agricultural engineering lies between two general branches of agriculture as developed in the United States. Educational organizations have been such as to make it difficult to develope a subject so common to both branches of education. There has, however, been a rather rapid development of instruction in the colleges in the United States during the past seven years. The accompanying chart indicates clearly the amount of instruction in the various state Agricultural Colleges as reported in 1912.

9. In addition to furnishing a supplementary training to general agricultural students, agricultural engineering offers an opportunity for specialization for professional services. In the report on rural engineering previously referred to, it was stated that "nearly all the land of the open country is to be in farms (using the word farm to include organized and managed forests) and the complete utilization of this land will demand the expenditure of much engineering skill. The engineer will probably contribute as much as any other man to the making of the ideal country life." Convinced of this opportunity for the specialist in agricultural engineering, college courses in agricultural engineering have been outlined at Iowa State College, University of Nebraska, Utah Agricultural College, and Syracuse University. The first named institution has the first course to be outlined and has at present some ninty students so specializing. Provission has also been made for graduate work and the granting of a professional degree.

10. The agricultural engineering course as now outlined is planned to train men for the following positions:

a) Professional agricultural engineers;
b) Instructors of Agricultural Engineering in colleges and secondary schools;
c) Managers of farms where agricultural engineering practice is an important feature of the management;
d) Positions in the agricultural machinery industry;
c) Government and experiment station experts.

11. Graduates are now filling all of these positions indicating that there was a real need for men trained in this specialty. The compensation received for the services rendered indicates that the supply is not equal to the demand for agricultural engineers.

12. The college course as generally outlined includes a thorough foundation of mathematics and other sciences upon which agricultural engineering depends. The usual cultural studies are given attention. The general courses in agriculture are included that the student may understand the scientific methods of agriculture and be in sympathy with them. The

balance of the course is made up of the study of the seven branches of agricultural engineering previously outlined. An outline of the Iowa State College Course is as follows:

	Credit Hours
Agricultural Engineering	27 1/3
Chemistry	8 2/3
Civil Engineering	0
Economic Science	3
English	8
History	2
Mathematics	20
Mechanical Engineering	22
Physics	10
Animal Husbandry	6
Dairying	2 2/3
Agronomy	16
Horticulture	5 1/3
Elective	6
	149

M. Lonay expose ensuite en détails le fonctionnement de son école.

La séance est levée à 4 h. 1/2.

Séance du mardi 11 juin 1913

Séance du matin.

M. *Gillain*, président de la Société de Mécanique et des Industries agricoles, préside.

Revenant sur le rapport de M. Giordano, présenté à la séance précédente, **M. *Arzibacheff*,** chef du bureau de mécanique agricole à Saint-Pétersbourg, fait une courte communication sur la détermination des qualités physiques du sol. Il expose l'organisation du bureau de mécanique agricole russe et les méthodes qui y sont employées.

Conformément à la première conclusion du rapport de M. F. Giordano, nous avons déjà commencé en Russie à déterminer les changements des qualités physiques des terres sous l'action des différents instruments aratoires. Nous avons dans notre pays différentes questions qui sont étudiées soit dans les Instituts supérieurs d'agriculture, soit dans les stations d'essais ou de contrôle, soit par le bureau de mécanique agricole de Saint-Pétersbourg; ce dernier est une branche du Ministère de l'Agriculture et on y pratique avant tout des investigations scientifiques. Le laboratoire de physique, qui en est une partie, est sous la direction d'un physicien, assisté de deux agronomes. On y cherche à déterminer des normes permettant de mesurer la qualité du travail et les changements qui interviennent dans la suite.

Actuellement, les recherches sont à leur début, mais on peut citer quelques exemples de celles-ci; ainsi, pour la charrue, on ne déterminera pas seulement l'effort de traction, mais la qualité du travail, c'est-à-dire l'inclinaison des bandes de terre, les vides et les petits canaux existant dans cette masse retournée, la surface supérieure du sol travaillée; le degré de mélange de la terre et des engrais ; pour les machines-fraiseuses, la répartition des racines des herbes dans la masse, etc.

Pour les herses, rouleaux et socs des semoirs on peut faire des recherches analogues.

Ces recherches ne sont possibles que pour autant qu'on parvienne à fixer la masse de terrain labouré, ce que j'ai obtenu en 1912 par l'emploi de compositions spéciales, dont je publierai prochainement les résultats.

La masse fixée est coupée transversalement et cette section est traitée par des procédés analogues à ceux employés en métallographie. Cette section permet de déterminer les vides, les canaux dont dépend le caractère capillaire, la grosseur des grains de terre, la quantité d'air renfermée dans les vides, canaux, etc.

Pour mesurer la surface et représenter le caractère de celle-ci, j'ai proposé d'avoir recours à un moulage de cette surface et après, par un procédé galvanoplastique, on détermine exactement la surface.

Pour déterminer la quantité de poussières dans nos terres, j'ai employé un tarare aspirant à plusieurs compartiments, pour remplacer la méthode du prof. Richner de Weihenstephan.

Pour le moment, nous faisons des recherches pour trouver la meilleure méthode pour la détermination rapide de l'humidité dans le sol.

Comme conclusion, *M. Arzibacheff* émet le vœu de voir tous les professeurs et les instituts agronomiques collaborer à l'étude physique du sol. (*Applaudissements.*)

M. le Président remercie et félicite M. Arzibacheff de son intéressante communication.

M. Aulard. — Les conditions du sol sont différentes en Russie de ce qu'elles sont dans les autres pays d'Europe. Les gelées très intenses y délitent fortement la terre noire et y provoquent ainsi le fléau de la poussière. Les recherches faites dans les pays de l'Europe occidentale, où les terres sont toujours humides en somme, ne peuvent donc guère être utiles à la Russie.

M. Arzibacheff. — Nous avons des terres très diverses en Russie. D'ailleurs, au point de vue des recherches de laboratoire, nos travaux peuvent s'appliquer à tous les terrains.

M. Bouckaert. — L'exposé des méthodes nouvelles par M. Arzibacheff nous a beaucoup intéressés et les travaux qu'il vient d'esquisser ouvrent un autre horizon dans la façon d'envisager les essais des instruments aratoires.

M. Bouckaert résume les rapports de MM. Feilberg (Danemark), Coupan (Paris) et de Meyenburg (Bâle), sur « l'application des forces mécaniques en agriculture ».

Suit une discussion entre *M. l'abbé Courquin*, de Tourcoing, *M. Bouckaert*, *M. Nirouet*, ingénieur du service des améliorations agricoles à Amiens (France), et *M. le comte de Maupéou*, au sujet du meilleur moteur (électricité, vapeur, à combustion intense) pour les travaux de la ferme et le travail mécanique du sol.

M. le Président clôt la discussion et donne la parole à M. Bouckaert pour lire un rapport de *M. Ballu* (Paris), sur l'application des forces mécaniques en agriculture, rapport où la question est traitée au point de vue agronomique.

Résumé du rapport de *M. Ballu* :

Théoriquement, les nouvelles machines de motoculture (laboureuses, piocheuses, effriteuses) semblent devoir réaliser sur les charrues actuelles de grands progrès, tant au point de vue mécanique qu'au point de vue agricole.

Au point de vue mécanique, nous sommes entièrement d'accord avec les adeptes de la nouvelle théorie.

Au point de vue agricole, nous tenons à apporter une extrême réserve aux arguments qui semblent plaider en faveur des machines en question, en s'appuyant d'ailleurs sur les théories de nos maîtres agronomes, qui prêchaient tous l'ameublissement extrême des sols.

Nous élevons les objections suivantes :

1º Autrefois, les agronomes conseillaient l'ameublissement extrême des sols, parce que avec l'outillage existant, on atteignait difficilement l'ameublissement désirable : mais les laboureuses *dépassent* le but et exagèrent cet ameublissement.

2º Les travaux d'effritement ne sont prudents que sous les *climats secs :* dans les pays à pluie fréquente ou à climat tempéré, la pluie tasse d'autant plus le sol que celui-ci est plus ameubli :

on ne doit donc conseiller l'usage des effriteuses dans nos pays que pour certains travaux de printemps (préparation des terres à betteraves) ou d'été (déchaumage). Au reste, pourquoi exécuter à l'automne un travail que les « forces hivernales » exécutent gratuitement : *il faut* que ces forces naturelles (alternatives de gel et dégel, de froid et de chaleur, de pluie et de sécheresse) se dépensent bon gré, mal gré: autant vaut donc les utiliser à désagréger un sol motteux qu'à tasser et sceller un sol préalablement ameubli.

3° On sait, d'autre part, que si un sol très ameubli nitrifie beaucoup et *donne* beaucoup, il *s'appauvrit d'autant :* si l'on ne tient pas compte de cet appauvrissement (à tort ou à raison) dans les pays neufs à culture extensive où les réserves du sol paraissent considérables, il n'en est pas de même dans nos pays à culture intensive où les réserves sont presque nulles et où les rendements sont proportionnels aux *apports* d'éléments fertilisants : avec une « hyper nitrification » nous aurons sans doute *surproduction*, mais pourra-t-on *économiquement* rétablir l'équilibre des apports?

4° Dans les climats *non secs*, une extrême nitrification risque de faire entraîner par les *eaux de drainage* quantité de produits de la nitrification (nitrates, nitrites, etc.).

5° Le travail des laboureuses est uniforme dans toute la profondeur; alors que la pratique et la théorie s'accordent à conseiller de diviser le sol à la partie superficielle et d'en rompre la cohésion, afin de former un écran contre l'évaporation, et d'*appuyer* au contraire les couches sous-jacentes.

6° Il existe enfin des sols légers, dont on a à combattre continuellement l'ameublissement excessif, c'est-à-dire le manque de cohésion. — Il existe d'autre part des sols humides qui ne s'assainissent que par des drainages, des *labours* profonds, et par l'évaporation résultant de l'exposition à l'air des raies ouvertes... par une *charrüe*.

En résumé, quelque parfaites que puissent être ces machines au point de vue mécanique, leur emploi soulève de grosses objections au point de vue agricole, surtout dans nos pays.

TONY BALLU,
Ingénieur agronome, Paris.

Ce rapport soulève une discussion à laquelle prennent part
M. le comte de Maupéou, M. Aulard, M. l'abbé Courquin et *M.
Maurice Lippens.*

M. de Caluwe, agronome de l'Etat, à Gand, intervient également. Il communique à l'assemblée les résultats de quelques
observations qu'il a pu faire sur l'influence de la chaux et de
l'ameublissement du sol, au point de vue de l'amélioration des
terres.

Dry-Farming

M. Bouckaert résume le rapport de *M. Julien*, consul honoraire
de France, à Paris, sur le Dry-Farming.

M. le comte de Montornès (Espagne) émet à ce sujet quelques
considérations sur les procédés du Dry-Farming en Espagne.

M. le Président remercie les membres qui ont bien voulu prendre part à la discussion et lève la séance à 12 heures.

Chemins agricoles

Ce sera en vain que l'Agriculture disposera, en vue de son développement plus rationnel et plus intensif, de nouvelles méthodes et de nouveaux engins, si la voie du progrès lui est barrée
par l'état impraticable des routes entravant le transport facile et
en temps propice, des engrais et des amendements, et faisant
perdre, au temps de la récolte, tout le profit qu'un effort intelligent et laborieux lui avait fait péniblement acquérir.

Pour donner plus de poids à cette constatation, qu'il me suffise
de rappeler quel était et quel est encore dans les communes dont
les chemins sont restés à l'état naturel, l'état lamentable des
voies de terre, que la moindre pluie transforme en des cloaques
de boue, impraticables pour les piétons et usant dans un travail
stérile, les meilleures forces des moteurs animés.

C'est un hommage à rendre ici au Gouvernement Belge, d'avoir
compris depuis longtemps que pour seconder efficacement les
progrès de l'agriculture, il fallait au perfectionnement des méthodes de culture et conséquemment à une production plus intensive, faire correspondre parallèlement une augmentation et une
amélioration des voies de transport.

Dès 1896, les Chambres législatives belges mirent à la disposition du Gouvernement, en vue d'encourager la création des chemins agricoles, un fonds spécial et temporaire de dix millions, lequel, en présence de l'accueil empressé des communes à la mesure prise par le Gouvernement, fut supprimé deux ans après et remplacé par un crédit annuel, inscrit au budget ordinaire du Ministère de l'Agriculture et des Travaux publics.

Initialement, au point de vue technique, l'Etat se bornait à guider les communes de ses bons conseils, sans formuler des prescriptions strictes; il préconisait la construction d'une chaussée empierrée de 3 m. de largeur constituée en ballast de porphyre sur fondation en moellons, bordée, autant que possible, d'un accotement nivelé sous une pente uniforme de 6 %; le creusement de fossés le long des chemins situés en contrebas des terres avoisinantes, de même que le drainage, en terrain argileux, était chaudement recommandé.

Au point de vue de son intervention financière, ou bien l'Etat prenait à sa charge les frais de transport, par voie ferrée, des matériaux d'empierrement, depuis la carrière jusqu'à la gare la plus proche et il intervenait pour un tiers de la dépense dans les emprises et les ouvrages d'art; ou bien, il accordait un subside égal au quart des frais d'amélioration du chemin.

Le 23 mars 1909, fort d'une expérience de treize ans, le Département de l'Agriculture formula des règles plus précises, auxquelles seraient subordonnés désormais les subsides de l'Etat. Comme nouvelle condition technique, la circulaire ministérielle stipulait que les chemins à empierrer devraient, autant que possible, avoir une largeur minimum en plate-forme de 5 mètres; de plus, elle recommandait d'étudier éventuellement le redressement du tracé et la régularisation du profil longitudinal.

Comme disposition pratique, l'Etat accordait à chaque commune qui en faisait la demande, le transport par voie ferrée jusqu'à concurrence de la quantité nécessaire pour empierrer deux kilomètres de chemin au maximum par année et par commune.

Le poids total des matériaux nécessaires, qui dans les instructions primitives était estimé à environ 1,700 tonnes par kilomètre, serait dorénavant calculé à raison de 2,000 tonnes par kilomètre, dont 1,500 tonnes de moellons et 500 tonnes de ballast. Ce dernier chiffre a été réduit depuis lors à 400 tonnes.

Il semblait que l'intervention de l'Etat dût se borner à la mise en pratique de ces excellentes mesures, la circulaire précitée repoussant, en principe, toute subvention ultérieure dans l'entretien des chemins agricoles. Toutefois, les communes les mieux disposées, qui, dès le début, avaient suivi l'impulsion éclairée du Gouvernement et marché résolument dans la voie du progrès, demeurèrent, arrivées à un certain stade du développement de leur réseau voyer, profondément perplexes devant la situation nouvelle qui leur était créée ; car si l'amélioration des chemins ruraux était d'une utilité incontestable et était réclamée avec insistance par leurs subordonnés, il n'en restait pas moins vrai que toute extension nouvelle ajoutait aux charges d'entretien, grevant trop lourdement déjà leur modeste budget. De plus, le bon entretien des chemins existants était une condition *sine qua non* de la liquidation des subsides de l'Etat et de la Province, promis pour le nouveau tronçon amélioré.

Cette situation critique suscita un mouvement tendant à obtenir de l'Etat le transport des matériaux d'entretien. Les Conseils provinciaux s'en firent l'écho et à plusieurs reprises, dans ces dernières années, des vœux en ce sens furent exprimés au sein de ces assemblées, notamment dans les deux Flandres.

Le Gouvernement a donné à cette question épineuse une solution qui lui vaudra la reconnaissance de tous les vrais amis de l'agriculture en inscrivant au budget ordinaire du Département de l'Agriculture une somme de 200,000 francs comme « subside aux communes rurales pour assurer le bon entretien des chemins améliorés, avec l'intervention de l'Etat, comme chemins agricoles ».

Les communes dites « rurales » auxquelles le subside pour l'entretien des chaussées agricoles est destiné, sont, aux termes de la circulaire ministérielle du 25 juillet 1912 : 1° les communes de moins de 5,000 habitants ; 2° celles dont la densité de la population, obtenue en divisant le nombre d'habitants par la superficie totale en hectares, est inférieure à vingt.

Ce subside se présente sur deux modalités : soit sous forme de remboursement total ou partiel des frais de transport des matériaux par chemin de fer, si les travaux s'exécutent en régie, soit sous forme d'un subside égal au quart de la dépense totale fixée par l'adjudication publique des travaux.

Voilà donc passée brièvement en revue la série des mesures bienveillantes et sages, prises par le Gouvernement belge, en faveur de la voirie agricole. Le résultat immédiat en fut de couvrir la Belgique, en peu de temps, d'un réseau de chemins agricoles dont le développement à cette heure atteint plus de 6,000 kilomètres.

Certes, on ne peut affirmer, qu'au cours de ce développement si rapide, les vues du Gouvernement aient été pleinement réalisées partout et toujours! Et il est facile de voir qu'*a priori*, il devait en être ainsi! Le rôle de l'Etat étant, en effet, d'encourager les initiatives des communes et privées, mais ne pouvant en aucun cas les remplacer, la construction et l'entretien des chaussées agricoles devaient être confiés aux autorités communales qui ne s'acquittaient pas toutes avec le même zèle éclairé de ce devoir! Aussi en voyait-on d'aucunes, en vue de satisfaire aux sollicitations pressantes de leurs subordonnés, poursuivre uniquement la création de nouveaux tronçons améliorés, négligeant totalement l'entretien des chemins existants et d'autres, peu clairvoyantes, appliquer à des voies de communications importantes ce mode de consolidation économique certes, mais incapable de résister longtemps à un roulage intensif et pondéreux!

De là naissait une situation critique, menaçant de mettre rapidement en échec les desseins du Gouvernement. Heureusement, celui-ci veillait sur son œuvre et usa, pour réfréner le désastre qui s'annonçait, d'un moyen indirect mais très efficace, en posant comme condition tant de la liquidation de ses subsides que de l'octroi de nouveaux transports gratuits, la conservation en bon état d'entretien des chaussées agricoles existantes; le département vérifiait d'ailleurs l'importance, au point de vue du trafic, de tout chemin dont l'amélioration était projetée.

L'expérience acquise jusque maintenant nous présente une base solide d'appréciation et une ample matière à constatations. C'est ne pas faire œuvre inutile, croyons-nous, que de signaler succinctement les principales imperfections couramment constatées, en plaçant en regard les principes directeurs de la construction et de l'entretien des chaussées agricoles.

Au point de vue constructif, le mode d'amélioration, proposé par le Gouvernement, a été suivi presque universellement en Belgique. La marche du travail est la suivante : on commence par creuser un coffre de 0m30 de profondeur, auquel on donne un bombement de 0m15 pour 3 m. de largeur, de façon à ramener sur les côtés les eaux d'infiltration, qui s'évacuent par des drains convenablement disposés. Aux deux côtés du coffre, on place deux cours de bordures, qui ne sont d'ordinaire que des moellons choisis parmi les plus réguliers dans la masse approvisionnée et ayant, autant que possible, une hauteur uniforme de 0m30. Entre elles sont dressés sur champ et sur leur base la plus large, les moellons de l'enrochement, et les vides qui restent sont remplis à la main avec des pierres plus petites et pointues (éclats de taille) que l'on enchâsse fortement à l'aide d'un marteau pesant de 5 à 6 kilogrammes. Le serrage énergique produit par ces éclats, faisant office de coins de calage, rend les éléments de la fondation solidaire et en assure la résistance et la stabilité. Les pointes saillantes de l'enrochement sont ensuite rabattues au marteau de manière que le dessus de l'enrochement devienne bombé et sensiblement régulier et que la fondation elle-même conserve une épaisseur uniforme de 22 cm. environ. Enfin, sur le tout est répandue une couche de 6 à 8 cm. d'épaisseur de pierrailles plus fines, concassées de façon que leur plus grande dimension ne dépasse pas 4 ou 6 cm.

Les opérations du calage des éléments de la fondation par insertion forcée d'éclats de taille ainsi que du nivellement de l'enrochement, sont essentielles pour le bon établissement de l'empierrement. On ne saurait trop fixer l'attention des autorités communales sur ce point et il importe qu'elles vérifient soigneusement l'état de la fondation avant de permettre aux ouvriers de répandre sur elle la couche de couverture. L'état défectueux peut en effet être masqué temporairement, mais il se manifeste bientôt d'une façon désagréable alors que, la voie étant déjà bien roulante, les têtes des moellons viennent faire saillie à la surface.

Les moellons employés sont des déchets de carrière et vendus comme tels, il semble que leurs formes et dimensions ne puissent donner sujet à réclamations; dans beaucoup de fournitures cependant, il se rencontre pas mal de pierres qui ne peuvent rendre aucun service, trop petites pour servir de moellons, trop grosses pour être utilisées comme éclats de taille. Il est évident que dans ces conditions, il faut opérer un triage des matériaux et rebuter impitoyablement tout ce qui peut être la cause d'un mauvais travail. Quant à leur nature, les moellons souffrant généralement peu du roulage, peuvent être constitués indifféremment en grès, quartzite ou calcaire. Pour la couche de couverture, au contraire, la matière belge la plus employée est le ballast de porphyre, qui est résistant au choc, dur, non friable, et qui fait rapidement prise, sans addition d'autres matières. Les éléments, composant le ballast, auront le plus avantageusement une forme qui se rapproche de la forme cubique, à l'exclusion des plaquettes, et de grandeur telle qu'ils passent en tous les sens à travers l'anneau de 4 ou 6 cm. de diamètre. Le vide laissé entre ces éléments (20 à 30 p. c.) peut être comblé à l'aide d'éléments moindres et de la grosseur de petits pois. Les livraisons de ballast, faites par les carrières, laissent énormément à désirer à ce point de vue; certaines contiennent des éléments de toute grandeur et de toute forme et où les éléments très menus prédominent.

Il est à souhaiter que les carrières portent un plus grand soin à leurs fournitures et fassent les installations des appareils de triage nécessaires; en tout cas, les communes intéressées ont pour devoir impérieux de refuser pareilles fournitures et d'en aviser sur-le-champ le Département de l'Agriculture, afin que celui-ci prenne les mesures voulues.

Comparant le profil transversal d'une route empierrée avec celui d'une chaussée pavée, on conçoit qu'en vue de l'évacuation des eaux pluviales, il est rationnel de donner un bombement plus grand à la première dont la surface est plus rugueuse et plus perméable. Il est à noter que l'emploi de pierrées, saignées transversales, remplies de menue pierraille, établies en contrebas de l'encaissement et dont la fonction consiste à conduire les eaux d'infiltration vers le fossé, n'est qu'une mesure de pis-aller et dont l'efficacité est souvent problématique.

La largeur de 5 mètres à donner à la plate-forme du chemin, réserve à deux véhicules, venant en sens inverse, la possibilité de se croiser; toutefois, ce croisement ne peut s'opérer avec aisance que si l'on dispose d'accotements unis et fermes, ce qui implique une pente suffisante de ces accotements, évacuant rapidement les eaux vers le fossé; une pente de 6 p. c. paraît recommandable à cet effet et parera efficacement aux inconvénients résultant d'un profil en long, d'ordinaire mal soigné.

C'est un fait d'expérience que les chaussées agricoles établies suivant la méthode courante, en terrain argileux, sont bien rapidement et irrémédiablement dégradées. L'explication tient dans ces deux faits : le premier, c'est qu'en mauvaise saison, la pluie délayant la terre argileuse, la bordure de la chaussée est bien faiblement contrebutée et que le sol de fondation dont la résistance spécifique diminue pour la même cause, laisse bien plus facilement s'enfoncer les moellons. Le second fait est que le moment où la chaussée se trouve ainsi dans les conditions les moins favorables, coïncide précisément avec celui de la récolte des céréales, moment où circulent les charges les plus fortes, trop fortes souvent pour une chaussée agricole, établie dans les meilleures conditions.

Pour éviter les inconvénients accusés en premier lieu, il faudrait trouver un système de consolidation peu coûteux, assurant d'une part une butée efficace à la bordure et empêchant d'autre part toute variation de résistance de se produire dans le sous-sol de fondation.

Des recherches devraient aussi être faites en vue de remplacer l'enrochement par une fondation plus rigide, telle que du béton, là où le prix de revient du sable, du gravier ou de pierraille de qualité inférieure est peu élevé.

Un mot sur l'entretien des chemins agricoles. Si le sous-sol est résistant et que la fondation en moellons est bien établie, l'entretien consistera le plus souvent à renouveler en temps propice, c'est-à-dire vers le commencement de l'hiver, la couche de couverture, broyée et triturée par le roulage. Contrairement à ce qu'on pourrait croire, cette couche ne doit pas être répartie uniformément ni même être appliquée en une fois, sur la surface de la chaussée ; on enlèvera, de la surface de la chaussée, la poussière et les détritus à l'aide d'un balai très dur, et puis on versera les matériaux en petits tas vers le sommet de la chaussée ; cette pratique a pour effet d'empêcher que les matériaux n'aillent se perdre inutilement sur les accotements, la répartition de la couche se faisant tout naturellement par le passage des chevaux qui refoulent latéralement une partie des matériaux.

Des réparations plus soigneuses s'imposent dans le cas où les flaches et rouages se sont propagés jusque dans la couche de fondation. Il serait tout à fait insuffisant de les combler sans plus, de menue pierraille qui ne tarde pas à être écrasée sous les efforts mécaniques; pour y remédier sérieusement, il faut opérer un repiquage soigneux de la couche de fondation et rétablir celle-ci sous son profil primitif.

Exprimons le vœu que l'intervention généreuse du Gouvernement dans les frais d'entretien, stimule les communes à consacrer toute leur sollicitude au bon entretien du patrimoine qui leur est confié et auquel le sort de la population agricole est si intimement lié.

Une brève remarque pour finir. Souvent des communes, après avoir reçu les matériaux qui, d'après les instructions officielles, doivent suffire largement à la construction de l'empierrement projeté, se voient, vers la fin des travaux, dans l'obligation de demander le transport gratuit d'une quantité supplémentaire de matériaux. Toute enquête faite, les matériaux expédiés, ont été mis en œuvre intégralement pour l'amélioration du chemin; l'empierrement est construit sur les largeurs et épaisseurs normales. Où chercher la cause de cette irrégularité? Beaucoup de communes exposent que probablement les wagons de chemin de fer n'avaient pas leur chargement complet, tel qu'il était relaté sur la facture des carrières, assertion qui à plusieurs reprises fut reconnue fondée, lors de vérifications établies par les fonctionnaires compétents. Il serait en tout cas, utile, en vue de pouvoir établir les responsabilités et de réfréner les abus, que les communes puissent, à la réception des matériaux, faire contrôler le chargement d'une partie des wagons à la gare même. Ce moyen de contrôle est trop onéreux avec les taxes de pesage en vigueur.

On ne peut que souhaiter qu'une convention spéciale intervienne entre le Département de l'agriculture et l'Administration des chemins de fer, en vue de permettre aux communes d'exercer leur contrôle moyennant l'application d'un tarif réduit. En attendant, les communes pourraient de temps en temps vérifier le poids d'un chargement pris au choix.

Comme conclusion, nous exprimons les vœux suivants:

1° Que le réseau de chemins agricoles, établis suivant les principes d'une construction rationnelle, s'étende de plus en plus, dans la sphère qui leur est propre;

2° Que les communes, correspondant aux généreux efforts du Gouvernement, vouent tous leurs soins à l'entretien de ces chemins;

3° Que l'Etat encourage de ses subventions, les essais de consolidation de la fondation, en terrain argileux;

4° Que l'Etat permette aux communes de contrôler efficacement leurs fournitures de matériaux, en supprimant ou en réduisant notablement les taxes de pesage.

J. ROELANDT,
Ingénieur provincial, Gand.

Séance du mercredi 12 juin 1913

M. Gillain préside.

Chemins agricoles.

M. Roelandts, ingénieur au service technique provincial, à Gand, fait rapport. Il dépose les vœux suivants :

« 1. Que le réseau des chemins agricoles, établis suivant les principes d'une construction rationnelle, s'étende de plus en plus dans la sphère qui leur est propre.

» 2. Que les communes, correspondant aux généreux efforts du gouvernement, vouent tous leurs soins à l'entretien de ces chemins.

» 3. Que l'Etat encourage de ses subventions les essais de consolidation de la fondation en terrain argileux.

» 4. Que l'Etat permette aux communes de contrôler efficacement leurs fournitures de matériaux, en supprimant ou en réduisant notablement les taxes de pesage. »

M. le Président remercie M. Roelandts. Le travail de celui-ci sera certainement utile à l'agriculture.

M. le comte de Maupéou fait observer que les pierrailles mises sur des terrains trop humides, trop argileux, ne résistent pas et exigent de grands frais d'entretien.

M. Hendrix propose que, dans ces cas, on rehausse et bombe suffisamment les routes et qu'on maintienne les fossés en bon état.

M. Hendrix demande à M. Roelandts son avis sur le goudronnage des routes, au point de vue de la consolidation de celles-ci.

M. Roelandts estime que le goudronnage ne consolide les routes qu'indirectement, en les rendant imperméables; mais il coûte très cher et ne peut pas supporter de fortes charges.

M. Bouckaert pense que les vœux de M. Roelandts n'ont pas un caractère assez général.

M. Roelandts cite un précédent au Congrès de 1910, à Bruxelles et il dit que si les deux vœux sont plus spéciaux à la Belgique, les deux autres sont généraux.

M. Novitor pense également qu'il faudrait modifier les vœux trop spéciaux à la Belgique.

M. Hendrix estime que le mauvais état des chemins empierrés est dû aux plantations qui les bordent; à cause de celles-ci, il ne peuvent pas se déssécher suffisamment.

M. le Prof. Wagner, délégué du Grand-Duché de Luxembourg, trouve que la plantation d'arbres le long des routes, présente des avantages, pour autant qu'il y ait entre les arbres une distance suffisante pour ne pas occasionner un excès d'ombrage.

Sur la proposition de MM. Pélissier et Wagner, la section émet le vœu de voir les pouvoirs publics établir et développer la construction des chemins agricoles et faciliter leur entretien ultérieur.

On passe ensuite à l'examen du rapport de *M. le Prof. Gorjatschkine*, de Moscou, et d'un vœu émis par celui-ci.

MM. Nirouet, Pélissier, le comte de Maupéou, Novitor et Hendrix engagent une longue discussion à ce sujet.

M. Pélissier estime que le vœu de M. Gorjatschkine est déjà réalisé par l'Institut international d'agriculture de Rome et la section se range à cet avis.

La traite mécanique.

On examine le rapport de *M. Huyge*, de la station laitière de l'Etat, à Gembloux (Belgique), sur « la traite mécanique ».

M. le comte de Maupéou demande si la traite mécanique est pratique pour la petite culture.

M. Bouckaert pense qu'en Belgique, et dans les conditions indiquées dans le rapport de M. Huyge, on peut employer économiquement l'installation de traite mécanique pour environ vingt-cinq à trente vaches; seulement, un chiffre exact ne peut être établi, car la question est influencée par beaucoup de facteurs.

Personne ne demandant plus la parole, *M. le Président* résume les travaux de la section et remercie chaleureusement les congressistes qui ont pris part aux travaux de la section.

M. le Secrétaire donne lecture des vœux qui ont été votés par la quatrième section.

La séance est levée.

*Kort begrip der verklaring van den Ingénieur Cornélis
over de verbetering van gronden in de Kempen.*

1° *Ligging der streek.* — Provincie Antwerpen en noorder deel
van Limburg.

2° *Aard van den grond :*

    a) Hooge gronden. — Zandgrond bevattende geheel weinig
klei en kalk, en geene plantaardige stoffen.

    b) Leege gronden. — Ook zandgrond, bevattende een wei-
nig klei, weinig kalk maar veel plantaardige stoffen.
De leege gronden zijn van veel beteren aard als de hooge.

3° *Ontginning der hooge gronden.* — Twee manieren van ont-
ginnen met of zonder water van de vaarten.

    Beide benoodigen groote uitgaven. — De ontginning zonder
water vereischt daarenboven lange jaren uitbating.

4° *Ontginning der leege gronden.* — De voorafgaande droogmaking is onontbeerlijk.

    Zoo die droogmaking niet al te veel kost is de ontginning
van leege gronden zeer winstgevend.

5° *Verbetering van reeds ontginde vochtige gronden.* — Deze
treft men aan in meestal de valleien. Enkel de droogmaking
is hier noodig.

    Met weinig kosten gewoonlijk schoone uitslagen te beko-
men.

6° *Bevloeiing der weiden.* — Waarin zij bestaat. — Werking
der bevloeiing op het gras. — Twee manieren van bevloeien.

    a) Bevloeiing door overstrooming is kostelijk maar zeer
winstgevend en bijna alleen in gebruik.

    b) Bevloeiing door onderzetting kost minder en brengt ook
minder op.

7° *Door wie worden die werken uitgevoerd?* — Door de belang-
hebbende zelf, door de Gemeenten of door vereenigingen van
Wateringen met of zonder de tusschenkomst van openbare
machten.

Een bijzondere dienst werd door den Staat ingericht om de
verbetering der gronden te bevorderen.

Het middel door de openbare machten aangewend, tot het
verbeteren van gronden geeft beste uitslagen.

Besluit :

1° Vruchtbaar maken is eene winstgevende zaak;

2° De leege gronden verdienen de voorkeur op de hooge;

3° De ontginning der hooge gronden zal geschieden door
bevloeiing of door gebruik van langzaam verterende mest-
stoffen;

4° De tusschenkomst der openbare machten, zal de verbetering
der vochtige gronden eenen grooten stap vooruit bren-
gen.

Boekenlijst :

1° *Notes sur les conditions hydrologiques de la Campine*, par
René d'Andrimont;

2° *Alimentation en eau potable de la Basse-Belgique et du
Bassin houiller de la Campine*, par Putzeys et Rutot;

3° *Traité pratique de l'irrigation des prairies*, par Keelhoff;

4° *Traité de drainage, par J. M. J. Leclerc;*

5° *Des Wateringes*, par Schramme.

———

*Résumé du Discours de l'Ingénieur Cornélis sur l'amélioration
des terrains en Campine.*

1° *Situation de la Campine.* — Province d'Anvers, et la partie
Nord du Limbourg.

2° *Nature du terrain:*

a) *Terrains secs.* — Terrains sableux renfermant peu d'argile, de chaux et pas de matières organiques;

9

b) Terrains bas et humides. — Aussi terrains sableux renfermant un peu plus d'argile, peu de chaux et pas de matières organiques.

Les terrains bas sont les meilleurs.

3° *Défrichement des terrains hauts.* — Deux manières de défricher avec ou sans eau. — Les deux nécessitent de grandes dépenses.

La fertilisation exige en outre de longues années d'exploitation.

4° *Défrichement des terrains bas.* — L'assainissement préalable est indispensable.

Si cet assainissement n'est pas extraordinairement contenu, le défrichement des terrains humides est très rémunérateur.

5° *Amélioration des terrains humides antérieurement défrichés.* — On rencontre généralement ces terrains dans les vallées; il ne s'agit ici que de dessèchement.

Au moyen de dépenses relativement faibles on peut obtenir de beaux résultats.

6° *Irrigation des prairies.* — En quoi elle consiste. — Son action sur l'herbe. — Deux méthodes d'irrigation.

a) Par déversement : elle est très rémunératrice et presque seule en usage.

b) Par submersion : coûte moins et rapporte moins également.

7° *Par qui s'exécutent ces travaux?* — Par les propriétaires individuellement, par les communes ou par des associations de wateringues, avec ou sans l'intervention des pouvoirs publics.

Un service spécial a été organisé par le Gouvernement pour encourager l'amélioration des terrains.

Le moyen dont s'est servi le Gouvernement pour l'amélioration des terres basses donne d'excellents résultats.

Conclusions :

1° Fertiliser est généralement une affaire rémunératrice;

2° L'amélioration des terres humides est à préférer à celle des terrains hauts;

3° Le défrichement des terres hautes doit se faire, si possible, par l'irrigation, et à défaut d'eau, par l'emploi d'engrais renfermant des matières organiques qui se maintiennent longtemps dans le sol.

4° L'intervention des pouvoirs publics a une influence heureuse sur l'amélioration des terrains humides.

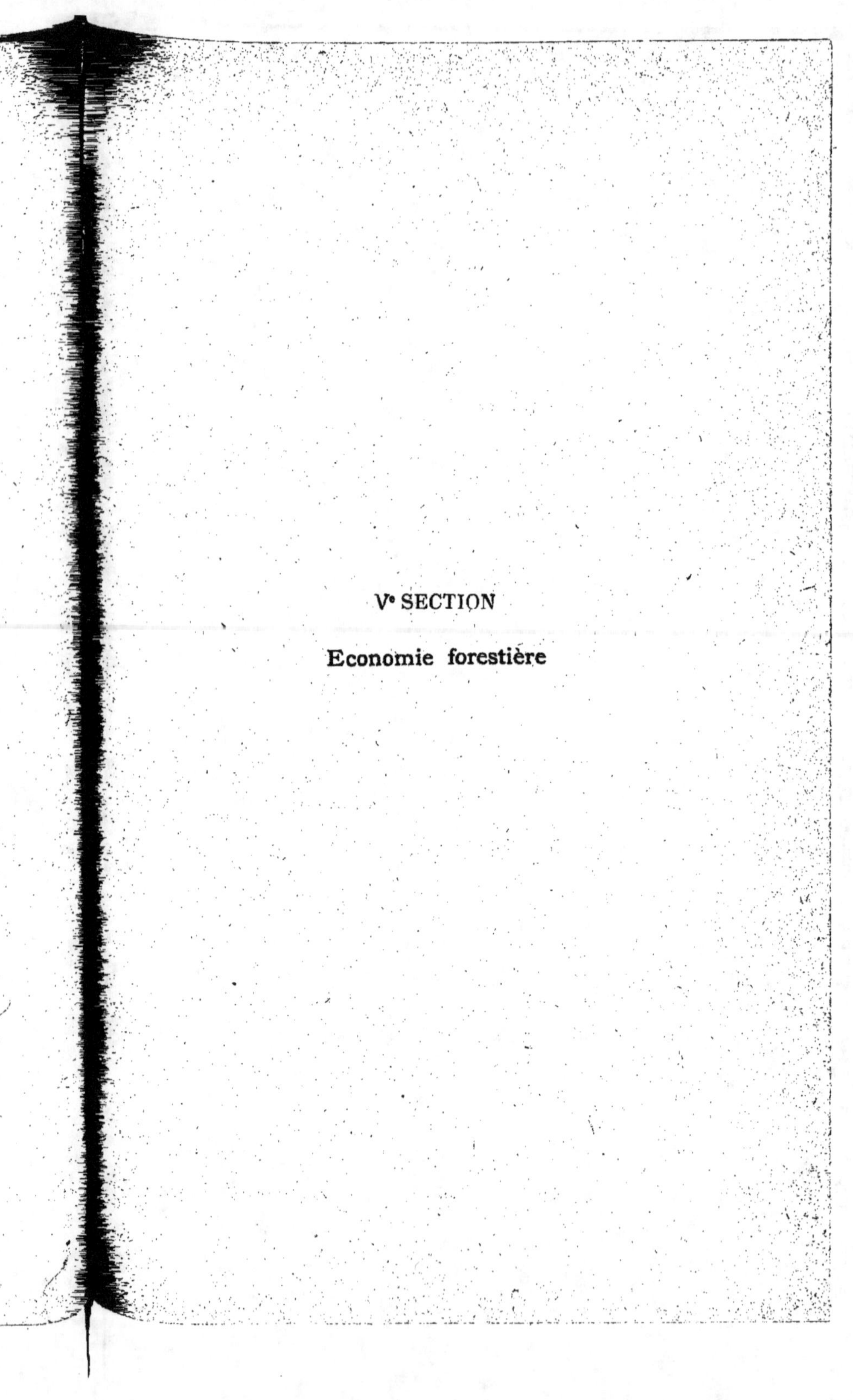

Vᵉ SECTION

Economie forestière

COMITE ORGANISATEUR DE LA SECTION

———

Président:

M.

de Sébille, A., ingénieur civil, membre du Conseil supérieur
des forêts, rue Defacqz, 45, à Bruxelles.

Vice-Président:

M.

Crahay, N.-I., directeur général des Eaux et Forêts, rue Augus-
tin Delporte, 86, à Bruxelles.

Secrétaire:

M.

Quairière, C.-J., garde général des Eaux et Forêts, rue de Louvain, 3, à Bruxelles.

Secrétaires adjoints:

MM.

Durieux, C., garde général des Eaux et Forêts, rue Fourment,
3, à Anvers;
Glorie, H., garde général des Eaux et Forêts, à Bruges.

Membres:

MM.

Antoine, V., ingénieur agricole, professeur à l'Institut agrono-
mique de l'Université de Louvain;
Bareel, J., conseiller honoraire à la Cour d'appel, membre du
Conseil supérieur des forêts, rue de l'Aqueduc, 16, à Bruxelles;
Bareel, L., ingénieur agricole, rue du Transvaal, 57, à Anvers;
Bareel, L., avocat et bourgmestre, château Ter Heiden, à
Calmpthout;

Bommer, C., docteur en sciences naturelles, conservateur au Jardin botanique, membre du Conseil supérieur des forêts, rue Hobbema, 47, à Bruxelles;

Boone, A., notaire, membre du Conseil supérieur des forêts, rue de l'Hôpital, 40, à Turnhout;

de Villenfagne de Vogelsanck (baron L.), conseiller provincial, membre du Conseil supérieur des forêts, château de Vogelsanck, à Zolder;

de Wilde, R., inspecteur des Eaux et Forêts, à Gand;

Dierkx, L., commissaire d'arrondissement, membre du Conseil supérieur des forêts, à Anvers;

Drion, R., avocat, membre du Conseil supérieur des forêts avenue de la Couronne, 59, à Bruxelles;

du Bus de Warnaffe, L., avocat, membre de la Chambre des représentants et du Conseil supérieur des forêts, rue de la Loi, 54, à Bruxelles;

Emsens, P., propriétaire, place de l'Industrie, 21, à Bruxelles;

Focquet, P., notaire, sénateur, membre du Conseil supérieur des Forêts, à Surice;

François, A., bourgmestre, membre du Conseil supérieur des forêts, à Cerfontaine;

Goeminne, A., régisseur, conseiller provincial, à Aeltre;

Kort, A., directeur des pépinières de Calmpthout;

Lippens, R., membre du Conseil supérieur des forêts, à Gand;

Malevez, avocat, à Jambes;

Naets (le Dr A.), conseiller provincial, membre du Conseil supérieur des forêts, à Westerloo;

Poskin, A., ingénieur agricole et forestier, professeur à l'Institut agricole de l'Etat, à Gembloux;

't Serstevens, J., membre du Conseil supérieur des forêts, à Stavelot;

van Caloen de Basseghem, J., membre de la Commission des Hospices civils de Bruges, à Aertrycke;

Van der Vorst, P., sous-inspecteur des Eaux et Forêts, à Gand;

Van de Walle, M., vice-président du tribunal de première instance, à Bruges;

van Outryve d'Ydewalle (le chevalier E.), conseiller provincial, membre du Conseil supérieur des forêts, à Saint-André-lez-Bruges;

van Zuylen, J., propriétaire, membre du Conseil supérieur des forêts, quai de l'Industrie, 8, à Liége;

Visart de Bocarmé, E., propriétaire, rue du Tournoi, à Bruges.

Séance du lundi 9 juin 1913

M. *de Sébille* préside. En ouvrant la séance, il prononce l'allocution suivante :

Messieurs,

La Sylviculture doit occuper une place prépondérante dans les préoccupations de tous ceux qui s'intéressent au développement économique des nations; les temps sont enfin arrivés de rendre justice à la Forêt et de reconnaître ses services, et en particulier ceux qu'elle rend à sa fille aînée l'Agriculture; celle-ci lui a ravi ses meilleures terres, mais elle ne peut plus oublier qu'elle devra toujours sa fécondité aux réserves d'eau que lui ménage sans cesse la forêt, et aux puissants abris qui protègent ses fruits contre les vents desséchants.

Si Sully, le grand ministre d'Henri IV, a pu dire « que le labourage » et le pastourage sont les deux mamelles dont la France est alimentée », il attachait cependant un grand prix aux Forêts et aux revenus qu'il en retirait.

Martignac, dans l'exposé des motifs du code forestier, a affirmé, « que » la conservation des forêts est un des premiers intérêts des sociétés » et par conséquent un des premiers devoirs des gouvernements; néces» saires aux individus, elles ne le sont pas moins aux Etats; leur exis» tence est un bienfait inappréciable pour les pays qui les possèdent. »

Il devenait indispensable de protéger les bois depuis si longtemps victimes de l'ingratitude humaine. Au fur et à mesure des développements de la civilisation, la Forêt a été battue en brèche, livrée au pillage, aux incendies, aux dévastations des conquérants et même abandonnée par ceux qui auraient dû la protéger. En effet, l'histoire nous a transmis les ordonnances royales de Charlemagne et de Louis le Débonnaire prescrivant les défrichements et défendant de planter des bois, ne se montrant conservateurs à leur égard qu'en faveur de la chasse.

Heureusement que du X° au XIV° siècle, les forêts se reconstituèrent naturellement par suite de la diminution des habitants décimés par les guerres de la féodalité.

François Ier fit déclarer les forêts inaliénables comme appartenant au domaine de la Couronne et empêcha les défrichements. Charles IX continua à protéger les bois.

Les dévastations se renouvelèrent du XVIe au XVIIIe siècle, la rage du déboisement sévit encore avec tous ses désastres. Enfin, un revirement définitif se produisit et c'est du XVIIIe siècle que date l'époque scientifique de la sylviculture. .

Louis XVI fait replanter les vides des forêts de Fontainebleau et de Rambouillet, et envoie André Michaux aux Etats-Unis afin d'y recueillir des graines et des plantes d'arbres et d'arbustes propres à être naturalisés.

Depuis lors, les bienfaits des bois s'apprécient; la science aidant, on comprend enfin la nécessité de les protéger à tous les points de vue; on ne conteste plus l'influence considérable que les forêts exercent sur la fécondité du sol.

C'est grâce à l'humus qu'elles accumulent, que les landes ont pu être mise en culture dans tous les pays.

C'est grâce aux plantations d'arbres résineux que les terres arides de la Campine et de l'Ardenne, que celles de la Sologne et de la Champagne pouilleuse ont acquis en peu d'années un degré de fertilité qu'on ne saurait leur donner qu'au prix de dépenses considérables.

C'est grâce à la création de vastes massifs de pins maritimes que Brémontier est parvenu à fertiliser les dunes de la Gascogne et à arrêter la marche de ces sables mouvants qui menaçaient d'envahir les terres voisines.

Je n'abuserai pas de vos moments, Messieurs, en insistant sur le rôle hygiénique, climatérique, industriel, sportif et social, qu'exercent les forêts dans la vie des nations, vous les connaissez tous aussi bien que moi; vous comprenez aussi l'inéluctable nécessité de provoquer toutes les bonnes volontés pour les conserver et augmenter leur étendue. Vous vous rappelez certainement à ce sujet, la remarquable étude qu'a présentée feu M. le Conservateur MÉLARD, sur la disette prochaine des bois d'œuvre, dans le monde entier, au Congrès de Paris de 1900. Vous vous souviendrez aussi qu'à ces grandes assises, réunissant des représentants autorisés de tous les pays du monde, il avait été décidé que dorénavant il n'y aurait plus deux congrès séparés, l'un d'agriculture et l'autre de sylviculture, mais un seul portant le nom de Congrès international d'agriculture et de sylviculture.

Comme il n'en a pas été tenu compte, je me permets de vous demander qu'à l'avenir on répare cet oubli, qu'on rende à la Forêt la place qui lui est due, et qu'au sein du Comité permanent du Congrès, il y ait un représentant autorisé des forêts.

Les rapports si intéressants qui nous sont parvenus justifient péremptoirement mon observation, ils m'assurent parmi vous de précieux concours auxquels j'attache la plus grande importance.

Permettez-moi de remercier les personnalités si distinguées des différents pays qui nous apportent les fruits de leur science et de leur expérience, et de leur adresser aux noms des amis des forêts de Belgique l'expression de notre profonde gratitude pour être venus nombreux concourir à la défense d'intérêts généraux qui nous sont si chers. (*Applaudissements.*)

M. le Président propose les nominations suivantes, qui sont accueillies par acclamations :

Présidents d'honneur : M. Lafosse, inspecteur général des Eaux et Forêts, à Paris; MM. Jalhay, délégué du Gouvernement du Honduras; E. van der Avoort, délégué de la Perse; le consul général du Vénézuéla.

Vice-Présidents d'honneur : M. Leddet, conservateur des Eaux et Forêts, à Paris; Penso, délégué de la République Dominicaine.

M. le Secrétaire donne lecture du texte de la première question:

Quelles sont les mesures législatives et financières à prendre en vue d'empêcher l'exploitation abusive ou la destruction des forêts utiles à l'intérêt général.

Afin d'abréger la discussion et de gagner du temps, *M. le Président* propose de donner la parole au rapporteur général, M. l'inspecteur général Lafosse.

M. Lafosse développe son rapport et commente les conclusions de MM. le marquis de Camps, le chevalier Roeder, Descombes et Pardé.

Il propose à M. Pardé de développer son rapport.

M. Pardé décline l'honneur de commenter son rapport et se rallie aux conclusions de M. le rapporteur général. Il défend cependant la soumission facultative des bois au régime forestier adouci, qui donne de bons résultats au Portugal, dit-il.

M. Lafosse ne croit pas à l'efficacité de la mesure dans certains pays.

M. Pardé insiste et dit que la mesure, mal accueillie au début, a été mieux appréciée ensuite au Portugal.

M. le baron de Lestrange est de l'avis de M. Lafosse en ce qui concerne la France. Il est adversaire de l'ingérence de l'État dans la gestion des propriétés particulières.

M. Pardé ajoute qu'il ne voit là qu'un point de la question dont la discussion peut être remise au moment du vote des conclusions.

M. Lafosse développe le rapport de M. Huffel et donne lecture des conclusions générales qu'il propose.

M. le Président remercie M. le rapporteur général de son intéressant travail.

M. Lafosse, Rapporteur général, propose d'adopter les vœux suivants :

A. Que les différents Etats allègent les impôts de toute nature qui grèvent les forêts et en modifient l'économie dans des vues d'encouragement à leur conservation et à la production des arbres de futaie.

M. le baron de Lestrange propose d'ajouter « et les bois taillis ».

M. Pardé est d'avis qu'il s'agit aussi des arbres dans les taillis.

M. Lafosse. — Il s'agit de favoriser tous ceux qui font des sacrifices pour élever des arbres de futaie.

M. le baron de Lestrange. est d'avis qu'on ne peut faire des arbres de futaie partout.

M. Lafosse ne cherche qu'à obtenir la réforme de l'impôt en France.

M. le baron de Lestrange propose l'addition des mots « en outre » avant « l'économie ».

— Le vœu est adopté dans son texte primitif.

M. le Président met aux voix le deuxième vœu:

B. Que les différents Etats favorisent l'accession de la propriété forestière aux Associations et Sociétés, Caisses d'épargne, etc., et cherchent à étendre le domaine forestier des propriétaires impérissables et principalement de l'Etat.

— Adopté.

Le troisième vœu est :

C. Que toutes les forêts dont la conservation touche à la sécurité publique soient, dans chaque Etat, l'objet d'un classement pour être soumises à un régime particulier.

Une discussion générale s'engage relativement à la signification des termes « sécurité publique ».

M. Lafosse pense que chaque Etat doit rester libre de déterminer les motifs du classement.

M. le baron de Lestrange craint des difficultés. Il a peur du classement obligatoire.

M. Lafosse dit qu'il n'a en vue que les forêts d'intérêt général.

M. Pardé pense qu'il ne s'agit que d'un principe et que les forêts soumises à un régime particulier recevront des compensations.

Il propose d'ajouter : « sous réserve de compensations ».

M. Lonchay propose les termes « sous réserve d'indemnité ».

M. Blondeau se demande si ce vœu permettrait de sauver des forêts en Belgique et propose de remplacer les termes « sécurité publique » par « intérêt public ».

M. de Sébille dit qu'il ne s'agit que d'intérêts généraux et non des intérêts particuliers de la Belgique.

— Le vœu est adopté avec l'amendement de M. Lonchay.

Le quatrième vœu proposé est ainsi conçu :

D. Que s'inspirant de la loi danoise de 1805, les différents Etats empêchent tout acquéreur d'une forêt importante d'y faire des coupes pendant dix ans, sans autorisation ou sans contrôle.

M. Pardé propose de le remplacer par le texte suivant :

Les différents Etats devraient rechercher les moyens qui pourraient être pris, les avantages qu'il conviendrait d'accorder pour amener les particuliers à demander la soumission au régime forestier d'une forme adoucie.

M. Lafosse pense que ce n'est pas par les propriétaires que les forêts sont ruinées, mais par des intermédiaires intervenant au moment où les premiers ont besoin d'argent. Il suffirait d'agir sur le dernier acquéreur.

M. Crahay pense que le vœu est insuffisant ; les exploitants n'achètent pas la forêt, la propriété reste à l'ancien propriétaire, le fonds est vendu ensuite.

M. Lonchay propose que les différents Etats recherchent les mesures à prendre pour la conservation des forêts.

M. le Président pense que c'est difficile.

M. Quairière rappelle qu'il ne s'agit pas d'interdire toute coupe, mais seulement de soumettre les coupes à un contrôle pendant dix ans.

M. le Président propose le vœu suivant :

Que les différents Etats prennent des mesures pour empêcher la dévastation des forêts.

M. Lippens, R., trouve ce texte trop général.

M. le Président pense que la question, venant à l'étude pour la première fois, des termes généraux suffisent.

M. Crahay se rallie aux propositions de M. Pardé relatives à la soumission volontaire au régime forestier.

Le texte suivant est proposé :

Que les différents Etats recherchent les moyens qui pourraient être pris, les avantages qu'il conviendrait d'accorder pour amener les particuliers à demander la soumission volontaire de leurs bois au régime forestier.

M. le baron de Lestrange ne veut pas de l'intervention de l'Etat.

M. Lafosse répète qu'il n'a pas foi dans l'efficacité de la mesure. Il demande le minimum de temps qu'on exigerait pour accepter la soumission.

— Le texte de M. Pardé est mis aux voix et adopté. M. le baron de Lestrange vote contre.

La séance est levée à 11 h. 1/2.

Séance du mardi 10 juin 1913

Séance du matin.

M. Saxlund, délégué de la Norvège, préside.

M. *le Secrétaire* donne lecture du texte de la seconde question.

M. *Wartique,* rapporteur général, rappelle les rapports de MM. le marquis de Camps, Robinson, Descombes, Drumaux et de la Direction de la Heidemaatschappij, sur cette question:

« Indiquez les meilleures mesures à prendre pour combattre les incendies de forêts et pour en diminuer les dommages?

» Y a-t-il lieu d'organiser une société d'assurance mutuelle, entre les propriétaires de bois et comment faut-il l'organiser? »

Le rapporteur énumère les différents moyens couramment en usage pour prévenir et combattre les incendies. Il insiste sur l'importance des coupe-feu; il ne croit pas nécessaire pourtant de donner aux coupe-feu de grandes largeurs.

Il entame ensuite la question de la constitution d'une société d'assurance mutuelle. Il signale les propositions de M. Drumaux et de la *Heidemaatschappij.* La prime ne pourrait être réduite à moins de 0.5 p. c., taux évidemment trop élevé. M. Wartique indique les causes qui maintiennent ce taux élevé.

Il n'est pas d'avis de demander l'assurance obligatoire par l'Etat et pense que l'initiative privée peut résoudre la question, avec l'intervention de l'Etat, qui entrerait dans la combinaison comme assureur et non comme assuré.

Il propose en terminant d'adopter les vœux suivants :

« A. *a)* Il est désirable de voir généraliser, tant dans les forêts publiques que dans celles appartenant aux particuliers, les mesures préventives contre l'incendie appliquées trop rarement encore.

» Parmi ces mesures, une des plus utiles étant l'établissement d'un réseau judicieusement tracé, d'allées coupe-feu dont l'assiette et les abords doivent être soigneusement maintenus débarrassés de toute matière propre à favoriser la propagation du feu (herbages, bruyère, bois mort, etc.); il est recommandable pour assurer la possibilité pratique de leur entretien dans les massifs boisés d'une certaine importance, de ne pas donner une trop grande largeur à ces allées.

» *b)* Il est désirable qu'il soit organisé d'une manière permanente, surtout dans les forêts particulièrement exposées aux dangers d'incendie, un personnel et un matériel d'extinction avec des postes de vigie et un système d'avertissement. »

« B. Il y a lieu d'interdire temporairement le pacage dans les bois incendiés.

» C. Il est désirable de voir organiser l'assurance mutuelle des forêts contre l'incendie en s'inspirant de ce qui est déjà réalisé dans les Pays-Bas et les considérations développées dans le rapport de M. Drumaux.

» Toutefois, en vue d'abaisser la prime qui paraît encore trop forte, il y a lieu d'étudier l'assurance d'une valeur fixe et peu élevée à l'hectare à concurrence de laquelle la société d'assurances serait seulement tenue. »

M. Leddet pense qu'il serait dangereux de favoriser la réduction de la largeur des coupe-feu.

M. Crahay pense que le rapporteur n'a en vue que l'entretien de très larges coupe-feu.

M. Lafosse voudrait voir préconiser la formation d'associations syndicales pour la défense. Il voudrait aussi que la loi autorisât l'allumage des contre-feu.

M. de Sébille est d'avis qu'on devrait fixer une largeur minimum pour les coupe-feu.

M. Wartique. — Cette largeur varie avec les circonstances.

M. Demorlaine appuie cette observation.

M. Cannon pense que le nombre et la distance des coupe-feu sont plus importants que la largeur.

Après échange de vues, *M. Wartique* propose le vœu suivant, qui doit mettre tout le monde d'accord :

Il est désirable: « A. De voir généraliser, tant dans les forêts publiques que dans celles appartenant aux particuliers, les mesures préventives contre l'incendie appliquées trop rarement encore.

» Parmi ces mesures, une des plus utiles étant l'établissement d'un réseau, judicieusement tracé, d'allées coupe-feu dont l'assiette et les abords doivent être soigneusement maintenus débarrassés de toute matière propre à favoriser la propagation du feu (herbages, bruyère, bois mort, etc.); il est recommandable de régler la largeur des coupe-feu de manière à pouvoir les multiplier et assurer économiquement leur parfait entretien. »

— Adopté.

M. *Crahay* rappelle les mesures prises dans les Hautes-Fagnes belges et signale l'efficacité des fossés bien nettoyés bordant les coupe-feu.

Il attache aussi une grande importance au service d'observations pendant la période critique, relativement courte en Belgique. De nombreux postes observatoires ont été installés dans l'Hertogenwald.

M. *Leddet* propose l'étude et l'emploi plus généralisé des plantes ignifuges.

M. *Hickel* appuie cette proposition.

M. *Saxlund* dit que des postes d'observations existent sur les montagnes en Norvège.

M. *Pardé* décrit une organisation portugaise permettant de localiser l'incendie et de l'attaquer rapidement.

M. *de Sébille* propose d'adopter le second vœu proposé par le rapporteur M. Wartique et qui est ainsi conçu :

« B) Qu'il soit organisé d'une manière permanente, surtout dans les forêts particulièrement exposées aux dangers d'incendie, un personnel et un matériel d'extinction avec des postes de vigie et un système d'avertissement. »

— Adopté.

M. *Leddet* propose d'ajouter le vœu suivant :

« C) Que les divers Etats établissent des expériences en vue de rechercher les plantes ignifuges les mieux appropriées pour constituer des zones de protection et que les résultats en soient publiés. »

— Adopté.

M. de Sébille propose d'adopter le quatrième vœu :

« D) D'interdire temporairement le pacage 'dans les bois *incendiés*. »

En remplaçant les mots « le pacage » par les mots le « parcours des animaux domestiques ».

— Adopté.

M. de Sébille met au voix le vœu suivant :

« Il est désirable de voir organiser l'assurance mutuelle des forêts contre l'incendie en s'inspirant de ce qui est déjà réalisé dans les Pays-Bas.

» Toutefois, en vue d'abaisser la prime qui paraît encore trop forte, il y a lieu d'étudier l'assurance d'une valeur fixe et peu élevée à l'hectare à concurrence de laquelle la société d'assurance serait seulement tenue. »

M. Boone est d'avis que les assurés doivent être obligés de prendre les mesures de protection nécessaires.

M. le baron de Villenfagne appuie ces observations.

M. Wartique. — Cette question est générale et intéresse également les sociétés d'assurances.

M. Leddet propose des primes variables suivant les précautions prises.

M. de Sébille croit la question complexe. Il estime que l'assurance mutuelle paraît la mieux à même de résoudre la question, pourvu qu'il y ait suffisamment de bois assurés. L'Etat devrait assurer ses propriétés, donnant ainsi l'exemple. Il accorderait un subside sous une forme spéciale.

M. Crahay croit l'existence de la mutualité assurée si l'Etat et les communes en font partie.

M. Pardé rappelle le rapport fait au sujet des incendies par la Commission du Conseil supérieur des forêts de Belgique.

M. Saxlund dit qu'en Norvège on a constitué une mutuelle forestière qui, la première année de son existence, a déjà assuré pour 60 millions de francs de forêts.

M. Wartique propose de modifier le 2° alinéa du vœu dont le texte est dès lors le suivant :

« Il est désirable de voir organiser l'assurance mutuelle des forêts contre l'incendie en s'inspirant de ce qui est déjà réalisé dans les Pays-Bas.

» Toutefois, en vue d'abaisser la prime qui paraît encore trop forte, il est désirable de voir l'Etat et les communes s'affilier au même titre que les particuliers à une mutualité qui se constituerait à cet effet. »

— Adopté.

La séance est levée.

**

Séance de l'après-midi.

M. *de Sébille* remercie le gouvernement français de son envoi de 50 exemplaires d'un ouvrage en trois volumes sur la Restauration et la Conservation des terrains en montagne.

On aborde la 3me question ainsi formulée :

En présence de la baisse des prix de l'écorce à tan et du bois de chauffage, que faut-il faire des taillis simples?

En l'absence de M. Delville, M. *Quairière* développe le rapport général.

Dans son rapport, M. Delville constate que les écorces qui se vendaient autrefois 23 francs les 100 kilos valent aujourd'hui de 7 à 8 francs et que pour mille causes qu'il énumère en partie, les petits bois et les charbons subissent une dépréciation considérable. Il dit que la question ne peut pas être envisagée dans un sens exclusivement forestier, car il faut tenir compte des industries qui se rattachent aux cuirs. Il ajoute que l'augmentation de la main-d'œuvre est en raison inverse des bénéfices et qu'elle est une cause de dépréciation des taillis. Il ne met pas en doute la meilleure qualité des cuirs tannés à l'écorce. On a proposé l'établissement d'un droit *ad valorem*, lequel, mis en pratique en Allemagne n'a pas produit de résultat apparent.

M. Quairière croit traduire le sentiment de l'auteur en disant que ce remède n'est pas recommandable et qu'il vaut mieux abandonner la production des écorces et chercher à tirer le meilleur parti possible des taillis.

Parmi les moyens proposés figurent : l'allongement des révolutions, les griffages, la conversion en futaie sur taillis ou en futaie résineuse, sauf dans certaines parties exposées au midi où l'on pourrait continuer la production des écorces, étant donné que l'écorce de chêne sera toujours nécessaire dans une certaine mesure.

M. Quairière pense que l'emploi d'engrais et autres moyens de relever la teneur en tanin de l'écorce, préconisés par M. Delville ne peuvent donner de résultats notables.

M. *de Sébille* dit qu'il a obtenu de forts bons résultats en plantant le pin sylvestre dans les taillis peu productifs et par l'allongement de la révolution.

M. *Pardé* désire avoir quelques renseignements relatifs au nombre des résineux introduits par hectare.

M. *de Sébille* répond que la quantité a varié avec le degré de densité des taillis. On peut compter une moyenne de 2 à 3,000 pins par hectare.

Il introduit aussi des bouquets de sapins de Douglas.

M. *le baron de Lestrange* proteste contre l'avis émis par M. Quairière, que, au point de vue général, il vaut mieux abaisser le prix du cuir que de relever celui de l'écorce. Nous ne devons nous occuper que des intérêts forestiers, dit-il, et non des intérêts des tanneurs.

Il ne pense pas que les écorces doivent être abandonnées. Les cuirs tannés au chêne, sont toujours supérieurs aux autres. L'extrait tannique produit par le châtaignier pourra peut-être être demandé au chêne.

M. *Tanassesco* dit qu'en Roumanie, le prix des bois de chauffage et des écorces a augmenté considérablement depuis quelques années. Les vœux proposés ne pourraient s'adapter à la Roumanie et il propose de dire que les moyens proposés sont limités aux pays auxquels ils s'appliquent.

M. *de Sébille*, répondant à M. le baron de Lestrange, dit qu'il ne s'agit pas de supprimer la production de l'écorce, mais de la restreindre.

M. *Leddet* propose que les cuirs tannés au chêne portent une estampille qui les fasse reconnaître.

M. *le baron de Lestrange* rappelle que ce vœu a déjà été émis en France.

M. *Pardé* considère ce remède comme très favorable.

M. *Quairière* appuie sur ce fait qu'il s'agit d'augmenter la production des taillis par l'introduction des résineux et non de les convertir définitivement en futaie résineuse pure.

M. le baron de Lestrange demande la séparation de la question des écorces de celle des taillis.

M. Hickel présente quelques observations générales et se rallie aux conclusions de M. Quairière pour la Belgique, l'Allemagne et le nord de la France. Dans le midi de la France, la question prend un autre aspect. Dans les landes siliceuses pauvres, on a les pins laricio et maritime. Mais dans la région calcaire, peuplée de chênes yeuses où la production d'écorces, jadis importante, est tombée à zéro, on ne peut espérer de résultat de l'allongement des révolutions. Le pin d'Alep ne donnera pas de bois d'œuvre de valeur, pense-t-il. Le pin noir pourrait donner des résultats, mais aucune essence exotique n'est recommmandable.

Voici les conclusions proposées par M. Delville :

« I. Il est regrettable pour les propriétaires de taillis et pour les consommateurs de cuir, que l'emploi de l'écorce de chêne ait diminué considérablement dans l'industrie de la tannerie.

» II. Les mesures économiques préconisées pour remédier à la baisse des prix de l'écorce et du bois de chauffage seront souvent inopportunes ou inefficaces : inopportunes, parce qu'elles se heurteront à l'opposition du commerce et de l'industrie, inefficaces parce qu'elles n'auront qu'une répercussion peu appréciable sur la valeur des produits qu'elles ont pour but de favoriser.

» III. Les moyens à mettre en œuvre sont plutôt du domaine de la sylviculture et doivent consister dans l'allongement des révolutions, la production d'arbres, les conversions raisonnées, l'augmentation de la qualité des produits, etc.

» IV. Il incombe aux agents forestiers d'éclairer, par des conférences publiques et des conseils directs, les propriétaires de taillis sur la meilleure orientation à donner à la production de peuplements d'une culture aujourd'hui peu rémunératrice.

M. le baron de Lestrange. — Le Congrès devrait demander que l'on recherchât les moyens de relever les cours des écorces.

M. Quairière pense que l'augmentation des droits de douane ne peut produire d'effet utile.

M. Demorlaine propose le texte suivant :

« Pour remédier à la dépression momentanée du prix de vente des taillis à écorces dans certains pays, il est à désirer que les divers Gouvernements choisissent et imposent une marque spéciale pour les cuirs tannés aux écorces indigènes, sous réserve des peines prévues pour la répression de fraudes. »

— Adopté.

M. le baron de Lestrange pense que l'allongement des révolutions n'est pas toujours possible, soit pour des causes culturales, soit pour des causes financières.

M. Demorlaine pense que l'allongement des révolutions est généralement possible, surtout en sol pauvre.

M. le baron de Lestrange dit que le remède est dans la recherche des nouveaux usages industriels du bois.

M. Pardé propose le texte suivant pour le second vœu :

« Le Congrès indique les moyens suivants, qui amèneraient une diminution de la production des écorces et par suite une augmentation de leur valeur sans diminuer le revenu de la forêt :

» Allongement de la révolution, production d'arbres, introduction d'essences résineuses. Emploi industriel de menus bois et conversions raisonnées. »

— Adopté.

Le dernier vœu ainsi formulé : « Il incombe aux agents forestiers d'éclairer, par des conférences publiques et des conseils directs, les propriétaires de taillis sur la meilleure orientation à donner à la production de peuplements d'une culture aujourd'hui peu rémunératrice », est adopté.

Au moment de lever la séance, *M. le Président* communique une lettre de M. Van Dissel, qui s'excuse de ne pouvoir assister aux séances du Congrès.

La séance est levée.

Séance du mercredi 11 juin 1913

M. Leddet préside.

M. le Secrétaire donne lecture du texte de la quatrième question :
Quels sont, à l'époque actuelle, les résultats acquis à l'aide d'essences forestières d'origine étrangère? Quel enseignement faut-il en tirer?

M Durieux, rapporteur général, rappelle les rapports déposés par M. Reuss, dont la communication n'a pu être publiée, étant parvenue trop tard, par M. Pardé, qui a fait suivre son rapport d'une remarquable bibliographie, par MM. le marquis de Camps, Gillet et Delevoy. Il développe les conclusions suivantes de son rapport :

« A. *Economiques.*

» 1. Pour un pays donné, l'importance de la question des essences exotiques est déterminée par la pauvreté de la flore forestière locale en essences précieuses et par le nombre des essences qui la constituent.

» 2. Indépendamment de cette considération générale, les propriétés spéciales ou uniques de certains bois étrangers, une croissance plus rapide, une production ligneuse individuelle plus considérable, une plus grande longévité, des dimensions plus fortes, une frugalité ou rusticité plus accentuée, une immunité plus complète aux divers agents défavorables, un caractère décoratif plus intense que n'en possèdent les essences indigènes, sont tous facteurs qui justifient l'introduction d'essences étrangères.

» Il importe que les espèces acclimatées conservent ces divers caractères. Il semble acquis, actuellement, que plusieurs essences introduites continuent à répondre à un ou à plusieurs de ces desiderata. »

» 3. Au point de vue économique, la naturalisation au sens strict n'est pas toujours indispensable pour qu'une essence puisse localement donner des produits rémunérateurs qui justifient sa culture.

» B. *Culturales :*

» 1. A la surface du globe, les zones botaniques limitent dans leurs grandes lignes les possibilités de naturalisation des essences forestières.

» 2. Les flores forestières étant localisées, souvent indépendamment de la nature du sol dans une zone botanique déterminée, il importe, dans les essais d'acclimatation, d'apprécier sainement toutes les causes déterminantes de ces localisations.

» 3 Il existe telles conditions locales où, malgré l'absence de l'un ou l'autre des facteurs de la station naturelle, une essence donnée, sans être complètement naturalisée, peut cependant fournir des produits économiquement suffisants, par suite de la forte prédominance d'un ou de plusieurs facteurs de la station (pin noir sur *sol calcaire*, pin maritime en Belgique en climat *maritime*, mélèzes en Angleterre et en Flandres, régions à humidité atmosphérique suffisante).

» C. *Pratiques :*

» 1. Pour plusieurs espèces ligneuses dont la culture en dehors de leur zone naturelle fut commencée il y a plusieurs siècles (robinier, peupliers dans l'Europe tempérée, pin sylvestre en Belgique) la période d'*acclimatation* est terminée et leur *naturalisation* doit être considérée comme parfaite pour des conditions locales déjà bien connues.

» 2. En Belgique et dans les régions forestières limitrophes, on peut leur assimiler une série d'essences, surtout américaines, provenant des zones forestières tempérées, cultivées depuis moins longtemps, dont la *naturalisation* n'est peut-être pas réalisée au sens botanique du mot, mais qui fournissent déjà des résultats très remarquables et dont la culture peut être continuée dans les bois ou les parcs (chêne rouge, noyer noir, frêne blanc, Douglas, pin Weymouth, Sitka, etc.).

3. Dans les parcs, les jardins et les plantations d'alignement, la possibilité d'emploi des essences décoratives n'est pratiquement limitée que par les extrêmes climatériques. »

M. Leddet annonce que M. Crahay, empêché d'assister à la séance, se tient à la disposition des congressistes pour les conduire dans la forêt de Soignes, samedi prochain.

M. Hickel signale qu'en Espagne les essences exotiques peuvent rendre et rendent, en effet, des services ; les rapports de MM. Reuss et le Marquis de Camps sont trop pessimistes.

M. Pardé pense qu'il ne faut pas parler d'optimistes et de pessimistes. Il ne s'agit que de faire des essais et de rechercher les essences susceptibles d'être utilisées.

M. Quairière propose de dire simplement dans la première résolution :

« Il est désirable de poursuivre méthodiquement dans les divers pays, par des essais répartis dans les diverses zones climatériques et géologiques, l'étude des essences exotiques qui répondent aux desiderata économiques. »

— Adopté.

Après un échange de vues assez long entre MM. Leddet, Durieux, Pardé, Hickel, Bommer, Demorlaine, de Sébille, Cannon, Quairière, *M. Leddet* propose le texte suivant pour le second vœu :

« Etant donnée l'importance que présente la distinction des variations stationnelles, il est désirable que, dans les divers pays, des études soient faites en vue de rechercher les mesures légales et administratives propres à garantir l'origine des semences forestières. »

— Adopté.

M. Pardé insiste pour que l'on appuie sur les qualités forestières des essences, leur résistance aux dégâts des animaux et des champignons.

Après un échange de vues,

M. Leddet propose le texte suivant, à ajouter au premier vœu déjà adopté :

« Il serait intéressant de faire porter ces études en particulier sur des essais comparatifs entre les propriétés forestières et techniques des essences transplantées et de celles du pays d'origine. »

— Adopté.

Pour résumer les travaux de la section *M. Quairière* donne lecture des différents vœux adoptés qui seront soumis à l'approbation de l'assemblée générale de clôture.

M. de Sébille propose le vœu spécial suivant:

Le Congrès de Paris avait décidé en 1900 qu'il n'y aurait plus deux Congrès séparés, l'un pour l'agriculture et l'autre pour la sylviculture, mais des assises uniques qui porteraient le nom de :

« Congrès International d'Agriculture et de Sylviculture ».

Au nom de la cinquième Section, je me permets de rappeler cette décision aux membres du Xme Congrès et de demander à l'assemblée qu'il en soit dorénavant ainsi et pour donner une sanction définitive à cette approbation, de nommer au sein du Comité permanent du Congrès, un nouveau membre qui soit particulièrement chargé de défendre les intérêts mondiaux, si importants, de la sylviculture;

Adopté.

M. de Sébille remercie M. Pardé de ses intéressants rapports dotés d'une remarquable bibliographie.

Il demande l'autorisation de défendre devant l'assemblée générale le vœu exprimé lors du IXe Congrès: « qu'il n'y ait plus deux Congrès, mais un seul Congrès d'agriculture et de sylviculture ».

Il remercie les membres de la section de leur assiduité aux travaux du Congrès.

La séance est levée.

CINQUIÈME PARTIE

Assemblée générale de clôture.

Elle a eu lieu à 2 h. 1/2, dans la salle des fêtes de l'Exposition.

M. le baron van der Bruggen préside; à ses côtés siègent : MM. Méline; Maenhaut; Sagnier (Paris); prince de Lobkowitz (Prague); Dr Moreschi, directeur général de l'Agriculture en Italie; baron van Loo; De Vuyst, secrétaire général; comte de Montornès (Valence); True (Washington); baron Bonde, président de la Chambre des députés à Stockholm; Sir George Fordham (Cambridge); Hunneeus, ministre du Chili; prince Argoutinsky, délégué officiel de Russie.

MM. Henry, secrétaire de la première section; *Warnants*, secrétaire de la deuxième section; *Molhant*, secrétaire de la troisième section; *Bouckaert*, secrétaire de la quatrième section, et *Quairière*, secrétaire de la cinquième section, donnent lecture des vœux adoptés par leurs sections respectives.

Vœux :

PREMIERE SECTION. — PREMIÈRE QUESTION

Comparaison entre l'importance de l'agriculture, du commerce et de l'industrie dans divers pays.

Le Xe Congrès international d'Agriculture :
Adopte le rapport présenté à sa première section en réponse à sa question première et serait heureux que l'Institut international d'agriculture de Rome veuille bien se charger de la continuation constante de ce travail. Il donne mission à son Bureau de transmettre ce vœu;

Souhaite voir créer dans chaque pays des Commissions interministérielles permanentes où tous les ministères seraient représentés, pour discuter en commun toutes les questions d'ordre économique, en relation étroite avec les nécessités de l'agriculture et les intérêts des diverses branches de l'activité nationale.

DEUXIÈME QUESTION.

Désertion des Campagnes.

1° La régénération constante de la population industrielle des villes par l'immigration des forces surabondantes neuves de la campagne est indispensable pour assurer aux peuples leur prospérité dans les domaines les plus divers, qu'il aient pour noms industrie ou métiers, sciences ou arts.

2° Entraver cette immigration ne serait certes pas servir les intérêts d'un peuple. Il s'agit au contraire de favoriser cette régénération, mais à la condition toutefois de n'en pas compromettre la continuité.

3° L'émigration de la population campagnarde ne doit prendre en aucun cas de telles proportions que la population agricole proprement dite aille diminuant. Certes, on peut, de cette façon, obtenir un essor temporaire de l'industrie et des métiers, mais on compromet gravement le sort des générations futures.

4° La mise en valeur de la terre par l'adoption d'un régime de culture où prédomineraient les petites et les moyennes exploitations constituerait un facteur permettant d'obtenir de la culture du sol le maximum de rendement brut et de revenu économique.

Indépendamment des profits qu'en retirerait l'agriculture, ce système aurait, de plus, par l'immigration de l'excédent de la population agricole, l'immense avantage d'assurer d'une façon durable aux villes, à l'industrie, aux métiers et aux professions libérales, le renouvellement de leurs forces.

5° En améliorant les conditions relatives aux salaires, à la durée du travail, à l'assurance, au service du placement, en faisant intervenir l'influence de l'école, des autorités tutélaires et en faisant appel à la main-d'œuvre nomade, etc., il est possible de remédier temporairement à la pénurie de la main-d'œuvre agricole, mais ce ne sont là que des palliatifs et non des remèdes souverains .

Quand bien même l'agriculture améliorerait la position de ses ouvriers, comme elle est d'ailleurs obligée de le faire, les conditions de vie et les salaires des ouvriers des villes continueront à se développer de telle façon que l'agriculture, ne disposant pas des moyens que possèdent l'industrie et les métiers, se trouvera dans l'impossibilité de suivre cette marche ascendante. Un renchérissement sensible et général des produits du sol, en provoquant l'augmentation du revenu de l'agriculture, permettrait d'aboutir ici à un résultat effectif. Mais, pour le moment, une telle solution *dépend d'un mouvement économique dont nous ne sommes pas les maîtres.*

6° En fait de moyens décisifs, deux voies s'ouvrent devant nous. Ou bien il faudrait introduire un régime de grands domaines dont l'exploitation n'exigerait qu'un personnel aussi restreint que possible, ou alors il faut *transformer la culture en un régime d'exploitations de moyenne grandeur,* susceptibles d'être mises en valeur par le seul apport des propres forces de la famille de l'exploitant ou ne nécessitant que le strict minimum de main-d'œuvre étrangère. Le second moyen seul est en mesure de permettre à la production de faire face à la consommation et, en même temps qu'il assure aux peuples une descendance saine et nombreuse, l'agriculture, elle, y trouve aussi de nouveaux bras.

7° L'adoption par la population des doctrines néo-malthusiennes constitue pour un pays un danger d'autant plus gros qu'il se trouve par là directement atteint dans ses sources vives. Plus l'excédent des naissances se trouve en recul dans la population agricole, plus cette dernière s'en trouve affaiblie. Le néo-malthusianisme est de beaucoup plus dangereux à la campagne qu'au sein de la population citadine; aussi faut-il le combattre par tous les moyens. Mais, en contrepartie, il s'agit de prêter appui à tout facteur susceptible de favoriser la fécondité des unions conjugales (mariages précoces, soins d'accouchement, adaptation aux communes campagnardes de l'institu-

tion des crèches pour nourrissons et enfants, luttes contre
l'alcoolisme, influences morales, etc.).

8° Les mesures à prendre pour *sauvegarder la vitalité de la
classe paysanne et assurer son avenir*, sont les suivantes:

a) Adoption d'une politique agraire favorisant la formation
de petits biens (colonisation intérieure, facilités ouvertes au
crédit).

b) Développement de la technique agricole par l'Etat, les
associations et les particuliers (enseignement agricole, presse
agricole, stations d'essais, offices de renseignements, subventionnement des améliorations foncières, de la culture des
plantes et de l'élevage du bétail, etc.).

c) Encouragement à l'exploitation de la petite et de la
moyenne culture et à la mise en valeur des produits par l'organisation agricole, par le service de renseignements, par l'institution d'offices de comptabilité, par l'avance de fonds, etc.

d) Lutte contre les ennemis de la production agricole et extension de l'assurance (police sanitaire, lutte contre les maladies des
plantes, assurance contre la grêle, le feu, les accidents, assurance
du bétail, etc.)

e) Encouragements à donner par l'Etat en vue de favoriser la
production agricole.

9° De telles mesures prises dans le but de renforcer la classe
paysanne ont d'autant plus de chances de succès que l'amour
de la terre et des entreprises agricoles indépendantes est encore
aujourd'hui généralement répandu parmi la population agricole
et que les gens acquièrent volontiers une petite propriété et la
cultivent pour peu qu'ils aient espoir de faire leur chemin.
L'action de l'Etat, en prenant des mesures ayant trait aux conditions sanitaires, aux relations postales, téléphoniques, télégraphiques, routières, ferroviaires, par une politique fiscale appropriée, d'une part; les efforts de l'action privée ou celle de
sociétés ayant pour but de développer le *bien-être à la campagne*,
d'autre part, sont tout autant de facteurs propres à rendre plus
agréables aux gens de la campagne la vie villageoise et l'activité
agricole.

Signalons, enfin, parmi les plus importantes mesures à prendre pour parer à une émigration néfaste, celle consistant à

donner à la jeunesse féminine une éducation telle qu'elle prépare les jeunes filles à devenir des ménagères laborieuses, capables de seconder leur mari avec joie et clairvoyance.

La paysanne doit avoir conscience du rôle qui lui est dévolu dans l'éducation d'une jeunesse campagnarde, robuste, saine de corps et d'esprit, dotée d'une solide instruction, animée de sentiments lui permettant de se faire de la vie une sérieuse conception, en un mot, une jeunesse éprise des beautés de la vie champêtre et nommant la culture du patrimoine national la plus belle profession de l'homme libre.

10° Il y a lieu de favoriser les œuvres tendant à procurer la jouissance de jardins aux ouvriers des villes, afin de leur conserver l'amour du sol, et de faciliter plus tard leur retour à la campagne.

11° Il est désirable que les grands propriétaires habitent leurs propriétés une notable partie de l'année, s'intéressent particulièrement aux choses agricoles et exercent dans cet ordre d'idées leur influence sociale pour contribuer à enrayer la désertion des campagnes.

12° a) Régler la succession de manière à ce que la petite propriété puisse rester aux mains d'au moins un membre de la famille.

b) Favoriser et au besoin obliger les propriétaires à faire des échanges de manière à supprimer dans la mesure du possible l'éparpillement des lopins d'un même propriétaire ou locataire.

c) Favoriser le maintien et la création de petits métiers à la campagne.

TROISIÈME QUESTION

Organisation de petites propriétés rurales.

1° La création de petites propriétés rurales est le moyen le plus sûr de retenir l'homme à la terre.

2° L'étendue des terres mises à la disposition de l'ouvrier agricole doit être suffisante pour l'attacher fortement au sol.

3° Les prêts consentis par les Sociétés de crédit agricole mutuel en faveur de la constitution de petites propriétés rurales offrent des garanties de tout premier ordre. Les Etats ont donc raison de les encourager par tous les moyens.

4° Le but à poursuivre est plutôt d'encourager la petite propriété insaisissable que la petite tenure à bail.

5° Il est désirable de faciliter l'amortissement rapide des avances consenties pour l'acquisition de la petite propriété rurale, notamment par la réduction du taux d'intérêt.

6° Le Congrès exprime le vœu que la législation des différents pays facilite la circulation de la terre et qu'elle égalise autant que possible les conditions de transmissions de la propriété mobilière, notamment en ce qui concerne les ventes, les droits successoraux et la procédure de partage.

QUATRIÈME QUESTION.

Crédit.

1° L'agriculture en général et principalement les classes moyennes agricoles ont un besoin pressant d'une organisation de crédit appropriée.

Le crédit agricole est assuré dans les meilleures conditions par de petites caisses mutuelles à circonscription restreinte, fortement groupées et contrôlées.

Il est à recommander aux agriculteurs de déposer leurs fonds disponibles dans les caisses de crédit agricole, l'épargne des agriculteurs devant servir en première ligne à féconder le travail de la terre.

CINQUIÈME QUESTION.

Coopération.

1° La coopération agricole est la convention par laquelle des agriculteurs mettent en commun tout ou partie de leur activité économique en vue d'opérations faites exclusivement en faveur des associés qui se répartissent les économies résultant de la suppression du bénéfice d'un intermédiaire.

2° Les apports en capital, s'il y en a un, ne peuvent donner lieu, ni directement, ni indirectement, qu'à un produit limité à un certain taux, généralement aujourd'hui 4 p. c. Les excédents de recettes annuels peuvent être ristournés ou employés à la constitution d'un fonds de réserve ou affectés à un objet d'utilité générale. Le droit de vote doit être, en principe, égal pour tous.

3° Le fonds de réserve ne peut être partagé que si les statuts le permettent; cette répartition, comme celle des excédents annuels, ne doit avoir lieu entre les associés que proportionnellement aux opérations par eux faites avec la société. L'inaliénabilité du fonds de réserve est désirable.

4° Il est désirable que les sociétés coopératives agricoles locales, régionales ou centrales, soient constituées par les associations agricoles ayant une circonscription correspondante et fonctionnent sous leur contrôle.

5° Les associations agricoles ont à décider, suivant les circonstances, s'il convient qu'elles assument elles-mêmes le rôle coopératif ou qu'elles constituent des organismes distincts.

6° L'intervention de l'Etat est légitime en vue de l'organisation de sociétés coopératives agricoles et peut rendre de très grands services. Mais l'aide financière de l'Etat ne doit être que subsidiaire et temporaire.

7° Les sociétés de coopération agricole peuvent être divisées en cinq groupes :

1° Crédit mutuel agricole;

2° Production culturale en commun;

3° Acquisition en commun des choses nécessaires à l'agriculture;

4° Vente collective des produits agricoles, en nature ou après transformation;

5° Assurances mutuelles agricoles.

SIXIÈME QUESTION.

Assurances mutuelles agricoles.

L'application de la coopération à l'assurance contre tous les risques agricoles se recommande à la fois par les économies qu'elle permet de réaliser et par les effets d'ordre moral qu'elle produit chez les assurés.

Il est à désirer que l'intervention de l'Etat dans le fonctionnement des sociétés d'assurances mutuelles soit réglée de manière à ne pas leur faire pendre le caractère véritablement coopératif, en qui réside leur force et leur valeur sociale.

SEPTIÈME QUESTION.

Organisation du commerce des produits agricoles.

1° Il est désirable que les pouvoirs publics publient régulièrement des statistiques détaillées et unifiées de la consommation, des approvisionnements et des prix de gros et de détail.

2° Qu'ils étudient les conditions d'approvisionnement des grands centres en vue de prendre les mesures destinées à faciliter celui-ci; par exemple la création de nouvelles voies de communication.

3° Dans le cas où la comparaison des prix de gros et de détail révélerait un écart trop considérable, les pouvoirs locaux devraient provoquer la création de groupements de producteurs, en vue de combler le déficit de l'approvisionnement.

4° En cas d'échec de ces tentatives, les pouvoirs publics ne devraient pas hésiter à intervenir directement et à prendre provisoirement les mesures nécessaires pour assurer l'approvisionnement en denrées alimentaires.

DEUXIEME SECTION. — PREMIÈRE QUESTION.

Etablissements de recherches agricoles, etc.

1° *a)* L'organisation du service des recherches incombe en principe à l'Etat qui doit non seulement lui garantir les moyens d'action suffisants, mais qui doit de plus en conserver la haute direction et le contrôle.

b) La direction supérieure doit être compétente et entièrement responsable.

2° *a)* La direction des établissements doit être confiée à des hommes de capacités reconnues et aptes à conduire le travail dans tous les domaines que comporte l'expérimentation agricole moderne. Ils seront au courant de la pratique agricole.

b) Le personnel subalterne doit être choisi judicieusement et répondre à des conditions déterminées et rationnellement établies.

c) Il est à désirer qu'à chaque station, outre les chimistes, soient adjoints au moins un botaniste et un agriculteur. (Ingénieur agricole ou ingénieur agronome).

3° La sphère d'activité des stations de recherche s'étant développée, il est nécessaire que les établissements d'enseignement supérieur créent des sections spéciales pour la préparation du personnel des stations d'après le plan-programme dressé par M. le professeur Lemmermann ou un plan analogue.

4° Le travail de recherche doit être entièrement indépendant et entièrement séparé (comme local et direction) du travail de contrôle.

5° L'organisation doit respecter l'indépendance absolue du travail de recherches.

6° L'action des établissements de recherches doit se développer en harmonie avec les aspirations de la pratique agricole. Elle doit donc, autant que possible, prendre contact avec les praticiens et les associations agricoles. Dans ce but la constitution d'une association englobant dans chaque pays le personnel des stations d'essais et les praticiens est à recommander.

7° Le service des recherches de chaque pays doit pouvoir être rapidement informé des travaux originaux importants effectués dans tous les pays du monde. A cet effet, il est à souhaiter :

a) Que les auteurs des recherches accompagnent la relation de leurs travaux d'un court résumé de ceux-ci.

b) Que le Département de l'Agriculture assure, dans chaque pays, la publication des recherches faites sur tout le territoire dans un seul recueil dont il transmettrait un exemplaire à l'Institut international d'agriculture de Rome.

c) Que l'Institut international d'agriculture de Rome publie un compte rendu, en plusieurs langues, de l'ensemble des recherches effectuées dans tous les pays du monde.

8° Afin d'assurer à toutes les exploitations agricoles le bénéfice d'une connaissance rapide et complète des résultats utilisables des recherches, le Congrès propose la création au sein des

Départements de l'Agriculture de chaque pays de sections compétentes dont la mission serait la publication de ces résultats et leur vulgarisation.

9° *a)* Il y a lieu d'abandonner les champs d'expériences ne comprenant qu'une parcelle par essai, et d'adopter d'une manière générale au moins trois parcelles par essai.

b) De voir déterminer pour tous les résultats expérimentaux l'erreur probable dont ils sont affectés, et la probabilité d'exactitude que présente la conclusion formulée.

10° Les pays tropicaux pouvant en de nombreux cas devenir des régions agricoles très prospères, il y a lieu d'attirer l'attention des gouvernements intéressés sur la nécessité d'intervenir par la diffusion de l'enseignement agricole et la création d'un service de recherches agricoles.

11° Le Congrès émet le vœu que les établissements de recherches élaborent des notices dont l'ensemble constituera le « livre d'or » des stations agronomiques.

12° Il est souhaiter que la notation C I soit adoptée par tous les laboratoires pour éviter toute méprise dans la comparaison des documents et dans l'usage de la littérature scientifique internationale.

13° De voir porter à l'étude la question d'une nouvelle classification des zones agricoles du monde basée sur l'altitude comme facteur principal et la latitude comme élément secondaire.

14° Dans les instituts supérieurs d'enseignement agricole, la station y annexée devrait se confiner uniquement dans le travail des recherches.

15° Chaque établissement agricole, qu'il soit du degré inférieur, moyen ou supérieur, doit, s'il veut prospérer et rendre des services, disposer d'un champ d'essais, dont l'étendue sera en rapport avec les nécessités. Ce champ doit servir d'élément de recherches et de démonstration.

16° Les établissements officiels de l'Etat, avec unité de méthodes et de tarifs, en ce qui concerne le contrôle des matières alimentaires, engrais, semences et la recherche des falsifications, donnent séuls toute garantie d'indépendance.

17° Pour avoir un bon service de recherche des falsifications, il est nécessaire qu'une loi sur les falsifications existe.

18° Il est désirable que des enquêtes méthodiques soient entreprises sur la composition des produits naturels normaux ou non, et plus spécialement sur les caractères des produits anormaux.

DEUXIEME QUESTION

Météorologie agricole.

1° Que les agriculteurs possèdent au moins quelques notions de météorologie scientifique et notamment celles qui permettent l'interprétation raisonnée des cartes du temps.

2° Qu'on répande dans le public le goût des observations météorologiques et qu'on multiplie les stations secondaires.

3° Pour vérifier et appliquer la méthode de Guilbert, des observations devraient être faites sur toute la surface du globe et spécialement dans les centres continentaux septentrionaux et centralisés dans un bureau unique.

TROISIÈME QUESTION

Pincipales découvertes scientifiques.

1° La carte agronomique doit condenser les données relatives au sol, fournies par la pratique agricole et par les sciences naturelles.

2° Pour être réellement utile elle doit être synthétique.

3° Elle doit être à très grande échelle.

4° Son exécution ne peut être confiée qu'à un spécialiste, c'est-à-dire à un véritable agrologiste.

5° Le moyen de réalisation qui paraît le plus pratique, consiste à n'entreprendre le travail que sur la demande des agriculteurs intéressés et moyennant une indemnité modérée.

6° La détermination de la réaction de la basicité du sol est à même de fournir des indications très précieuses au point de vue cultural et ce principe devrait être appliqué beaucoup plus fréquemment qu'il ne l'a été jusqu'ici.

CINQUIÈME QUESTION

Culture et commerce du houblon.

1° Les représentants des pays dans lesquels la statistique officielle n'est pas encore organisée suffisamment, sont priés d'insister auprès des gouvernements de leurs pays, pour que ceux-ci accordent plus d'intérêt à la statistique de la culture du houblon et, comme en Autriche, en Hongrie, en Allemagne et en Angleterre, fassent paraître à date fixe des avis sur l'état des cultures et les estimations de la récolte et qu'aussi ils demandent à ce que l'on communique en temps utile tous les autres renseignements exerçant quelqueinfluence sur le commerce et le marché du houblon.

2° Que dans chaque pays houblonnier dans lequel n'existent pas encore des organisations de producteurs de houblon, l'on encourage la création d'associations et de fédérations de cultivateurs houblonniers.

3° Que ces nouveaux organismes soient affiliés à la société centrale des producteurs de houblon du centre de l'Europe, dont la tâche est de donner des renseignements sur la situation de la récolte, la production et tous autres facteurs qui influencent le marché, d'évaluer la production de houblon du monde entier et de défendre les intérêts de la culture houblonnière.

SIXIÈME QUESTION

Viticulture. — Etablissement des vignobles septentrionaux et des forceries à l'aide des porte-greffes américains.

1° L'établissement de vignobles septentrionaux est singulièrement facilité par l'appoint des porte-greffes américains ou de leurs hybrides, à raison des avantages indéniables qui découlent du greffage : avance sensible de la maturité, abondance, développement et amélioration des fruits.

2° Ces conséquences bienfaisantes du greffage doivent être secondées et complétées par le choix des cépages-greffons ; ceux-ci doivent être rigoureusement sélectionnés et de toute première époque de maturité. Il y aurait intérêt à se limiter plus spécialement aux cèpages blancs.

3° Les porte-greffes, qui paraissent le mieux convenir aux sols et aux climats visés sont : les hybrides de Berlandiéri (1), les hybrides de Riparia (2), de Cordifolia (3), de préférence au Rupestris du Lot et aux hybrides de vinifera × rupestris que leurs défauts bien constatés doivent faire écarter.

4° L'établissement des forceries trouvera, de son côté, dans l'utilisation des porte-greffes américains ou hybrides, de précieuses ressources susceptibles d'apporter à cette industrie un élément de progrès réel, de développement et de prospérité continus.

5° Qu'il plaise aux pouvoirs publics de s'intéresser à la viticulture.

a) En étudiant les espèces de vignes les plus recommandables suivant les localités où elles doivent être plantées, en surveillant leur degré de résistance, de fertilité et de rusticité des plants directs, notamment issus d'anciens cèpages et des plants greffés sur hybrides franco-américains.

b) En encourageant les petits cultivateurs à s'intéresser à la culture du vignoble en adjoignant quelques plants à leur exploitation.

HUITIÈME QUESTION

Quels sont les principes qui doivent présider à la bonne organisation d'un enseignement professionnel agricole primaire?

1° L'organisation de l'enseignement professionnel agricole est hautement désirable pour tous les pays.

2° La méthode utilisée sera intuitive, variant d'après les régions et s'adaptant aux conditions du milieu. Elle développera surtout l'esprit d'observation de l'enfant. La moitié du temps sera réservée à l'enseignement pratique.

---

(1) (Vinifera-Berlandieri, Berlandieri × Riparia).
(2) (Solonis × Riparia, Riparia × Rupestris).
(3) (Cordifolia × Riparia, Riparia × Cordifolia-Rupestris, Solonis × Cordifolia-Rupestris).

3° L'enseignement primaire à tendance professionnelle se donnera à partir de 12 ans. On consacrera les matinées à l'enseignement général.

Trois après-midi par semaine seraient réservées pour les cours spéciaux aux enfants appelés au travail agricole (système du demi-temps).

La loi accorderait aux communes le droit de suspendre momentanément les cours de l'après-midi dans les limites fixées et moyennant approbation de l'autorité compétente supérieure.

4° Le cours spécial agricole serait momentanément confié à un professionnel de l'agriculture.

Les instituteurs en fonctions suivront des cours de perfectionnement et recevront un diplôme spécial d'aptitude. Dans les écoles normales on donnerait aux élèves une formation professionnelle au début de la 4ᵐᵉ année en réservant une large part à la pratique agricole.

5° Que, dès la première enfance on apprenne aux enfants à comprendre et à aimer la nature (notamment, dans les classes enfantines et dans les écoles maternelles), afin de faire disparaître le mépris que d'aucuns nourrissent encore vis-à-vis de la profession d'agriculteur.

Il serait désirable de provoquer la création, dans des centres agricoles judicieusement choisis, d'écoles temporaires professionnelles d'hiver, d'après un programme adapté à l'agriculture de chaque région ; ce programme serait réparti sur plusieurs périodes hivernales (école d'agriculture, de mécanique agricole, d'élévage). Cet enseignement constituerait le complément nécessaire et logique du 4ᵉ degré rural.

TROISIEME SECTION. — PREMIÈRE QUESTION

La valeur productive attribuée aux principaux aliments du bétail par Kellner correspond-elle aux observations de la pratique?

La troisième section émet le vœu de voir poursuivre les études sur la valeur productive attribuée en pratique aux principaux aliments du bétail et de voir trancher, dans un prochain congrès, la question sur la valeur des méthodes employées dans ces expériences.

DEUXIEME QUESTION

Méthodes pratiques d'appréciation des animaux reproducteurs. — Moyens pratiques de contrôler la valeur économique des animaux domestiques.

La troisième section émet le vœu de voir apprécier la valeur économique des animaux reproducteurs domestiques non exclusivement d'après la conformation et certains signes extérieurs, mais bien d'après les données de la biologie et le contrôle expérimental des aptitudes qui sont recherchées spécialement.

TROISIÈME QUESTION

Valeur zootechnique de la sélection. — Consanguinité. Isolement des lignées pures. — Line-breeding.

1. Les signes extérieurs pour l'application des qualités du lait sont de très peu de valeur.

2. Les animaux de volume moyen ont un rendement supérieur et sont aussi plus faciles à entretenir que les grands.

3. Il existe dans la race Ayrshire un certain nombre de familles qui se caractérisent par un très haut rendement.

4. Les vaches dociles ont un rendement économique meilleur.

5. Il y a transmission héréditaire de la qualité laitière.

6. Les propriétés laitières sont plus facilement transmises par le taureau que par les vaches.

Le Congrès se rallie aux conclusions du rapporteur et admet que les signes extérieurs ne sont pas suffisants dans l'appréciation de la production laitière, le contrôle seul donnant des résultats complets et précis.

Bien que les effets bienfaisants de la consanguinité prouvent tous les jours le succès et les effets améliorateurs que l'on peut attendre d'une pareille méthode, il n'en est pas moins vrai que la consanguinité peut avoir une influence néfaste sur la fécondité et sur la résistance organique, comme le montrent les observations précédentes.

De plus, ils ne sont que la résultante de tendances cachées ou latentes qui ne se déclarent pas ouvertement chez chacun des reproducteurs, mais qui, à force de s'additionner, apparaissent, un moment, sur les produits.

— Nous devons cependant être très sceptiques à l'égard de ce qu'on avance sur le compte de la consanguinité; aucune observation n'est suffisamment probante dans l'un ou l'autre sens. Nous engageons le congrès à émettre le vœu de voir des expériences se faire dans ce sens.

QUATRIÈME QUESTION

Variations-attributs acquis par la gymnastique fonctionnelle.

1° Tous les jumeaux, obtenus en 1910 et 1911, étaient produits par des brebis de jumeaux mixtes. Ce résultat n'a pas été confirmé en 1912.

2° Les jumeaux comprenaient généralement un mâle et une femelle et nous n'avons pas eu de cas de jumeaux de sexe mâle dans les trois années.

3° Les brebis du lot I (jumeaux mixtes), produisaient, en reunissant les naissances uniques et les jumeaux, un pourcentage plus élevé de jeunes femelles que de mâles;

4° Les brebis du lot II (jumeaux du sexe féminin), donnaient naissance à un pourcentage plus élevé de mâles.

Afin de rendre les recherches plus concluantes, il est évidemment désirable d'organiser deux nouveaux troupeaux d'expérience.

CINQUIÈME QUESTION

Bases de la classification des races animales domestiques.

La section est d'avis que la systématique de nos animaux domestiques doit être soumise à une révision complète au point de vue de la science biologique moderne et que les investigations y relatives doivent s'étendre au caractère histobiologique des organismes en question.

QUATRIEME SECTION. — PREMIÈRE QUESTION

Application des forces mécaniques en agriculture. — Bases pour les essais des instruments de travail mécanique du sol.

La quatrième section émet le vœu: 1° de voir entreprendre des études sur la détermination des caractères physiques du sol dans les divers pays, de façon à pouvoir comparer les résultats des recherches et d'en tirer des conséquences pratiques;

2° De voir tous les professeurs et les instituts agronomiques collaborer à l'étude physique du sol.

DEUXIEME QUESTION

Défrichement.

La section émet le vœu de voir les pouvoirs publics intervenir, dans une large mesure, dans la mise ou culture des terrains incultes, appartenant aux communes, aux administrations publiques, ainsi qu'aux petits cultivateurs.

QUATRIÈME QUESTION

Méthodes mécaniques et méthodes diverses pour la réduction de la main-d'œuvre agricole. — Etudes comparées.
Chemins agricoles.

La section émet le vœu de voir les pouvoirs publics établir et développer la construction des chemins agricoles et faciliter leur entretien ultérieur.

5ᵉ SECTION. — PREMIÈRE QUESTION

*Quelles sont les mesures législatives et financières à prendre en
vue d'empêcher l'exploitation abusive ou la destruction des
forêts utiles à l'intérêt général?*

Il est désirable :

A. Que les différents Etats allègent les impôts de toute nature
qui grèvent les forêts et en modifient l'économie dans des vues
d'encouragement à leur conservation et à la production des arbres
de futaie.

B. Que les différents Etats favorisent l'accession de la propriété forestière aux Associations et Sociétés, Caisses d'épargne, etc., et cherchent à étendre le domaine forestier des propriétaires impérissables et principalement de l'Etat.

C. Que toutes les forêts dont la conservation touche à la
sécurité publique soient, dans chaque Etat, l'objet d'un classement pour être soumises à un régime particulier, sous réserve
d'indemnité.

D. Que les différents Etats recherchent les moyens qui pourraient être pris, les avantages qu'il conviendrait d'accorder pour
amener les particuliers à demander la soumission volontaire de
leurs bois au régime forestier.

DEUXIÈME QUESTION

*Indiquer les meilleures mesures à prendre pour combattre les
incendies de forêts et pour en diminuer les dommages.
Y a-t-il lieu d'organiser une société d'assurance mutuelle
entre les propriétaires de bois et comment faut-il l'organiser?*

Il est désirable :

A. De voir généraliser, tant dans les forêts publiques que
dans celles appartenant aux particuliers, les mesures préventives
contre l'incendie appliquées trop rarement encore.

Parmi ces mesures, une des plus utiles étant l'établissement d'un réseau judicieusement tracé, d'allées coupe-feu dont l'assiette et les abords doivent être soigneusement maintenus débarrassés de toute matière propre à favoriser la propagation du feu (herbages, bruyère, bois mort, etc.); il est recommandable de régler la largeur des coupe-feu de manière à pouvoir les multiplier et en assurer économiquement le parfait entretien. »

B. Qu'il soit organisé d'une manière permanente, surtout dans les forêts particulièrement exposées aux dangers d'incendie, un personnel et un matériel d'extinction avec des postes de vigie et un système d'avertissement.

C. Que les divers Etats établissent des expériences en vue de rechercher les plantes ignifuges les mieux appropriées pour constituer des zones de protection et que les résultats en soient publiés.

D. D'interdire temporairement le parcours des animaux domestiques dans les bois *incendiés*.

E. De voir organiser l'assurance mutuelle des forêts contre l'incendie, en s'inspirant de ce qui est déjà réalisé dans les Pays-Bas.

Toutefois, en vue d'abaisser la prime qui paraît encore trop forte, il est désirable de voir l'Etat et les communes s'affilier au même titre que les particuliers à une mutualité qui se constituerait à cet effet.

TROISIÈME QUESTION

En présence de la baisse des prix de l'écorce à tan et du bois de chauffage, que faut-il faire des taillis simples?

A. Pour remédier à la dépréciation momentanée du prix de vente des taillis à écorces de certains pays, il serait à désirer que les divers Gouvernements choisissent et imposent une marque spéciale pour les cuirs tannés aux écorces indigènes, sous réserve des peines prévues pour la répression de fraudes.

B. Le Congrès indique les moyens suivants, qui amèneraient une diminution de la production des écorces et par suite une augmentation de valeur sans diminuer le revenu de la forêt :

Allongement de la révolution, production d'arbres, introduction d'essences résineuses, emploi industriel de menus bois et conversions raisonnées.

QUATRIÈME QUESTION

Quels sont, à l'époque actuelle, les résultats acquis à l'aide d'essences forestières d'origine étrangère ? Quel enseignement faut-il en tirer?

A. Il est désirable de poursuivre méthodiquement dans les divers pays, par des essais répartis dans les différentes zones climatériques et géologiques, l'étude des essences exotiques qui répondent aux désidérata économiques.

Il serait intéressant de faire porter ces études en particulier sur des essais comparatifs entre les propriétés forestières et techniques des essences transplantées et de celles du pays d'origine.

B. En présence de l'importance que présente la distinction des variations stationnelles, il est à souhaiter que dans les divers pays des études soient faites en vue de rechercher les mesures légales et administratives, propres à garantir l'origine des semences forestières.

Vœu spécial

Le Congrès de Paris avait décidé en 1900 qu'il n'y aurait plus deux Congrès séparés, l'un pour l'agriculture et l'autre pour la sylviculture, mais des assises uniques qui porteraient le nom de: « Congrès International d'Agriculture et de Sylviculture ».

Au nom de la cinquième Section, je me permets de rappeler cette décision aux membres du Xme Congrès et de demander à l'assemblée qu'il en soit dorénavant ainsi et pour donner une sanction définitive à cette approbation, de nommer au sein du Comité permanent du Congrès, un nouveau membre qui soit particulièrement chargé de défendre les intérêts mondiaux, si importants, de la sylviculture.

M. Sagnier. — Dans le dernier vœu qu'elle a adopté, la cinquième section demande que le Congrès d'agriculture devienne en même temps le Congrès de sylviculture. On nous a déjà demandé que le Congrès d'agriculture s'appelle aussi Congrès de viticulture. Mais il n'est pas possible d'énumérer dans le titre du Congrès des spécialités de l'agriculture; c'est pourquoi nous avons déjà opposé une fin de non-recevoir à une demande tendant à nous appeler « Congrès d'agriculture et de viticulture ». Quant à l'idée de faire entrer dans la Commission des membres qui y représenteraient spécialement la sylviculture, nous n'y voyons aucun inconvénient, au contraire.

M. de Sébille. — Les forêts existaient avant l'agriculture et il y a, de la part de celle-ci, une sorte d'ingratitude à ne pas, dans le titre de ses Congrès, mêler à son propre nom celui de la sylviculture. Je me permets d'insister en faveur du vœu de la cinquième section.

Un membre. — Pourquoi ne pas dire aussi alors « Congrès de l'agriculture et de la floriculture? »

M. Méline. — L'agriculture comprend la sylviculture; nous ne pourrions faire à celle-ci une place spéciale dans notre titre sans nous exposer, de la part d'autres spécialités de l'agriculture, à des revendications dans le même sens, auxquelles nous n'aurions plus, dès lors, le droit de résister. Nous serions amenés ainsi à allonger indéfiniment notre titre. (*Marques d'approbation dans l'assemblée.*)

M. de Sébille. — Je crains bien que nous ne soyons obligés de céder devant la force.

M. le baron van der Bruggen, président. — Oh !... Cédez plutôt de bonne grâce, c'est plus dans votre caractère; considérez que la sylviculture a obtenu déjà une satisfaction par la création d'une section qui lui est spéciale et que nous sommes disposés à lui faire une place plus large dans la Commission.

M. de Sébille. — Soit, nous cédons par esprit de conciliation.

M. Maenhaut. — Dans la plupart des pays le capital engagé dans l'agriculture et la production agricole viennent en tête des facteurs de la richesse nationale. L'agriculture supporte de lourdes charges sous diverses formes et contribue dans une large mesure à former les ressources budgétaires. Quant aux encouragements à l'agriculture, ils sont généralement assez minces dans la plupart des budgets des Etats, ils ne représentent que *un à deux* pour cent du budget total.

A la suite d'une enquête préliminaire, MM. De Vuyst, Raymackers et Rysiger ont démontré dans une excellente étude qu'il y a lieu de se rendre davantage compte de l'importance relative des diverses branches de l'économie des nations, afin de pouvoir mieux établir l'équilibre dans la part d'attentions que doivent leur donner les diverses administrations.

Très souvent on va à l'aventure en suivant inconsciemment des courants.

Sait-on, par exemple, que les sommes consacrées à l'enseignement professionnel et ménager, par le Ministre de l'Industrie, sont quatre fois plus élevées que celles consacrées à l'enseignement professionnel et ménager agricoles? Comment cela peut-il s'expliquer vu que l'industrie agricole est en Belgique aussi importante que les autres industries réunies?

Le premier budget représente la dixième partie du budget de l'enseignement général, le budget de l'enseignement agricole n'en représente que *la quarantième partie environ* et dans ce budget, l'enseignement aux futures fermières et aux fermières forme à peine la dixième partie, soit la *400ᵉ* partie environ du budget de l'enseignement général; soit un peu plus de *1 centime par tête d'habitant et par an!*

Autre exemple :

En Belgique, il y a à peu près 2,500 localités rurales et une centaine de villes et de centres industriels. Toutes proportions gardées on s'occupe beaucoup plus de l'hygiène, du confort, de l'esthétique urbains que de l'embellissement des villages et de l'amélioration de la vie rurale. On se demande vainement pour quelles raisons. Car les villages appartiennent bien à la nation comme les villes.

Dans les Parlements, l'industrie, le commerce sont les plus puissants. Les intérêts agricoles sont représentés et organisés, certes, au Parlement; mais les groupes parlementaires nationaux devraient s'interparlementariser, si vous me permettez l'expression, avec un but commun, une direction commune. Ils pourraient ainsi provoquer l'établissement de lois internationales sur des questions agricoles d'intérêt également international. Je cite tout de suite deux de ces questions : mesures contre la falsification du lait, du beurre, etc. ; mesures contre les trusts du blé, du pétrole, etc.. Les groupes nationaux pourraient aussi se communiquer mutuellement les projets de loi et autres documents concernant les intérêts de leur ressort ; ils pourraient prendre l'initiative au même moment de projets de loi devant leur parlement respectif. Quelle force, quelle puissance n'aurait pas un mouvement agricole se traduisant par un mouvement de cette façon unitaire dans les Parlements !

Depuis de longues années les députés agricoles, dans des campagnes admirables, se dévouent à la défense des intérêts agricoles, mais les résultats ne répondent pas à leurs efforts. Il y aurait lieu d'examiner ensemble les causes de ces insuccès dans des réunions internationales de députés qui s'intéressent tout spécialement à l'agriculture. Déjà, en mai 1910, au congrès mondial des associations internationales, on a parlé de l'Union interparlementaire dans divers domaines. A diverses reprises, M. De Vuyst et moi-même avons montré à des députés de plusieurs pays l'intérêt de cette question, notamment au Congrès de Madrid et dans maintes réunions agricoles.

L'accord des députés ayant été trouvé unanime, je crois pouvoir appuyer vivement la proposition de constituer un groupe interparlementaire agricole.

Remarquez que ce n'est pas exclusivement au point de vue de l'agriculture qu'il faut se placer. En encourageant l'agriculture, on favorise la classe ouvrière, car, si l'on produit plus de matières alimentaires, la vie deviendra moins chère. Si l'on retient les populations à la campagne, les salaires industriels deviendront plus élevés. En produisant davantage, le commerce et l'industrie trouveront plus de matériaux à négocier, à transformer. L'agriculture crée la richesse. C'est donc par augmenter le débit de la source de la richesse qu'il faut commencer. Cette source est inépuisable dans tous les pays.

Tous ces grands problèmes d'ordre général, de l'enseignement agricole, de l'augmentation de la production agricole, de l'amélioration de la vie rurale, gagneraient à être discutés dans des réunions internationales. On ne toucherait évidemment pas aux questions d'ordre national, d'ordre intérieur.

Nos réunions pourraient avoir lieu à l'occasion des réunions annuelles de la Commission permanente d'agriculture.

Il n'y a pas à craindre de double emploi avec les Congrès d'agriculture. Au contraire, cette union interparlementaire de députés agricoles serait une organisation complémentaire indispensable. Son premier devoir serait d'appuyer les vœux des Congrès ; tous ses membres s'efforceraient de les faire prévaloir dans les parlements dont ils feraient respectivement partie.

Si vous vous ralliez en principe à ma proposition, je vous demanderai de la renvoyer, pour la mise en pratique, au bureau de la Commission permanente des congrès d'agriculture. Celle-ci serait chargée de trouver le moyen de réaliser cette proposition, l'organisation pratique nécessaire à cet effet *(Vifs applaudissements)*.

M. Méline. — Je ne peux qu'applaudir à la motion de M. Maenhaut. M. Maenhaut ne demande, d'ailleurs, à la Commission que de continuer dans une voie où elle est déjà plus au moins entrée. C'est la Commission internationale, je me permets de le rappeler, qui a pris, il y a un certain nombre d'années, l'initiative de réunir un Congrès international pour la protection des oiseaux et de faire établir sur cet objet une législation internationale, qui n'a peut-être qu'un tort : c'est de n'être pas appliquée avec assez de vigueur.

M. van der Bruggen. — Se présentant sous un pareil parrainage, la proposition de M. Maenhaut est plus que jamais sûre d'être acceptée.

— La proposition de M. Maenhaut et les vœux des sections sont adoptés.

M. Sagnier, secrétaire général de la Commission internationale d'agriculture, remercie le Comité organisateur.

La Commission a décidé de nommer le président du Comité organisateur, M. le baron van der Bruggen, et le président du Comité exécutif, M. Maenhaut, membres d'honneur de la Commission. *(Applaudissements.)*

M. Sagnier propose à l'assemblée de renouveler le mandat des membres de la Commission dont les pouvoirs expirent. *(Applaudissements.)* Il propose, au nom de la Commission, que les membres qui, pour l'une ou l'autre raison, doivent renoncer à leur mandat, reçoivent le titre de membre honoraire. (*Applaudissements.*)

M. le baron van der Bruggen. — Nous pouvons considérer toutes ces propositions comme adoptées par acclamations.

M. Sagnier propose les nominations suivantes au sein de la Commission :

Pour le Danemark, le baron Rozenkranz; pour les Etats-Unis, le Dr True; pour la Grande-Bretagne, Sir Sydney Olivier; pour la Hongrie, MM. Edmond de Miklès et Louis de Szomjas; pour les Pays-Bas, M. Croesen; pour la France, le comte Louis de Vogüé.

M. le Président rend hommage à ces choix et propose de les approuver. (*Applaudissements.*)

M. le Président. — Ces nominations sont donc ratifiées.

M. Sagnier annonce que les Etats-Unis invitent le Congrès à siéger en 1915 à San-Francisco, où de grandes fêtes auront lieu à l'occasion de l'achèvement du canal de Panama. Il propose le renvoi à la Commission de la décision sur le lieu du prochain Congrès.

— Adopté.

M. Ivan de Ottlik (Hongrie). — Chaque occasion qui réunit les représentants des différents peuples et pays de notre Globe, dans l'intérêt d'un but mutuel quelconque, et qui fournit ainsi la possibilité et les moyens de recimenter le sentiment plus ou moins vif de l'Unité et de la Fraternité générales — chaque occasion pareille mérite, à mon avis, d'être regardée comme un service signalé rendu au grand but final de la civilisation et des progrès humains: au but, qui consiste à créer — au lieu des tendances et sentiments ne servant souvent qu'à déchirer les liens de mutualité entre les différentes races et nationalités — à créer plutôt des liens forts, qui devraient unir, dans un grand sentiment de fraternité, la totalité de notre race humaine.

La nécessité de ce que cette tâche soit à la fin couronnée d'un succès décisif, se fait sentir dans le sein de chacun de nous, à chaque nouvelle occasion pareille à la présente, qui réunit dans cette belle ville de Gand, les représentants de presque toutes les nations du monde civilisé.

Cette réunion, si belle et si utile, à laquelle nous venons d'assister, était d'autant plus propice à nous faire vivement éprouver ce sentiment de fraternité mutuelle — qu'il s'agit dans notre cas des intérêts d'une branche de la production humaine, dont la prospérité est d'une utilité absolument générale sur toute la surface du globe terrestre. Car, s'il en est une dont on peut affirmer cela, sans avoir à craindre de contradictions : c'est à coup sûr justement la production agricole! Production dont dépend non seulement la prospérité, mais j'oserais dire même l'existence absolue de nos populations.

Par conséquent, toutes les mesures qui ont pour but de servir les intérêts de cette branche de production vont contribuer en résultat final, à la prospérité générale de l'humanité.

Ce sont précisément celles-là qui méritent l'accord unanime des nations civilisées à la tâche d'établir et de réaliser toutes les mesures qui tendent à perfectionner au plus haut degré possible cette branche de l'activité humaine.

La Hongrie se juge heureuse d'avoir pu participer à cette grande et belle œuvre civilisatrice, et j'ai l'honneur d'exprimer au nom de mes mandataires, de la Nation hongroise, de mon Gouvernement et de mes collègues ici présents, nos vœux sincères pour que la présente occasion et les débats approfondis qui viennent d'avoir lieu nous fassent de nouveau rapprocher, ne fut-ce que de quelques pas, du but final et définitif qui — pareil à une étoile lointaine — scintille devant nos yeux, et qu'à la prochaine occasion qui réunira de nouveau ce Congrès, il nous soit donné de pouvoir constater de nouveaux progrès dans le sens indiqué. Dans ce ferme et agréable espoir, qu'il me soit donc permis, avant de nous séparer, de présenter nos meilleurs et plus sincères remerciements à nos hôtes respectés : en première ligne à Sa Majesté le Roi de ce beau pays de Belgique, à la généreuse et noble nation elle-même, tout aussi bien qu'à ses fils distingués, à ses hommes d'Etat d'un si haut mérite, à tous ceux qui étaient chargés de l'œuvre si difficile de l'arrangement de notre Congrès, et qui s'en sont acquittés d'une façon si brillante avec un succès si merveilleux et qui nous ont tous ravis et enchantés de leur hospitalité incomparable.

Encore une fois, mille remerciements, Messieurs, et permettez-moi de ne pas vous dire adieu, mais bien : au plaisir de vous revoir à notre prochain Congrès! (*Applaudissements.*)

M. le comte de Montornès (Espagne). — Il y a deux ans, vers cette même époque, à Madrid, quand j'avais l'honneur, en ma qualité de Président du Comité exécutif du IX° Congrès International d'Agriculture, d'adresser les plus chaleureux remerciments aux illustres représentants des divers pays, d'avoir bien voulu honorer de leur présence l'assemblée que l'agriculture mondiale célébrait alors, nous recevions avec enthousiasme l'aimable invitation des éminents représentants de ce beau et noble pays de Belgique pour assister à ce Congrès.

Comme délégué en Espagne de son Comité exécutif, je pus être parfaitement au courant de l'admirable organisation de tous les services de celui-ci et j'ai suivi pas à pas les travaux de préparation de cette grandiose assemblée. J'avoue sincèrement que c'est avec une admiration croissante que j'ai observé les étapes qui ont conduit au brillant succès que nous admirons aujourd'hui et dont tous nous nous réjouissons; c'est pourquoi au nom des agriculteurs espagnols qui, de loin, suivent avec le plus vif intérêt les importants travaux qui se déroulent ici, grâce à la coopération active des éminents représentants des agriculteurs de tous les pays; j'adresse, non sans offrir tout d'abord les plus affectueuses salutations à notre illustre et vénéré Président, M. Méline, initiateur de cette œuvre admirable que nous avons regretté infiniment de ne pas avoir pu fêter au Congrès de Madrid, les félicitations les plus cordiales et les compliments les plus sincères aux agriculteurs belges; au Comité organisateur sous la haute présidence de l'éminent M. le baron van der Bruggen; au Comité exécutif si habilement dirigé par son illustre président, M. Jules Maenhaut, à son actif et aimable commissaire général, M. le baron van Loo et à son savant secrétaire général, M. Paul De Vuyst.

A tous, je suis heureux d'offrir l'expression de notre profonde admiration. (*Applaudissements*).

S. Exc. M. Georges Hunneus, ministre du Chili en Belgique, atteste l'intérêt que le Chili a pris au Congrès. Il exprime le vœu qu'un pays de l'Amérique latine soit aussi choisi un jour comme siège du Congrès. Le délégué du Chili termine en faisant acclamer les noms de S. M. le Roi et de M. Méline.

Sir George Fordham (Grande-Bretagne). — De la part de mes compatriotes de la Grande-Bretagne, je me permets de présenter d'abord toutes nos félicitations à la Belgique et à la ville de Gand pour le succès du Congrès mondial dont nous faisons partie.

Dans ces matières la bonne volonté prime tout. J'espère que nous en avons apporté de notre côté.

Mais en tout cas, je sais que nous devons beaucoup à mon ami M. De Vuyst pour sa dévotion à tout ce qui a rapport aux travaux de cette organisation importante. Je tiens tout spécialement à lui offrir nos remerciements.

Nous sommes heureux du bon accueil dont nous jouissons dans ce pays hospitalier et voisin.

Nous avons tâché de présenter quelques aspects de nos progrès agricoles en Angleterre, surtout, dans l'enseignement de l'agriculture.

L'agriculture anglaise a passé il y a quelques dizaines d'années par une crise très difficile. Nous avons eu toute une série de mauvaises récoltes; le libre échange a pesé en même temps sur le prix de nos produits.

Mais nous avons lutté avec succès contre toutes ces difficultés; en effet, en ce moment, l'agriculture anglaise, ce me semble, est dans un état très prospère.

A mon avis nous garderons le libre échange chez nous, quoique moi-même, paysan, propriétaire habitant ses terres, je serais bien aise — en consultant mes affaires de poche seulement — d'avoir des droits sur nos produits.

Mais nous le maintiendrons. Car en effet, cela a une grande importance pour le monde entier.

Les ports ouverts de la Grande-Bretagne empêchent l'acuité dangereuse de la lutte économique mondiale, chose capitale dans les affaires internationales.

Le libre échange chez nous aide beaucoup en contre-coup à nous assurer à l'avenir la paix mondiale.

Nous le garderons, je vous l'assure. Je tiens à dire ce petit mot sur ce sujet important.

On peut me reprocher de parler politique. C'est de la politique générale du monde entier et cela doit nous intéresser tous.

Pour finir, je reviens à nos remerciements. Et je vous remercie très sincèrement pour tout ce que nous avons reçu d'hospitalité et de bon accueil partout parmi la population belge et nos amis de la bonne ville de Gand (*Applaudissements*).

M. *True* (Etats-Unis) déclare que les délégués des Etats-Unis ont beaucoup d'avantages à visiter la Belgique. Nous y avons constaté, dit-il, un grand progrès; nous nous y sommes inspirés, et nous saurons profiter de vos leçons. Le Congrès réuni sur votre territoire hospitalier sera d'une utilité mondiale. Puissions-nous vous recevoir bientôt chez nous en signe de reconnaissance! (*Applaudissements.*)

M. *Bartholomeo Moreschi* (Italie). — La Belgique est sans doute un des pays les mieux cultivés de l'Europe continentale.

Les cultivateurs belges, par leur constante et féconde activité, ont su triompher de tous les obstacles et exploiter au maximum les terrains même les plus pauvres.

Au point de vue de l'agriculture, la Belgique représente bien une école, où l'on vient pour apprendre.

La Flandre, qui est connue depuis longtemps comme un des plus jolis coins cultivés de l'Europe, doit sa renommée mondiale aux soins infatigables de ses agriculteurs.

C'est surtout par un travail acharné et par l'emploi de fortes quantités d'engrais que l'on obtient de la terre flamande de riches productions.

Les campagnes parfaitement cultivées, les prairies, les arbres, les jardins potagers et fruitiers, les nombreuses et jolies petites maisons, les clochers des villages donnent à la Flandre un aspect caractéristique de prospérité et de bien-être.

Dans ce pays on a donc bien choisi l'endroit pour la réunion du X⁰ Congrès International d'Agriculture.

Les petites exploitations flamandes surent victorieusement résister à la crise agricole qui se détermina en Europe à la fin du siècle dernier. La diminution des prix des céréales ne put frapper les cultivateurs belges que d'une manière relative, et ils trouvèrent bientôt dans l'élevage du bétail une source de richesse bien plus sûre et plus abondante.

L'administration de l'agriculture est très bien organisée en Belgique. L'organisation agricole, au moyen des Comices agricoles, des Sociétés provinciales d'agriculture, du Conseil supérieur de l'agriculture et des libres Sociétés de cultivateurs, est extraordinairement développée, ainsi que la coopération rurale.

Les travaux scientifiques des Stations agronomiques expérimentales belges sont bien connus à l'étranger; l'Institut agricole de Gembloux, a désormais une renommée mondiale et recrute ses ingénieurs agricoles des pays les plus éloignés.

Voilà pourquoi les agronomes de tous pays visitent toujours avec profit la Belgique.

Nous devons pourtant bien des remercîments aux agriculteurs de ce pays industriel qui ont voulu nous offrir une occasion extraordinairement favorable de nous instruire et de les admirer.

Les agriculteurs flamands sont des vainqueurs. Ils peuvent dire justement :

> Son nostri i marosi,
> Son nostre le terre dei padri gloriosi,
> Son nostre le dighe che sfidans il mar.

(Applaudissements.)

M. le prince Argotinsky Dolgoroukoff (Russie) et *M. von Levetzow* (Allemagne) prennent encore la parole. Ce dernier rend un hommage ému à M. Méline, que les membres du Congrès ont été heureux de retrouver toujours si actif et si jeune. (*Vifs applaudissements.*)

M. Méline remercie les orateurs précédents des paroles trop flatteuses qu'ils ont eues à son adresse, et l'assemblée de l'accueil qu'elle leur a fait. Il la remercie aussi d'avoir renouvelé ses pouvoirs. C'est un honneur, dit-il, auquel je tiens, je l'avoue, car je suis fier de présider la Commission du Congrès d'Agriculture.

Ceux-ci sont une œuvre à la fondation de laquelle je ne cesserai de m'enorgueillir d'avoir pris une grande part; c'est un peu un enfant que j'ai contribué à mettre au monde; jugez si je suis heureux de voir cet enfant se développer si bien et d'être mis toujours en état de présider à son développement.

Les résultats du X° Congrès d'agriculture ont dépassé nos espérances. Cette réunion de Gand marque un pas en avant dans l'histoire de nos congrès. Il a des caractères qui le distinguent des précédents.

La richesse de sa documentation d'abord. La question de la dépopulation des campagnes y a été étudiée à fond. La discussion en était préparée depuis un an. Et aux rapports que nous connaissions déjà, sont venus s'en ajouter, ici même, de nouveaux, qui ont complété la documentation sur ce point. La discussion sur les autres questions n'avait pas été moins bien préparée.

Quand un congrès n'est pas bien préparé, il n'est guère rempli que du bruit de paroles qui passent. Au contraire, quand il a été aussi bien accompagné que celui-ci d'une documentation préparatoire, on y arrive avec des clartés déjà étendues, des idées déjà mûries sur chaque point, et la discussion est sérieuse, profonde. Ainsi s'explique que des questions aussi graves et aussi complexes que, par exemple, celle de la désertion des campagnes, aient pu être élucidée ici si rapidement.

Des discussions engagées dans ces conditions ont un rayonnement qui dépasse de beaucoup les frontières de la ville, du pays où elles ont lieu. Dans tous les pays, ceux qui s'intéressent particulièrement à l'agriculture, s'intéresseront aussi aux délibérations du Congrès de Gand. Tout homme qui étudiera les questions d'intérêt agricole devra, d'ici quelque temps, pour connaître le dernier état de l'une de celles-ci, lire le compte rendu de nos débats.

Une autre particularité de ce Congrès aura été la rapidité avec laquelle les comptes rendus des travaux vous furent communiqués. Nous en avons été tous très frappés. Jamais encore je n'avais vu cela : le détail des délibérations d'une journée dans toutes les sections imprimé et mis sous nos yeux dès le lendemain matin. Saluons celui à l'initiative de qui nous devons cette heureuse innovation, ce tour de force : M. le directeur général De Vuyst, secrétaire général du congrès. *(Applaudissements.)*

Je ne sépare pas de lui ses actifs et dévoués collaborateurs, MM. Marousé et Vander Vaeren, et les secrétaires des sections. *(Applaudissements.)*

Ce n'est pas tout. Nous avons tenu nos séances au milieu des splendeurs de l'Exposition de Gand, dont un coin, et un coin important, apporte un argument de haute valeur à une des thèses qui nous sont chères. Je fais allusion au Village moderne, — qui est une nouveauté dans le domaine des Expositions, une nouveauté où nous reconnaissons encore l'esprit d'initiative, l'ingéniosité pratique des Belges, et, en particulier, celle de M. De Vuyst et de ses collaborateurs.

Au milieu des magnifiques manifestations de l'activité industrielle et commerciale proprement dite qui nous sont offertes à cette exposition, quelle originale, jolie, heureuse, bienfaisante idée de planter là ce décor rural, lumineux et non sans élégance, qui évoque, sous un aspect tout moderne, la poésie des champs! J'y ai rêvé, Mesdames et Messieurs. Il se présente là des habitations rurales de divers genres : la grande ferme, la ferme moyenne, la petite ferme, la maison du bourgmestre, etc.. J'ai fait choix de ma demeure. Ce n'est pas celle du bourgmestre : j'ai passé l'âge des ambitions. C'est la petite ferme : qu'on y serait bien! Quel labeur sain on y pourrait accomplir, mêlant à l'activité le rêve devant les spectacles de la nature! Quelle vie modeste, discrète, heureuse — la vie des individualités qui n'ont pas d'histoire — on y mènerait! Le spectacle de ce village moderne prêche plus éloquemment que bien des discours, le retour aux champs ! *(Vifs applaudissements.)*

Il faut souligner l'exemple qui nous a été donné ainsi à l'Exposition de Gand et souhaiter que cette initiative ait des imitateurs ailleurs en semblable circonstance!

J'ai cité déjà comme un de ceux auxquels notre reconnaissance était due pour l'exemple ainsi donné, M. le directeur général De Vuyst. Il travaille depuis plus d'un an à la réalisation de ce projet de village moderne. Il y travaille avec M. Maenhaut, président du Comité exécutif du Congrès, M. Maenhaut, qui est la cause agricole faite homme. Saluons, Mesdames et Messieurs, ce grand et si dévoué défenseur de l'agriculture! *(Vifs applaudissements.)*

Nos remerciements vont aussi au président du Congrès, l'ancien Ministre belge de l'Agriculture, le baron van der Bruggen, qui a tant d'autorité et d'une façon si charmante! oui, le baron van der Bruggen, c'est l'autorité unie au charme; c'est un homme exquis! (*Vifs applaudissements.*)

Ceux d'entre nous qui ne le connaissaient pas ont eu le plus grand plaisir à le connaître, et les autres ont eu le plus grand plaisir à retrouver le successeur actuel de M. le baron van der Bruggen au Ministère de l'Agriculture, M. Helleputte. (*Applaudissements.*)

Décidément, les Ministres de l'Agriculture en Belgique ne sont pas seulement des hommes du plus grand dévouement; ce sont des hommes pleins de valeur, de talent et d'esprit.

Nous n'oublions pas, dans nos témoignages de reconnaissance, M. le baron Albert van Loo, commissaire général, qui est bien le maître de cérémonies le plus actif et le plus séduisant. (*Applaudissements*), et M. Lippens, qui nous aura rendu tant de services, comme vice-président du Comité des excursions. (*Applaudissements.*)

Nous garderons le meilleur souvenir de la réception si cordiale qui nous fut faite par la Ville de Gand et nous prions le bourgmestre de celle-ci de recevoir une fois de plus l'expression de notre reconnaissance.

Nous connaissions déjà l'hospitalité bruxelloise. Nous connaissons maintenant l'hospitalité gantoise. Le souvenir ne s'en effacera pas de sitôt de notre cœur! (*Longs applaudissements.*)

Et, pour terminer, Mesdames et Messieurs, j'adresse une fois de plus le témoignage respectueux de notre reconnaissance à S. M. le Roi pour l'accueil si cordial qu'il nous a fait. Nous sommes encore sous le charme de cet accueil. Nous en emporterons un impérissable souvenir. (*Nouvelle salve d'applaudissements.*)

M. le baron van der Bruggen remercie, au nom du Comité du Congrès, S. M. le Roi, qui a accordé son haut patronage au Congrès, et les gouvernements étrangers, non seulement pour le nombre, mais aussi pour la qualité des délégués qu'ils ont envoyés; il remercie la Ville pour sa réception, le Comité de l'Exposition, qui a prêté au Congrès son local des fêtes, le Comité

des Congrès et son président, M. van den Heuvel, Ministre
d'Etat.

Ce n'est pas tout, dit-il ; la liste est longue des amis que nous
avons à remercier. Mais tant mieux : l'amitié et ses témoignages
sont une des grandes joies de l'existence.

Parmi nos amis, il y a un nom qui est sur toutes les lèvres :
celui de M. Méline.

L'orateur fait l'éloge de celui-ci. Il cite ce passage d'un discours de M. Méline :

« Je n'ai eu d'autres mérites que de céder à l'irrésistible en-
traînement qui s'empare de tous ceux qui apprennent à connaître
l'agriculture, à l'aimer, et qui ont la noble ambition de servir
leur pays. Comment ne pas se passionner pour ces problèmes qui
intéressent à un si haut degré la prospérité, la grandeur, le bonheur des nations? Pas de meilleur signe de paix qu'un Congrès
international d'agriculture. »

Dans ce noble langage se résume tout le caractère de M. Méline. C'est lui qui a forgé cet admirable outil de la paix internationale qu'est l'œuvre des Congrès d'Agriculture. Puisse-t-il
continuer longtemps à diriger cette œuvre! (*Applaudissements*).

Je salue aussi M. Sagnier, cheville ouvrière de la Commission
internationale. Je salue les principaux organisateurs: M. Maenhaut, président du Comité exécutif et rapporteur général; M. De
Vuyst, secrétaire général; le Baron Van Loo, commissaire général. Avec des généraux de cette valeur, la victoire est certaine,
d'autant plus qu'ils ont eu des lieutenants comme MM. Marousé,
Vander Vaeren, Lippens, Morel de Westgaver, Giele.

Remercions aussi les présidents et secrétaires des sections, ainsi
que ceux qui ont facilité l'organisation des excursions.

Il ajoute: Au moment de clore ce Congrès, nous tenons à nous
excuser de tout ce qui aurait pu vous sembler un manque d'attentions ou d'égards. Rien n'était plus éloigné de notre pensée. Nous
n'avions qu'un but : faire en sorte que notre sentiment à tous,
en nous quittant, soit le regret de se séparer, la joie d'avoir
formé des amitiés nouvelles, la conscience d'avoir bien mérité
de l'agriculture et de l'humanité! (*Longs applaudissements.*)

Je décare clos le Congrès international d'Agriculture.

SIXIÈME PARTIE

Réceptions et Excursions

RECEPTION A L'HOTEL DE VILLE

Mardi soir, à 8 heures, les membres du Congrès ont été reçus à l'Hôtel de ville par M. Braun, bourgmestre de Gand, assisté de la plupart des membres du Collège échevinal et du Conseil communal.

La réception a eu lieu au rez-de-chaussée, dans la grande salle de la Vierschaer. Au nom du Congrès et de son président d'honneur, M. Méline, empêché d'assister à la réception par les fatigues inhérentes aux travaux de la journée, M. le baron van der Bruggen a exprimé la joie qu'éprouvent les congressistes d'être reçus par l'édilité gantoise, dans le vieux palais communal, évocateur de tant de lustres glorieux et de beaux souvenirs. Il a salué la ville hospitalière, et il l'a remerciée en la personne de son premier magistrat de l'accueil flatteur qu'elle a réservé au Congrès.

M. Braun dit tout le plaisir qu'il ressent à recevoir le Congrès international d'Agriculture. Gand, ajoute-t-il, a toujours porté un intérêt particulier à l'agriculture. Il y a plus d'un siècle, Bonaparte, alors premier consul, inaugurait à Gand une exposition, — la première exposition universelle — qui contenait principalement des produits agricoles. La ville est industrielle, mais quelles ressources ne tire-t-elle point de l'agriculture!

Les ouvriers ne résistent à leurs dures fatigues que parce qu'ils reçoivent de la terre des produits sains, nombreux et d'un prix peu élevé. Le trafic du port consiste en grande partie en exportations de céréales et en importations d'engrais chimiques. Le

Congrès, qui tend à améliorer le rendement de l'agriculture, travaille à la prospérité du commerce et de l'industrie.

La ville de Gand a des attaches plus directes encore avec le Congrès d'Agriculture, car le président du Comité organisateur, M. le baron van der Bruggen, et le président du Comité exécutif, M. Maenhaut, sont tous deux originaires de l'arrondissement.

Des applaudissements nourris accueillent la péroraison de cette heureuse improvisation.

Au nom des congressistes étrangers, S. A. le Prince Lobkowitz salue la belle et hospitalière ville de Gand. Il rappelle en quelques mots la place qu'elle a toujours occupée dans le monde et les souvenirs qu'elle réveille chez plusieurs des membres du Congrès ; lui-même y a retrouvé de nombreux souvenirs de famille. Il termine en faisant des vœux pour la continuation de son essor et de son développement.

Immédiatement après, par l'escalier gothique, les congressistes ont été conduits au premier étage, où, dans le merveilleux décor de la salle dite de l'Arsenal, les attendait un buffet abondamment fourni. Les conversations se sont engagées, pendant que jouait un excellent orchestre.

La réception s'est terminée vers 10 heures.

LE BANQUET

Dans la magnifique salle *Azalea*, un banquet de clôture fut offert, mercredi soir, aux congressistes.

Les personnalités dirigeantes occupent la table d'honneur. On y reconnaît le baron Van der Bruggen, M. le député Maenhaut, M. De Vuyst, les délégués des gouvernements étrangers, etc.

Le banquet commence à 8 heures.

A l'heure des toasts, réglés d'avance, *M. le baron Van der Bruggen* se lève le premier.

« Qu'on me permette, dit-il, un respectueux hommage au roi des Belges. Sa Majesté continue l'œuvre de son royal prédécesseur.

Nos hommages vont aussi à S. M. la Reine et aux enfants royaux. Vive le roi et la famille royale! » (1) (Cris: « Vive le roi ». L'orchestre joue la *Brabançonne*.

M. Maenhaut prend la parole. « J'ai la tâche délicate, dit-il, de boire à la santé des gouvernements étrangers.

» J'ai rêvé de deux princesses : l'une était le Commerce et l'Industrie, l'autre, l'Agriculture. L'une était fort entourée ; l'autre plutôt délaissée. Vint alors un agriculteur, M. Méline. Il remit la princesse délaissée en faveur. Buvons à la princesse de l'Agriculture !

» Méline n'est pas ici, buvons néanmoins à lui.

» Buvons aussi aux vingt-cinq puissances représentées ici. Je

---

(1) Voici le texte du télégramme par lequel S. M. le Roi a fait répondre à celui qui lui avait été envoyé par le Congrès :

« Le Roi m'a chargé de vous prier de transmettre ses sincères remerciements aux membres du Xe Congrès international d'agriculture qui ont si chaleureusement bu à sa santé et à celle de la Reine.

» Sa Majesté a été très touchée de cette gracieuse attention et des sentiments exprimés dans votre télégramme.

(s.) LE CHEF DU CABINET DU ROI. »

vous propose un toast aux gouvernements étrangers et aux personnes qui les représentent.

« La princesse a ses dames d'honneur, qui nous ont honorés de leur présence. Elle a ses grands maréchaux: Je cite M. Lippens, le baron van Loo et d'autres.

» Nous regrettons l'absence de M. Helleputte dont nous connaissons le dévouement aux intérêts agricoles.»

Plusieurs délégués étrangers portent à leur tour des toasts.

M. von Rosenkranz (Danemark) dit qu'il retournera dans son pays emportant de la Belgique et du Congrès des lumières nouvelles sur les questions agricoles.

Un délégué français se dit flatté de l'honneur qui lui échoit de remercier au nom de son pays. Il boit à la prospérité de la Belgique et de la Ville de Gand.

M. Ruys van Beerenbroeck (Hollande) exprime sa reconnaissance pour cet accueil où la Belgique a une fois de plus montré sa fidélité à ses traditions de grande et fastueuse hospitalité.

Nous retournons le cœur rempli d'un beau souvenir du Congrès de Gand. Désireux de liberté, nous souhaitons que la petite Belgique prenne l'élan qui doit être le résultat naturel de l'effort de ses enfants. Vive la Belgique !

M. le baron Bonde (de Suède) se réjouit de ce qu'il a vu et entendu au Congrès. Un quart de siècle s'est passé depuis le premier Congrès, un quart de siècle ! Je ne dirai pas ce que nous avons fait, mais vous voyez ce que ce quart de siècle a fait de nous. Le monde n'a guère répondu à notre idéal de jeunesse, mais notre idéal existe toujours. La terre reste fidèle. Elle a fourni la parure à la princesse Commerce et Industrie et aux autres.

Pas de remerciements, pas de fleurs, mais un vœu : « Que l'agriculture mondiale progresse, par la création d'un Comité interparlementaire de l'agriculture ! »

M. Van den Heuvel, ministre d'Etat, se dit heureux de constater le brillant résultat du Congrès agricole. L'agriculture, dit-il, est la base de la prospérité nationale. En nourissant une grande partie de la nation, elle fournit aussi à l'industrie les bras forts, elle peuple les grandes villes d'une population forte et saine. Renforcer donc l'agriculture, c'est faire prospérer le pays entier. C'est la noble tâche que ce Congrès aida à accomplir et dont nous le félicitons. Je lève mon verre aux hommes d'actions qui y ont contribué, tant Belges qu'étrangers.

Pour terminer la série des toasts, *M. Liebaert*, du *Fondsenblad*, prend la parole et, se faisant l'interprète de tous les membres de la Presse, remercie les congressistes de toutes les facilités qui ont été accordées à ceux-ci pendant le Congrès. Il ajoute que la Presse sera toujours aux côtés de ceux qui travaillent dans l'intérêt de l'agriculture; il espère que, d'autre part, la Presse rurale trouvera toujours un appui auprès des dirigeants des mouvements agricoles.

RECEPTIONS DIVERSES

Le Baron van der Bruggen, Président du comité organisateur, réunissait, le lundi 9 juin, une quarantaine de personnalités du Congrès, à un déjeuner dans les salons de la Maison Flamme. Remarqué la présence de MM. Méline, Maenhaut, Prince Lobkowitz, Prince Argoutinsky Dolgoroucoff, Comte de Montornès, Sagnier, De Vuyst, Baron de Leveslow, etc. Le Baron van der Bruggen, avec son amabilité habituelle, a reçu ses invités d'une façon charmante. Après le déjeuner, qui fut exquis, les convives ont exprimé à leur hôte tout le plaisir que leur avait causé cette cordiale réception, mais en manifestant toutefois le regret de devoir tant l'écourter pour reprendre les travaux du Congrès.

*
* *

Le 10 juin, à 12 1/2 heures, le Baron van Loo, commissaire général du Congrès, recevait à déjeuner, dans son bel hôtel de la Place d'Armes, les comités exécutif et organisateur, ainsi que les délégués officiels des pays étrangers.

La Baronne van Loo, qui avait bien voulu y assister, en a fait les honneurs avec sa bonne grâce habituelle.

Aussitôt après le café, qui fut servi dans la belle galerie de tableaux, les convives ont été obligés, à regret, de prendre congé de leurs aimables hôtes, les travaux des sections les appelant au Palais des fêtes de l'Exposition.

*
* *

Le 9 juin, à 8 1/2 heures, une foule nombreuse de congressistes se trouvait réunie à la « Vieille Flandre », pour assister à la soirée artistique offerte par M. Maenhaut, Président du comité exécutif.

La fête se donnait, à la Grand'Place, sur le théâtre, reconstitution de celui qui fut élevé au Marché du Vendredi à Gand, en 1666, à l'occasion de la cérémonie d'inauguration du roi d'Espagne, Charles II, comme comte de Flandre.

La lune argentait les toits et silhouettait les vieux pignons de la délicieuse mais éphémère villette flamande du XVII° siècle. C'est dire toute la poésie et le charme de cette soirée.

Le programme, qui comprenait des danses et des chansons, avait été composé d'une manière parfaite. Aussi les spectateurs n'ont-ils pas ménagé leurs applaudissements aux charmantes artistes, et leurs félicitations à l'aimable organisateur de la fête.

LA VISITE AU VILLAGE MODERNE

M. De Vuyst, secrétaire général, conduisit les membres du Congrès au « Village Moderne », le lundi 9 juin.

Le but de cette exposition, dont il a pris l'initiative, est de présenter tous les instruments, produits et objets agricoles dans une série de fermes et pavillons, groupés comme dans un village.

Cette fois, on peut le dire hardiment, on est parvenu à faire, avec des subsides moins importants que dans les expositions précédentes, une exposition agricole mieux réussie, plus attrayante, plus instructive, donnant une idée plus complète des progrès à faire dans la vie rurale entière.

Quand un auteur rédige un livre, un article; il en fait faire plusieurs épreuves et après l'impression la plus soignée on trouve encore des fautes dans le texte définitif. Ici, c'est la première fois que l'on construit un village de toutes pièces pour abriter une exposition agricole; il n'y a pas moyen, faute de temps et d'argent, de modifier ces constructions. Les promoteurs doivent se contenter d'inviter les visiteurs à en faire la critique bienveillante et à faire les corrections dans leur esprit...

Elle occupe cependant 3 hectares sur les 100 hectares de l'Exposition.

On rencontre, d'abord une ferme moyenne. L'habitation du fermier y est coquette, bien disposée pour la surveillance de l'exploitation; c'est la demeure d'un fermier aisé.

Les écoles ménagères agricoles se sont chargées de la meubler suivant les règles de l'art. Le bureau du fermier est celui de l'exposant principal, M. Moreels, qui a pris à sa charge presque tous les frais de la construction. Les logements des animaux sont groupés autour d'un local d'alimentation où se concentre tout le travail d'intérieur de la ferme. Le fumier couvert se trouve tout près des étables, mais sans offusquer la vue des habitants de la ferme. Cette jolie exploitation est entourée de jardins admirablement cultivés.

Vis-à-vis de la ferme Moreels se trouve un bâtiment démontable, exhibé par les usines « Marga ». On se demandera peut-être ce que vient faire une construction démontable dans un « village moderne ». C'est qu'il existe dans notre pays des écoles ménagères ambulantes qui vont donner, de commune en commune, pendant quatre mois, l'enseignement professionnel agricole aux jeunes filles de cultivateurs. Cette école va fonctionner dès lundi prochain pendant toute la durée de l'Exposition ; c'est dans la propriété du « Bourgmestre », ami de l'enseignement, qu'elle a été autorisée à s'installer.

Passons ensuite dans la beurrerie « Mélotte ». L'exposant M. J. Mélotte est, avec M. le député Maenhaut, président du Comité exécutif du Village Moderne. La beurrerie qu'il a installée est un type nouveau d'usine centrale qui recueille dans toutes les fermes la crème obtenue par la force centrifuge pour faire le beurre suivant les derniers procédés. Chaque semaine des démonstrations pratiques auront lieu dans cette usine modèle.

L'administration des Eaux et Forêts, d'accord avec le Comité du groupe de la sylviculture et de la pisciculture, a organisé une collectivité très instructive dans un élégant pavillon, entouré de jolis jardins où l'on entendra fréquemment des sonneries de cors de chasse.

Nous arrivons à la « Maison communale », où les bureaux du bourgmestre, du secrétaire et la salle du conseil sont occupés par les expositions de l' « Administration de l'Agriculture », de l' « Office rural » et de l' « Office horticole ». On y remarque des diagrammes de tous les progrès accomplis depuis trente ans dans le domaine agricole et horticole.

Comme il sied dans un « Village moderne », une bibliothèque publique est annexée à la maison communale, et le premier étage de cet édifice est destiné à des réunions, des conférences, des petites expositions temporaires, relatives à la voirie communale, l'esthétique des villages, etc.

Le service d'incendie et un poste sanitaire — ce dernier exposé par l'administration de l'hygiène — sont également annexés à la maison communale.

En principe, suivant le projet des promoteurs, tous les instruments agricoles, produits, semences, engrais doivent être exposés dans les fermes, à la place même que ces objets occupent dans les exploitations; mais, pour donner satisfaction à divers exposants qui ne peuvent s'installer dans les constructions ordinaires du village, on a aménagé derrière la maison communale des « halls » que nous nous empressons de visiter.

On y voit la magnifique exposition de la classe 5, « Enseignement agricole ». Non loin de là, la classe 38 a organisé la collection des fédérations des cercles de fermières et celle des fédérations agricoles des cultivateurs. Viennent ensuite les stands de la classe 35 : machines agricoles; ceux des autres classes du groupe de l'agriculture et les jolies expositions de graines et du matériel de l'horticulture.

Un élégant bureau de contremaître, une entrée d'usine modèle nous avertit qu'il y a au village une usine de construction de charrues. Les charrues Alfred Mélotte seront abritées immédiatement derrière cette coquette entrée.

Vis-à-vis de la ferme du Comité, nous remarquons l' « école de mécanique », organisée par M. l'abbé Berger. La mécanique agricole prend de plus en plus d'extension; il y a lieu de mettre les cultivateurs au courant de la manière de conduire, d'entretenir ce matériel perfectionné. Pour arriver à donner rapidement satisfaction aux cultivateurs, M. l'abbé Berger a imaginé une « école roulante » très pratique.

La délégation belge du « Nitrate de soude du Chili » a eu l'heureuse idée d'organiser l'établissement horticole du village avec des jardins, des serres, un aéromotor puissant, le tout groupé de la façon la plus élégante.

Deux maisons ouvrières avoisinent cet établissement. A l'une de ces maisons est annexé un jardin potager vraiment modèle. Le jardin potager de la seconde maison est encore à faire. Il manque dans chacune d'elles un ameublement approprié économique de bon goût.

Qui ne désirerait pas demeurer dans un village si bien compris? La Société des Intérêts matériels de La Panne a tenu à y montrer une « villa » très pratiquement organisée, aussi bien pour le séjour à la campagne que pour le séjour à la mer.

La Ligue de l' Education familiale, 14, rue Victor Lefèvre, à

Bruxelles, a installé dans cette villa une chambre d'enfants conçue d'après les méthodes pédagogiques les plus parfaites.

Nous retournons sur nos pas et nous admirons la coquette demeure du menuisier-apiculteur du village, installée par le Comité de la classe de l'apiculture, sous la présidence du baron de Béthune.

Nous arrivons à la grande ferme du Comité exécutif du « Village Moderne ». Elle est conçue d'après un plan nouveau, au sujet duquel il sera intéressant d'entendre les discussions des praticiens. Tous les locaux se trouvent réunis sous un toit Raikem; l'éclairage de l'intérieur de la grange, des étables, du local central pour l'alimentation, etc., est fait par le toit. La force motrice électrique sera distribuée dans toute la ferme par les Centrales Electriques des Flandres. Un bétail de choix y sera exposé par les soins de MM. Lippens. La maison sera meublée par M. De Becker-Remy et la Fédération des Cercles de fermières du pays, avec le concours de Mme Jean de Hemptinne, du comte de Villermont, de Mme Ronse, de la baronne Rotsart de Hertaing et de nombreuses autres personnalités éminentes.

Le clou du village est l' « école primaire », exposée par le département des Sciences et des Arts. Les installations parfaites de cette école nous font bien augurer de l'organisation du quatrième degré d'études qui y est esquissé. Cette école fonctionnera, les visiteurs pourront se rendre compte des méthodes de l'enseignement primaire en Belgique.

L'église du village est un modèle de bon goût; elle inspire le recueillement. On y donnera de temps en temps des auditions d'orgue.

Puis un terrain vague, où l'on a promis d'ériger un restaurant populaire. L'auberge du village est attendue par tous les exposants. Comme dans un « village moderne » des automobiles s'arrêtent, on y voit déjà placé le garage réglementaire.

Nous nous arrêtons plus longtemps à la maison du bourgmestre, érigée par le « Comptoir du sulfate d'ammoniaque », dont la générosité a doté la grand'place d'un monument et d'un kiosque, qui attend les fanfares des localités voisines.

A côté de la demeure du bourgmestre, une ravissante petite

ferme, exposée par la maison von Ohlendorf. Voilà bien le vrai style régional, puis des dispositions pratiques qui rallieront les suffrages de tous les cultivateurs.

A la sortie du village on trouve le bruyant forgeron, qui a adopté des procédés perfectionnés et est dépositaire de la grande firme d'écrémeuses Persoons; la maison Persoons a construit l'élégante habitation du forgeron.

Toutes les installations sont animées par des démonstrations; la société Het Neerhof, de Gand, s'est chargée de l'organisation de toutes les basses-cours.

On le voit, les exposants ont répondu admirablement à l'idée des promoteurs de mettre en relief les avantages de la vie rurale.

Une entreprise aussi vaste ne pouvant être réalisée par un seul, il a fallu la collaboration d'une foule de bonnes volontés; il a fallu le concours dévoué de tous les membres du Comité du groupe VII et de deux comités auxiliaires, il a fallu le zèle de MM. Graftiau et Verstraeten et de nombreux spécialistes; même ceux qui ont pris le rôle facile de critiquer l'entreprise ont rendu des services en stimulant les organisateurs.

Somme toute, le « Village Moderne » constitue un essai très méritant, qui, malgré ses défauts, fera sensation. Elle a beaucoup intéressé les congressistes. M. Giele, agronome de l'Etat à Louvain, publiera incessamment un petit guide explicatif, et le Comité d'études prépare un livre d'or, qui sera illustré à profusion et contiendra tous les détails techniques de l'entreprise.

On peut s'inscrire pour obtenir ces ouvrages au bureau du « Village Moderne », à la « maison communale ».

EXCURSION AU HAZEGRAS

Le 12 juin 1913, le X⁰ Congrès international d'Agriculture
s'est rendu à l'invitation de la Comtesse de Kerchove de Denter-
ghem et de MM. Lippens pour visiter le domaine du Hazegras,
situé à Knocke-sur-Mer.

250 congressistes environ répondirent à l'invitation, et par un
temps merveilleux arrivèrent aux fermes par train et tram spéciaux.

Le but de cette excursion était de montrer la culture dans d'anciens polders, de jeunes polders, et aussi de visiter le dernier
schorre endigable situé encore sur le territoire belge. Enfin
M. Maurice Lippens avait réuni au Hazegras les plus beaux spe-
cimens de tout le cheptel de la Flandre Occidentale, de façon à
montrer aux étrangers de la manière la plus complète possible,
tous les produits des exploitations agricoles des Flandres.

Les trois fermes du Hazegras sont situées les unes à côté des
autres, le long d'une chaussée; elles sont complètement entou-
rées de vastes pâtures qui ont servi de champs d'exposition.

Parmi les bêtes remarquables qui ont défilé devant les yeux
émerveillés de tous les excursionnistes, il faut citer notamment,
parmi les chevaux, les superbes étalons et juments de MM. Casi-
mir Dombrecht, S. Meysman et D. Rijckaert de Knocke, Th.
Vandenberghe de Zuyenkerke, Van Damme de Lapscheurre, etc.
Parmi les représentants de la race bovine, les imposants tau-
reaux, les belles vaches et génisses de MM. Aug. Aernoudt de
Slijpe, des enfants Vandermeersch, de Slijpe, Inghelram à Dud-
zeele, Honoré Cornille à Coxyde, Rijckaert et Dombrecht de
Knocke, etc., etc.

A midi et demi les congressistes prirent part au raout auquel
ils avaient été conviés et après une visite des bâtiments de ferme,
ils se rendirent à pied à travers le Nieuw Hazegras Polder au
Willem Léopold Polder.

Les récoltes superbes firent l'objet de l'admiration de tous :

les blés, féveroles, petits pois, pâtures, toute la végétation était luxuriante.

Après avoir franchi les digues fort bien entretenues et outillées pour servir de rempart de seconde ligne à une invasion éventuelle de la mer, l'on se répandit dans les terres du Willem Léopold Polder endiguées en 1873 qui portent également des récoltes superbes.

On traversa ce polder pour gravir à son extrémité Nord la puissante digue dite internationale qui le défend contre les eaux de mer qui inondent encore régulièrement le Zwyn.

Le Zwyn forme actuellement un vaste schorre, bientôt mûr à être endigué. Il est déjà protégé en très grande partie contre l'invasion des flots par de hautes dunes.

Ce schorre s'engraisse encore du limon que lui amènent les eaux de l'Escaut. Les vastes étendues herbeuses qui le recouvrent servent de pâture à plusieurs troupeaux de moutons.

Ce schorre intéressa vivement les congressistes qui se firent donner de longues et nombreuses explications sur la formation des polders, leur régime et la façon dont on les conquit sur la mer

Vers 3 heures on reprit les omnibus et les pittoresques diligences pour ramener les congressistes au tram spécial qui les conduisit à Zeebrugge, où une malle, mise à leur disposition par le Gouvernement belge, les convoya, via Flessinghe, jusqu'à Terneuzen.

On partit de Terneuzen vers 5 h. 1/2 pour remonter le canal de Gand à Terneuzen jusqu'au Sas de Gand où les délégués officiels du Gouvernement hollandais tinrent à recevoir les congressistes.

Après avoir admiré les superbes installations de la Sucrerie coopérative du Sas de Gand, Jonkheer Ruys de Beerenbroeck, délégué officiel des Pays-Bas, assisté du baron Collot d'Escury, présida à un charmant souper qui fut servi aux excursionnistes par de gracieuses jeunes filles de la région qui avaient revêtu les pittoresques et riches costumes des différentes villes de Zélande.

Des toasts chaleureux furent échangés célébrant la satisfaction des uns de recevoir des congressistes aussi éminents et aussi nombreux et la reconnaissance des autres pour la généreuse hospitalité qui leur avait été réservée.

Il était près de 10 heures lorsque, en bateau, on reprit la direction de Gand voguant par une nuit idéale sur la large nappe immobile du canal éclairé sur toute sa longueur par des milliers de lampes électriques qui faisaient un scintillant encadrement aux réverbérations argentées de la pleine lune.

EXCURSION A BRUGES

En débarquant à Bruges, le 12 juin au matin, nous nous rendons d'abord à l'un des sites les plus romantiques et les plus fameux de la vieille cité flamande: le Lac d'amour. Après l'avoir admiré, nous suivons les remparts, si poétiques et si impressionnants avec leurs rangées d'arbres plusieurs fois séculaires, et nous arrivons ainsi à l'établissement horticole « La Flandria. »

En l'absence du directeur, nous avons été reçus par un délégué de celui-ci. Il nous a fort aimablement guidés à travers l'exploitation.

Celle-ci s'étend sur une superficie de 35 hectares, dont 10 entièrement vitrés. Trois genres de plantes sont spécialement cultivées, élevées, si l'on peut dire, par « La Flandria » : les palmiers et les lauriers à l'établissement de Bruges, les azalées dans une seconde exploitation que la société possède à Sysseele. D'autres plantes remplissent nombre de serres ; mais elles ne forment que l'accessoire de l'exploitation.

Successivement nous visitons les serres à palmiers, les nains et les géants, en passant par tous les intermédiaires ; les orchidées, les lauriers.

Pendant près de deux heures, notre guide nous mène ainsi, ne ménageant pas les explications, ni même nos pauvres jambes.

Aussi est-ce un bonheur que nous trouvions, à la sortie des établissements, des voitures qui nous permettent de visiter facilement quelques-uns des monuments et des trésors d'art les plus intéressants de la ville, tels les tombeaux de Marie de Bourgogne et de Charles le Téméraire, le musée de l'hôpital St-Jean, etc., etc.

Un déjeuner substantiel, servi dans les salons d'un hôtel de Bruges, nous remet de nos fatigues. A peine réconfortés, nous nous embarquons à bord d'un canot automobile qui nous permet d'admirer d'une nouvelle façon, mais trop rapidement, hélas! les sites pittoresques et riants de Bruges.

A la gare, nous retrouvons les membres de l'excursion sylvicole, avec qui nous partons pour Zeebrugge.

EXCURSION AU « VLOETEMVELD » DES HOSPICES CIVILS DE BRUGES

Une vingtaine de congressistes ont pris part, le 12 juin, à l'excursion au bois du « Vloetemveld » appartenant aux hospices civils de Bruges. Située dans une région où le bois, à cause de sa rareté, se vend encore à des prix très rémunérateurs, cette propriété est soumise à un traitement intensif, qui a intéressé vivement les forestiers étrangers.

Les excursionnistes ont d'abord parcouru rapidement quelques peuplements de futaie sur taillis où le chêne est l'essence principale de la réserve et dont le taillis (chêne, châtaignier, bouleau, érable) se vend à l'âge de 10 ans à raison de 450 à 500 francs l'hectare. Puis les travaux de reboisement des pineraies ont attiré spécialement l'attention des visiteurs.

Au « Vloetemveld », où l'on trouve des pineraies de deuxième et de troisième génération, le sol n'est livré au reboisement qu'après avoir été dessouché, défoncé, enrichi et cultivé.

Le défoncement doit atteindre, suivant la nature du sol et surtout qu'il y a ou non du tuf, de 0^{m}50 à 0^{m}80 de profondeur, en ayant soin de maintenir la bonne terre à la surface. Ce travail est entrepris à raison de 0 fr. 80 la verge, soit 538 fr. l'hectare (on compte 673 verges à l'hectare). Le bois de souches qui, dans la majeure partie des cas, reste au propriétaire, se vend fendu et mis en tas à raison de 3 fr. à 3 fr. 50 le stère et paie donc, pour certaine partie, qui varie suivant les cas, les frais de dessouchement et de défoncement.

Ces travaux préparatoires étant terminés, la terre est donnée en culture durant trois ans avec emploi de fumier et d'engrais chimiques. La première année on cultive des pommes de terre; la seconde année, du seigle; la troisième année, de l'avoine.

Au printemps suivant on plante du pin sylvestre semé d'un an à raison de 35.000 à 40.000 plants à l'hectare.

Après une préparation aussi soignée, inutile de dire que les pins poussent très vigoureusement et que, vers l'âge de huit à dix ans, on peut déjà venir dégager les plus beaux par une éclaircie-nettoiement.

L'état très serré de la plantation se justifie dans cette région, d'abord parce que les mauvaises herbes sont très à craindre, ensuite parce que les premiers produits se vendent déjà à des prix très rémunérateurs, dont voici un petit aperçu:

Les perches de 0^{m}08 à 0^{m}15 de circonférence	6 fr. le %
Les perches de 0^{m}15 à 0^{m}20 de circonférence	8 fr. le %
Les perches de 0^{m}18 à 0^{m}25 de circonférence	25 fr. le %

Les congressistes ont terminé leur visite en allant juger de quelques parcelles d'expérience, notamment sur l'introduction des essences exotiques en mélange avec des essences indigènes et sur les divers modes d'éclaircie dans les pineraies.

Après avoir fait honneur au déjeuner, ils ont regagné la gare de Bruges en voiture pour reprendre le train de Zeebrugge, où ils ont rejoint les autres membres du congrès.

EXCURSION A VELM

Le 13 juin 1913, sur l'invitation de M. Peten, une partie des membres du X° Congrès de l'agriculture se rendit à Velm afin de visiter les magnifiques exploitations agricoles que ce grand éleveur de chevaux y possède.

M. Peten nous attendait à la descente du train.

Nous visitâmes en premier lieu une ferme, située à côté de la gare. Elle a une superficie de 90 hectares environ.

M. Peten nous fit les honneurs de ses propriétés, avec une amabilité parfaite, donnant des explications sur tout jusque dans les moindres détails.

M. Peten est avant tout éleveur de chevaux. Nous avons pu voir dans ses écuries, admirablement tenues, les plus beaux spécimens de notre race de gros trait. Nous avons admiré ses belles juments primées dans de nombreux concours et quelques superbes étalons, parmi lesquels une nouvelle acquisition de M. Peten, « Espoir », semble devoir donner d'excellents résultats.

A côté de l'élevage du cheval, l'engraissement du bétail tient une place importante. Il passe chaque année par ces étables de 900 à 1000 bœufs. Ces animaux sont nourris principalement de la drèche d'une distillerie qui est également la propriété de M. Peten ; après trois ou quatre mois d'engraissement, les bœufs sont dirigés sur les grands abattoirs de Bruxelles.

Je ne puis passer sous silence les magnifiques cultures et les beaux pâturages de ces propriétés. Ici encore le maximum de rendement a été obtenu grâce aux soins donnés à une terre déjà très féconde par elle-même.

Mais ce n'est pas tout comme richesse. Je veux dire un mot pour finir des vergers qui, dans le pays de St-Trond, représentent une source de revenus considérable.

Je citerai notamment un pré de 4 1/2 hectares, planté de 450 cérisiers de 8 ans d'une venue tout à fait extraordinaire.

Je fais observer en terminant que les constatations que je viens de consigner se rapportent tant à la ferme citée au début qu'à la propriété d'une superficie égale à la première que M. Peten possède à cinq kilomètres de la gare de Velm.

C'est au centre de cette dernière qu'est situé le château. Nous y fûmes reçus à déjeuner par M. et Mme Peten de la façon la plus aimable. Je n'ai qu'un regret à formuler au sujet de cette excursion très intéressante, c'est que le nombre des visiteurs fût si réduit: une dizaine seulement.

Il eût été à souhaiter que cette exploitation, qui est certainement la perfection en l'espèce, fasse l'admiration de nombreux étrangers.

EXCURSION A SCHOOTEN

Cette excursion a également eu lieu le 13 juin.

D'Anvers, gare centrale, les membres du Congrès sont conduits en voitures à Schooten. Chemin faisant, ils peuvent voir, en activité, certaines parties du port d'Anvers, et dans la suite, en traversant Merxem et Brasschaet, ils peuvent se rendre compte, en constatant la grande importance des communes limitrophes, du développement pris par notre métropole commerciale.

A Schooten, où déjà les avaient précédés le Gouverneur et les membres de la Députation permanente de la province d'Anvers, les congressistes sont reçus par M. Meeùs et son gendre, M. d'Aripe, qui avec la plus grande amabilité se mettent à leur disposition pour la visite de l'exploitation.

On parcourt longuement les étables pour vaches laitières et pour l'élevage du bétail, étables d'installation tout à fait moderne; la porcherie, où l'élevage et l'engraissement du porc sont pratiqués sur une grande échelle; la laiterie à vapeur, en pleine activité, dont les différents produits (beurre, fromage, etc...), sont fort appréciés même à l'étranger. M. Meeùs nous donne des explications détaillées sur la création et le développement de ce domaine d'environ 400 hectares, où il n'y avait que de la bruyère quand le propriétaire actuel, distillateur à Wyneghem, l'acheta, le 27 mars 1880, à M. le vicomte d'Hendecourt.

La même année, M. Meeùs fit commencer le défrichement, à 0.80 m. de profondeur, de ces terrains déserts sur lesquels on ne voyait que de la bruyère. On peut encore en juger par les parties non défrichées tenant aux nouvelles cultures. Pour rendre fertile ces sables maigres sur lesquels ne se trouvait pas la moindre couche d'humus, il fit venir par bateaux une quantité importante des boues de ville et une partie des engrais de ses étables de Wyneghem. Il transforma simultanément les Bruyères en prairies, puis en terres labourables et en sapinières et bois de diverses essences.

Les prairies furent d'un rapport étonnant de foin de première qualité; et dans la suite transformées en sapinières dont la croissance est des plus extraordinaire. Les terres labourables sont devenues comparables aux meilleurs polders sous le rapport du rendement des récoltes.

Pour aider à la réussite d'une entreprise aussi importante on ajouta à la culture: des étables pour vaches laitières et pour l'élevage du bétail; une laiterie à vapeur dont le beurre et les différents produits sont fort appréciés et vendus en partie à l'étranger; une grande porcherie où l'élevage et l'engraissement du porc sont pratiqués sur une grande échelle.

Les résultats obtenus aux Bruyères de Schooten prouvent que par une culture intelligente on peut arriver à transformer de simples bruyères en terres de rapport. En suivant cet exemple on obtiendrait dans l'avenir une magnifique source de richesses pour la Campine.

Au cours de la visite, un excellent déjeuner fut offert aux congressistes charmés d'un si cordial accueil. Ce déjeuner, bien original, fut servi dans une des superbes étables de M. Meeùs, remise à neuf et abondamment pavoisée pour la circonstance. Au cours du déjeuner, M. Meeùs, porta le toast suivant, très applaudi :

« Permettez-moi de lever mon verre à la santé de Notre Souverain bien-aimé, dont le nom ne saurait être passé sous silence, dans aucune réunion où sont agitées des questions agricoles.

» Vous savez tous l'intérêt que Sa Majesté porte à tout ce qui touche à l'agriculture sous toutes ses formes.

» J'y joins la santé de notre bien-aimée Souveraine qui, dans la lutte qu'elle dirige avec un si grand cœur, contre la mortalité infantile, a toujours attaché tant d'importance au perfectionnement des laiteries.

» Obéissant aux habitudes d'hospitalité de notre pays, je me permets de joindre à ces augustes santés, celles des Chefs d'Etat des pays dont les délégués ont bien voulu honorer de leur presence, la visite que le Congrès Agricole a bien voulu faire chez moi.

» Je bois à la santé de notre famille royale et à celle des puissances étrangères.

» Je regrette bien vivement l'absence de Monsieur le Ministre de l'agriculture, qui, n'était la discussion de son budget, serait parmi nous. Je remercie Monsieur le Gouverneur de la Province d'Anvers, ainsi que les Membres de la Députation Permanente, d'avoir bien voulu accompagner les Membres du Congrès Agricole aux Bruyères de Schooten.

» J'ai été heureux de leur montrer mon installation qui, certes, n'est pas parfaite, mais à laquelle je me suis efforcé d'attacher tous les éléments de perfectionnement moderne.

» Il y a quelques 35 ans, je fis l'acquisition des bruyères qui se trouvaient ici et j'y commençai l'installation, très modeste d'ailleurs, d'une laiterie. Mon étable contenait cinq vaches.

» Ma femme s'intéressa à ma tentative, et y mit cette ardeur que les femmes savent mettre dans tout ce qu'elles entreprennent. Aussi bientôt la laiterie des Bruyères de Schooten prit un développement relativement important.

» Mon gendre, M. d'Aripe, s'attache à son tour à la direction de cette industrie agricole, qui l'intéressa à un haut degré, et, désireux de faire de l'établissement déjà prospère une laiterie que nous nous permettons d'appeler « modèle », avec quelque fatuité peut-être, il étudia avec zèle, toutes les questions qui se rattachent à l'installation scientifique et en même temps pratique de la laiterie. Il se rendit successivement en Norvège, en Suisse, en Allemagne, en France, en Hollande et dans tous les pays où il crut qu'il y avait quelque chose à apprendre. Des procédés qu'il vit, mis en action dans ces divers voyages, il retint pour les appliquer ici, ceux qui lui paraissaient les meilleurs.

» C'est ainsi que la modeste ferme d'il y a 35 ans est devenue l'établissement actuel avec ses 170 vaches laitières.

» Si les membres du Congrès qui ont bien voulu se déranger pour venir visiter la laiterie modèle des Bruyères de Schooten, ont éprouvé quelque intérêt à voir nos installations, je vous prie de croire, Messieurs, que je suis amplement récompensé des efforts que nous avons faits, pour atteindre le résultat auquel nous sommes parvenus.

» Je vous remercie donc de l'honneur que vous m'avez fait par votre visite et je lève mon verre à la santé de Monsieur le Gouverneur de la Province d'Anvers et de tous ceux qui ont bien voulu me faire le grand honneur et le grand plaisir de s'asseoir ici à ma table. »

M. le Gouverneur de la province et le député M. Maenhaut, président du Congrès, en répondant à ce toast, rendirent hommage à l'œuvre réalisée par MM. Meeùs et d'Aripe, et les remercièrent des services qu'ils rendent à l'agriculture belge. Le prince Ferdinand Lobkowitz, grand maréchl de Bohême, en une chaleureuse improvisation, assura que les congressistes étrangers garderaient de leur visite en Campine un ineffaçable souvenir.

EXCURSION A LOUVAIN

Quinze congressistes prirent part le 13 juin, à cette excursion.

Ils visitèrent d'abord l'Institut de Zootechnie, où ils furent reçus par M. le professeur Frateur. Celui-ci leur expliqua en détail la méthode d'enseignement suivie par lui à l'Institut; c'est la méthode intuitive poussée à ses dernières limites. La visite de l'Institut eut lieu sous la direction de MM. Frateur et Molhant, qui donnèrent quantité de renseignements très intéressants sur les travaux en cours; recherches sur le mendelisme; expériences sur l'alimentation des animaux domestiques, etc., etc.

Cette visite terminée, les excursionnistes se divisèrent en deux groupes, dont l'un se rendit à l'Institut agronomique proprement dit, et l'autre au « Boerenbond ».

A l'Institut agronomique ils furent reçus par MM. les professeurs Theunis, Van Buggenhout et Coppens, qui leur donnèrent tous les détails désirables sur l'organisation et les méthodes d'enseignement.

Au Boerenbond, ils s'intéressèrent surtout à la Caisse centrale de crédit agricole, dont M. Raeymaekere leur expliqua le fonctionnement. Puis M. Hermans leur donna des renseignements sur la section d'achat et M. Jossa sur les assurances de tout genre organisées par le Boerenbond.

Pour terminer la matinée, on visita l'Institut de Botanique, dit Institut Carnoy, sous la direction de M. le professeur Janssens.

A deux heures, les excursionnistes se rendirent à Heverlé pour y visiter l'école ménagère agricole annexée à l'Institut du Sacré Cœur. Ils furent reçus par la Révérende Sœur supérieure et M. Vanderperre, administrateur délégué de la Société.

Les élèves étaient au travail. Un groupe opérait à la laiterie; il y faisait des analyses de lait, fabriquait du beurre, du fromage, etc., etc. Un second groupe était occupé à la basse-cour, et deux autres aux travaux de ménage, de cuisine, de lessive, etc.

On termina par la visite de la ferme, des champs d'expériences et du pensionnat.

Les excursionnistes exprimèrent, à différentes reprises, leur admiration pour la bonne organisation, les méthodes d'enseignement et l'excellente tenue de l'école.

EXCURSION A MERXPLAS

L'excursion que le Xe Congrès international d'agriculture avait organisée, le vendredi 13 juin, à la « Colonie de bienfaisance » de Merxplas a été une partie aussi charmante que pleine d'intérêt.

Les congressistes étaient au nombre de vingt-cinq, la plupart étrangers.

Partis de Gand vers 8 heures, nous avons rejoint à Anvers M. Dom, directeur général au Ministère de la Justice, délégué par le Ministre. Il nous a fait, avec une grande amabilité, les honneurs de la colonie. Grâce à son intervention, un tram spécial nous a menés très rapidement de la porte de Turnhout à Merxplas.

Là nous attendaient le directeur des colonies, ainsi que les différentes autorités et c'est au son d'une vibrante « Brabançonne » que nous pénétrâmes dans l'établissement.

Le matin nous avons pu visiter et admirer la ferme principale de la colonie. L'intérêt, au point de vue agricole, est le résultat magnifique qu'on a obtenu par un travail intelligent. Nous avons constaté de très belles récoltes et une vigoureuse végétation sur une terre des plus sablonneuse.

Vers 1 heure, un banquet présidé par M. Dom, réunissait à une même table près de cinquante convives.

Le temps était malheureusement trop court pour nous permettre de visiter en détail un établissement d'une importance aussi considérable. Nous avons pu cependant jeter, l'après-midi, un rapide coup d'œil sur les nombreux ateliers où se fabriquent et se construisent, par les colons eux-mêmes, toutes les choses nécessaires aux besoins de la colonie et de ses habitants.

Ce n'est pas sans regrets que les congressistes ont vu arriver l'heure du départ. Tous ont vivement remercié les autorités qui les avaient si aimablement reçus.

EXCURSION A CINEY ET A LEIGNON

Arrivés, le 14 juin, à 12 h. 47, à Ciney, les congressistes y trouvent des voitures qui les conduisent immédiatement au château de Leignon, à travers des sites d'une rare beauté.

A Leignon, M. et Mme Eggermont font les honneurs de leur château avec une amabilité exquise. Un déjeuner — véritable festin — est servi dans une vaste salle remplie de merveilles artistiques.

Au cours du déjeuner, M. l'avocat Etienne Vrebos et le délégué officiel du Gouvernement autrichien, M. le chevalier de Ertl, remercient en de chaleureux discours les généreux amphitryons...

Après le déjeuner, on s'en va visiter les installations. Voici vraiment une ferme « modèle », fort ingénieusement conçue en vue de la facilité du travail, de l'hygiène, de la propreté, de la sécurité, de l'esthétique... On parcourt successivement les écuries, les étables, la laiterie, la boulangerie, les salles de préparation des aliments, les magasins, les hangars, le bureau de comptabilité. Les visiteurs — gens d'une compétence exigeante pourtant — sont émerveillés de l'ordre et de la propreté qui règnent partout. L'on admire le soin et le bon goût qui se décèlent jusque dans les moindres détails. Les pavés, les murs, les plafonds, les fenêtres, les auges, les rateliers, les abreuvoirs automatiques sont de véritables modèles. N'oublions pas la baignade avec jet d'eau pour les porcs, au milieu de la cour, et la fosse au fumier aussi fort ingénieusement exécutée. Toute l'installation est éclairée à l'électricité et des moteurs électriques actionnent les divers instruments.

Tandis que s'achève cette visite, les congressistes étrangers sont conduits en automobiles à la laiterie du château de St-Quentin à Ciney, où M. Iwan Lovens les reçoit avec beaucoup de bonne grâce. Visite assez rapide, mais néanmoins extrêmement intéressante. Il y a ici un système tout nouveau (nous ne l'avons jamais vu pratiqué ailleurs) au sujet duquel M. Lovens nous donne d'abondantes explications : traite mécanique par la trayeuse Wallace de façon à éviter tout danger de pollution du lait; filtration immédiate du lait ainsi obtenu dans un état de pureté garantie; après quoi, refroidissement instantané du lait sur un refrigérant spécial, d'où il s'écoule directement dans des flacons stérilisés. Depuis le moment de la traite jusqu'au moment de la consommation, le lait n'est à aucun moment mis en contact direct avec l'atmosphère. La laiterie du château de St-Quentin s'est imposée de grands sacrifices, mais les résultats obtenus dépassent toute espérance.

EXCURSION A L'INSTITUT AGRICOLE DE L'ETAT
A GEMBLOUX

Cette excursion a eu lieu le 14 juin.

Les excursionnistes, partis de Gand à 8 h. 22 du matin, ont retrouvé à Bruxelles quelques autres participants. On est arrivé à Gembloux à 10 h. 54.

Sous la direction de M. Cartuyvels, vice-président de la Commission internationale d'agriculture, et de M. Poskin, recteur de l'Institut, l'excursion a commencé aussitôt. Nous avons visité la station de chimie et de physique agricoles, excellemment dirigée par M. Achille Grégoire, puis parcouru les vastes champs d'exploitation qui dépendent de l'Institut.

Après un substantiel déjeuner, aimablement offert par l'Institut, les congressistes ont continué à parcourir les bâtiments et à examiner les différents services, qui tous rivalisent d'ordre, de précision et d'intérêt. La station laitière, le service entomologique et le service phytopathologique ont, au cours de ces dernières années, produit, chacun dans sa sphère, des études singulièrement intéressantes au point de vue des résultats pratiques. Il est à regretter que ces travaux ne soient pas plus connus de la masse des agriculteurs; ils leur rendraient d'inappréciables services.

Bien que le départ ne fût fixé qu'à cinq heures, telle est l'étendue des dépendances de l'Institut que la visite a dû être très écourtée. A peine a-t-on pu jeter un coup d'œil sur les laboratoires, le jardin botanique, les serres, les étables, les écuries; la plus grande partie des jardins a même dû être entièrement sacrifiée. Les congressistes se sont retirés enchantés de leur promenade. Plusieurs se sont promis de la recommencer en détail.

VISITE AUX USINES DE M. MELOTTE, A REMICOURT

Parmi les excursions faites à l'occasion de ce congrès, il convient de mentionner celle qui fut spontanément organisée pour visiter la fabrique d'écrémeuses de M. Jules Mélotte, de Remicourt.

Citons, parmi la trentaine d'excursionnistes, du côté des messieurs :

MM. le chevalier de Ertl, directeur général au Ministère Impérial et Royal autrichien de l'agriculture; le chevalier de Ramult, délégué du Ministère de l'agriculture autrichien; Aff. Bandeira de Mello, délégué brésilien au Congrès d'agriculture de Gand; Ignacio Girona, sénateur à Barcelone; Bendix Carl L., premier Intendant de S. M. le Roi de Suède; Nyst, administrateur de la Société des tramways Est-Ouest, à Liége; De-Vuyst, directeur général à Bruxelles, etc., etc.

Et du côté des dames :

Mme Von Dorn Harbert, des Etats-Unis; Mlle Jansoo, de Budapesth; Mlle Mariska Stegmuller, de Budapesth; Mme et Mlle Schüppli, représentant la Styrie; Mme le chevalier de Ertl; Mme Nahon-Gysemans; Mlles Maria et Paquita Lis, de Madrid; Mlle Alice de Micheli, de Milan; Mme Smara, de Bucarest, etc., etc.

Après qu'ils eurent parcouru la fabrique, M. Mélotte fit une superbe réception à ses visiteurs et, au dessert, M. le baron Ruys de Beerenbrouck, Gouverneur du Limbourg Hollandais, se faisant l'interprète de tous les convives internationaux, rendit un éclatant hommage à M. Mélotte qui avait doté son pays d'une fabrique vraiment admirable et avait procuré ainsi le bien-être à de nombreux ouvriers de la contrée.

Mme Van Dorn Harbert, présidente du Cercle de fermières des Etats-Unis d'Amérique, complimenta M. Mélotte au nom des dames étrangères et particulièrement des américaines et le félicita de sa merveilleuse invention qui libéra la fermière des travaux pénibles tout en apportant dans les fermes un surcroît de profits.

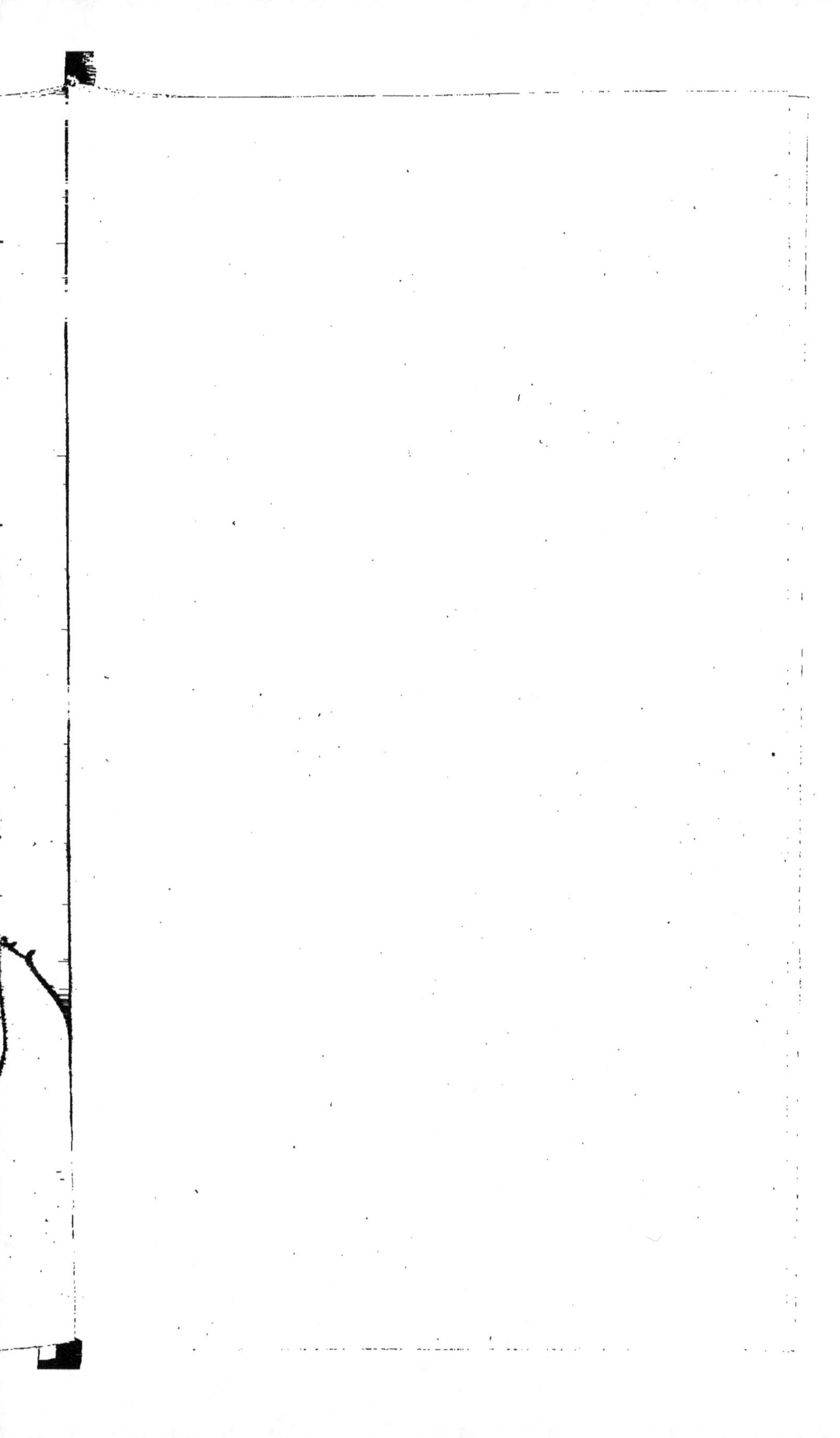